Biología de la gentileza

Prácticos
Vivir Mejor

Daniel Lumera
Immaculata De Vivo

Biología de la gentileza

*Seis decisiones cotidianas para mejorar la salud,
el bienestar y la longevidad*

Prólogo de Sergi Torres

Traducción de Carmen Ternero Lorenzo

PEFC Certificado

Este libro procede de
bosques gestionados
de forma sostenible

PEFC

PEFC/14-38-00305   www.pefc.es

Esta obra ha sido traducida con la contribución del Centro del Libro y la Lectura del Ministerio de Cultura italiano.

CENTRO
PER IL LIBRO
E LA LETTURA

Título original: *Biologia della gentilezza: Le 6 scelte quotidiane per salute, benessere e longevità*

© 2020 de Daniel Lumera e Immaculata De Vivo
    Publicado por acuerdo con The Italian Literary Agency
© por la traducción, Leocadia del Carmen Ternero Lorenzo, 2022
© Editorial Planeta, S. A., 2023
    Diana es un sello editorial de Editorial Planeta, S. A.
    Avda. Diagonal, 662-664, 08034 Barcelona (España)
    www.planetadelibros.com

Adaptación de la cubierta: Booket / Área Editorial Grupo Planeta
Imagen de la cubierta: Shutterstock
Primera edición en Colección Booket: septiembre de 2024

Depósito legal: B. 13.422-2024
ISBN: 978-84-1119-177-7
Impresión y encuadernación: CPI Black Print
Printed in Spain - Impreso en España

Daniel Lumera es biólogo naturalista, escritor y *research fellow* en sociología de los procesos culturales y comunicativos. Es un referente internacional en el área de las ciencias del bienestar, la calidad de vida y la práctica de la meditación, que estudió y profundizó con Anthony Elenjimittam, discípulo directo de Gandhi. Autor de diversos libros, todos ellos bestsellers en Italia, ha ideado el método My Life Design®. Es fundador del International Kindness Movement y trabaja para que diversas ciudades europeas, entre ellas Madrid y Barcelona, se unan al programa de Ciudades Gentiles.

La doctora **Immaculata De Vivo** enseña Medicina en la Harvard Medical School y también es profesora de Epidemiología en la Harvard School of Public Health. De Vivo es una de las mayores expertas mundiales en el área de la epidemiología, en particular en la investigación de la genética del cáncer. Destacan sus estudios sobre los telómeros y sobre el reloj biológico de nuestro cuerpo, que han sido citados por prestigiosos medios de comunicación, como *The New York Times*, *Forbes* o la CNN.

SUMARIO

Prólogo   15
Al lector   21
Introducción   23

VALORES

GENTILEZA. *Daniel Lumera e Immaculata De Vivo*   29
La biología de la gentileza   29
Ser gentiles   30
Gentileza, ayudarse a uno mismo ayudando a los demás   34
La gentileza es salud   35
La gentileza es la felicidad   39
La gentileza es maravilla   40
La gentileza está en todas partes   41

TELÓMEROS. *Immaculata De Vivo*   44
Los telómeros, centinelas de la longevidad   44
¿Qué son los telómeros?   45
Telómeros y factores ambientales   46
La revolución de los telómeros   47
Telómeros y envejecimiento   49
Envejecimiento prematuro: la mala noticia   50

La buena noticia: factores modificables 52

Estrés, el enemigo invisible 56

Del estrés agudo al crónico 58

Estrés y enfermedad. 60

Estrés y telómeros. 62

Proteger los telómeros del estrés 64

Acontecimientos traumáticos y salud celular 67

Reducir la presión. 70

OPTIMISMO. *Immaculata De Vivo* 71

Optimismo y pesimismo. 71

Optimismo y salud: amigos para siempre 75

En la mente del optimista 78

Aprender a ser optimista 80

PERDÓN Y GRATITUD. *Daniel Lumera* 83

Una nueva idea y experiencia del perdón 83

Más allá de la soledad. 84

Un lugar interior. 85

El perdón radical 86

Perdonar lo imperdonable. 87

Siete afirmaciones que cambian la vida. 90

LA CIENCIA DEL PERDÓN Y LA GRATITUD. *Daniel Lumera*
    e Immaculata De Vivo 103

El perdón, entre la ciencia y la moral 103

La gratitud nos beneficia 108

FELICIDAD. *Daniel Lumera* 111

Renacer con la muerte 111

La gentileza del corazón. 116

¿Cómo alcanzar este tipo de felicidad y juventud mental? 118

Cómo nos venden la felicidad 119

Etapas de la comprensión de la felicidad 122

La búsqueda de la felicidad 125
El camino hacia la felicidad hedónica 125
El efecto cinta de correr 127
La burbuja del placer 3.0 128
El camino hacia la felicidad eudemónica 130

LA CIENCIA DE LA FELICIDAD. *Immaculata De Vivo* 135
La felicidad, la búsqueda continúa 135
La felicidad es colectiva, la felicidad es contagiosa 136
Felicidad y salud 137
El cuidado del bienestar 140

INSTRUMENTOS

LA CALIDAD DE LAS RELACIONES. *Daniel Lumera* 145
El amor en las relaciones 147
El guion secreto: toda relación es un espejo de uno mismo . . . 148
Amor y enamoramiento, ¿cuál es la verdad? 152
Elegir y decidir en las relaciones 155
Factores que influyen y orientan las decisiones en las relaciones 157
Las cuatro preguntas 158

LA CIENCIA DE LAS RELACIONES. *Immaculata De Vivo* 160
Buenas relaciones, buena salud 161
Ayudar es ayudarse 166

ALIMENTACIÓN: UN CAMINO A LA SALUD. *Immaculata De Vivo* . . . 171
Telómeros y dieta mediterránea, crónica de una historia
    de amor 173
Los «cuatro pilares» de la dieta mediterránea 183
Obesidad, una amenaza para nuestra salud y la del planeta . . . 184

DE CAMINO HACIA EL BIENESTAR. *Immaculata De Vivo* 188
Deporte, salud y telómeros 189

Las actividades físicas más eficaces 193
Ejercicio y descanso, la rutina que alarga la vida 197

EL PODER DE LA MENTE SOBRE LOS GENES. *Daniel Lumera*. 200
Corpus sanum in mente sana 201
Educar la mente 210
Talentos innatos 215
Las tres cualidades de la mente 217
Cuestión de equilibrio 220
Los cinco estados de la mente 223
Una estrategia para calmar la mente 226

MEDITA, MEDITA, MEDITA. *Daniel Lumera* 228
Una palabra, un mundo 230
Lo que es y lo que no es 232
Cuatro sencillos pasos 234
Por qué es tan importante aprender a meditar
con regularidad. 238

LA CIENCIA DE LA MEDITACIÓN. *Immaculata De Vivo*. 250
Meditación, telómeros y enfermedades crónicas 251
Meditación y cerebro 254

MÚSICA Y SONIDO: ENTRE LA SALUD, EL BIENESTAR
   Y LA LONGEVIDAD. *Daniel Lumera en colaboración*
   con Emiliano Toso 261
Párate a escuchar el sonido de la vida 261
El primer sonido. 263
Efectos del sonido y la música en las células del cuerpo 264
Sonidos, palabras y música 270
Manas Trayati: los sonidos que liberan la mente. 271
El sonido del silencio 274

LA CIENCIA DE LA MÚSICA. *Immaculata De Vivo* 276

La música es medicina 276

Música contra el estrés, la ansiedad y la depresión 277

Música amiga del corazón 278

La música contra el dolor y otros males 280

La música y el cerebro 282

NATURALEZA CURATIVA. *Daniel Lumera* 285

Lazos invisibles 286

Lo que nos ha traído hasta aquí 288

¿Cuál es la raíz del problema? 290

Cuatro enseñanzas milenarias 292

Efecto panorámico, el efecto de la visión de conjunto 299

Un único organismo vivo 301

La herencia invisible 308

Efecto mariposa 310

La revolución copernicana interior 313

NATURALEZA Y BIENESTAR. *Immaculata De Vivo* 316

DIRECTRICES Y CONSEJOS PARA LAS DOS EDADES.
   Immaculata De Vivo en colaboración con el doctor
   Vincenzo Sorrenti 321

La segunda y la tercera edad 324

Pita de hierbas silvestres 329

Bibliografía 333

Agradecimientos 363

PRÓLOGO

Antes de empezar a escribir sobre este impactante libro debo compartir una confesión. Me fascina profundamente todo aquello que desafía lo establecido. Sobre todo, si lo establecido viene avalado por estudios científicos que se originaron desde una mentalidad determinista que afirma cómo son las cosas y que, además, no está abierta a ver más allá de lo que entendió por realidad en el pasado. O bien, avalado por una espiritualidad que se fundamenta en la misma mentalidad determinista que la anterior y que no permite a sus creyentes o seguidores explorar su propia naturaleza existencial.

La primera vez que oí hablar del término *epigenética* fue hace algo más de diez años, cuando conocí a una genetista que me contó que su tesis doctoral se basaba en la epigenética. Ella quería poner sobre la mesa la posibilidad de que la expresión de nuestros genes podía no solo verse afectada por factores externos a nosotros, sino también por factores internos y subjetivos como lo son nuestras emociones y nuestros pensamientos. Finalmente, no pudo presentar su tesis doctoral tal y como ella deseaba. Su director de tesis le pidió que eliminase esa parte si quería presentar ante el tribunal su trabajo.

Recientemente tuve el gran honor de conversar con el cardiólogo holandés Pim Van Lomel, quien descubrió, gracias a un paciente, que la muerte no es lo que parece. Este paciente sufrió una parada cardíaca durante una operación de corazón, y para poder reanimarlo tuvieron que retirarle del dedo un anillo que llevaba puesto. Al despertar de la anestesia, lo primero que hizo fue pedirle a la enfermera que le devolviera su anillo de bodas del cajón en el que ella lo había guardado. Lo interesante es que él no podía saber dónde estaba su amado anillo porque se lo habían sacado mientras estaba dormido por la anestesia y con su corazón parado. A partir de este suceso, el doctor Pim Van Lomel se dedicó a estudiar con profundidad y rigor científico las experiencias cercanas a la muerte (EDM).

En nuestra conversación le pregunté cómo se sentía por el hecho de que la gran mayoría de sus colegas de profesión le hubieran dado la espalda cuando él empezó a afirmar que la muerte no nos mata. Me contestó que esa actitud en realidad tan solo es la respuesta de una mentalidad científico-médica determinista. Entonces sonrió levemente y añadió: «y esta mentalidad está a punto de cambiar». De hecho, este libro que ahora tienes entre tus manos es una grandísima contribución a este cambio de mentalidad.

Actualmente todavía fabricamos nuestra realidad humana a través de creencias que admitimos como verdades fundamentales, sin que estas no sean más que simples modelos teóricos más cercanos a la fábula que a la verdad objetiva. Comparto contigo algunos ejemplos disfrazados de ciencia: el Big Bang, el origen de la vida orgánica en nuestro planeta, o la teoría darwiniana de la evolución. Y algunos disfrazados de espiritualidad: el Dios de la barba blanca, el infierno, o tener que portarnos bien para ir al cielo. Asumir modelos teóricos científicos o espirituales de la índole de estos ejemplos como si fueran realidades fundamentales comporta un gran riesgo y un alto precio que pagar. El riesgo es llegar a concluir que la realidad es tal y como la vemos hoy en día, tal y como hacíamos cuando pensábamos que el Sol giraba alrededor de nuestro planeta y eso lo convertíamos en realidad. Y el precio que pagar es adormecer la capacidad de transformarnos como sociedad, pero, sobre todo, como individuos.

Me imagino ahora a mi profesora de Biología de la Facultad de Fisioterapia explicándonos a los ochenta alumnos de clase cómo el perdón o el optimismo afectan a los procesos fisiológicos de nuestras células. A mí no me tocó vivir esta posibilidad, pero estamos frente a un momento en la historia del ser humano donde muchas personas ya se han dado cuenta de la estupidez que supone seguir separando como opuestos los distintos ámbitos de nuestro conocimiento y de nuestra experiencia humana. Ciencia y espiritualidad, vista esta última como un viaje a lo más profundo de lo humano, no son opuestos. Ciencia y espiritualidad son dos formas hermanas de explicar y de investigar lo humano y su realidad.

Al leer el conocimiento que Immaculata De Vivo y Daniel Lumera comparten en esta obra, me doy cuenta de que estamos frente a la oportunidad de empezar a conocer al ser humano desde otro punto de vista completamente diferente al que hasta ahora hemos visto. De pasar de ser el efecto de su genética y estar a merced de los impactos ajenos, a ser partícipe activamente de su propia experiencia de vida. El impacto de la dimensión espiritual en nuestro organismo es una posibilidad que debe ser contemplada con rigor bajo la mirada de una ciencia abierta y entregada a la transformación del ser humano. Immaculata afirma que *hace apenas cinco años no se habría escrito este libro, porque no teníamos suficientes pruebas para medir la influencia de los distintos estilos de vida en el ADN.* Mi pregunta es: ¿qué podremos descubrir dentro de cinco años más?

Ni la ciencia ni la espiritualidad deben ser vistas como herramientas castradoras de ideas ni de posibilidades. Al contrario, deben estar a su servicio. Y es que para que alguien estudie el impacto del estrés en los telómeros de nuestros genes, y por lo tanto de su impacto en nuestro envejecimiento y nuestra salud, antes tiene que haber pensado en esa posibilidad. Es por esta razón que Immaculata De Vivo y Daniel Lumera se suman para mirar juntos aquello que les une y les apasiona. Y sé que les apasiona porque, a pesar de que lo que proponen en esta obra aún representa un desafío al modo en que muchos científicos tienen de entender la ciencia y a la manera en que muchos líderes y seguidores espirituales entienden la espiritualidad, ellos han tenido la valentía de compartirlo. Esa valentía, a mi modo de ver, es pasión, es amor.

Si ya es posible medir el impacto del optimismo, del estrés, del perdón o del agradecimiento en nuestros genes, es lógico que herramientas como la meditación, la relajación o una mentalidad abierta pasen a ser herramientas que receten médicos y psiquiatras. Y he aquí de nuevo el gran potencial de este libro. He aquí el potencial de una espiritualidad que camina junto a la ciencia y viceversa.

Cuando mi querido amigo Daniel me pidió que escribiera este prólogo sentí una gran felicidad. Conozco a Daniel desde hace años y siempre he visto en él un amor incondicional por la humanidad. Nuestro mundo, el mundo de las cosas, ha perdido de vista su espíritu y sé lo importante que es para él poder devolvérselo, porque un mundo sin espíritu es como un océano sin agua.

Amo la ciencia y la espiritualidad de los apasionados por lo desconocido. Así que no puedo dejar de sentir amor y agradecimiento por Immaculata y Daniel como representantes de una nueva manera de mirar el mundo, lista para recibir, por fin, la confluencia de todas sus disciplinas con el único objetivo de estar al servicio del ser humano. Esta posibilidad existe, convirtámosla ahora en una realidad.

SERGI TORRES

Que Tus rayos iluminen mi camino.
Que Tu luz aclare mi mente.
Que Tu calor caliente mi corazón.
Que Tu presencia me recuerde quién soy.
Yo soy. Yo soy Luz, Amor y Vida.
Es el momento de fundar una nueva justicia, la de Tu corazón.
Es el momento de construir una nueva ciudad, hecha de luz y amor.
Es el momento de escuchar a los que gritan y no son escuchados.
Es el momento de dar como a Ti se te ha dado.
Es el momento de amar y ser amado, pero, sobre todo,
es el momento de ser Amor, para que cada instante
que se conceda siga siendo una bendición. Levántate, hijo de la Luz.
Lleva esta Luz al mundo. Luz de la misma Luz.
Voz de la misma Voz.
Uno en el Uno.
Uno en la Paz.
Uno en la Luz.

DANIEL LUMERA

AL LECTOR

Este libro es el resultado del trabajo de dos investigadores de renombre internacional, Daniel Lumera e Immaculata De Vivo, que relacionan la ciencia y la consciencia bajo un enfoque revolucionario para la salud, el bienestar, la calidad de vida y la consciencia plena.

En el primer capítulo, sobre la gentileza, los autores entablan un diálogo acerca de una ciencia de los valores. Surge así una especie de biología de los valores, y la gentileza es el hilo conductor de toda la obra.

El libro está dividido en dos partes. La primera está dedicada a cinco valores o principios fundamentales que, gracias a los descubrimientos científicos más recientes y de acuerdo con la sabiduría de las antiguas filosofías sapienciales, sabemos que son factores indispensables para la supervivencia, la evolución y el bienestar del género humano en este planeta. La segunda parte presenta seis instrumentos o pilares claves para cultivar y desarrollar dichos valores y poder vivir una vida sana, larga y feliz; unos instrumentos que pueden aplicarse de forma eficaz y concreta en la vida de todos y cada uno de nosotros. La última sección ofrece directrices y consejos enfocados a dos grupos de edad, para que podamos sumergirnos de forma pragmática en la experiencia de la gentileza.

Esta obra es un viaje hacia un nuevo paradigma de la salud y la consciencia, un puente entre Italia y Estados Unidos, donde trabajan los autores, en el que el lenguaje riguroso de la ciencia legitima y muestra los valores cardinales de la experiencia humana y la sabiduría de un conocimiento milenario. A lo largo de los capítulos, el lector encontrará asimismo pequeños aspectos de vida personal que paso a paso se irán convirtiendo en las historias de cada uno de nosotros, en una armonía de interconexión, humanidad e identidad colectiva.

Disfrutad de la lectura.

Los lectores de este libro encontrarán un área reservada en internet donde pueden aprender más sobre el contenido de *Biología de la gentileza* mediante vídeos, audios y artículos proporcionados gratuitamente por los autores: <biologiadelagentileza.com>.

INTRODUCCIÓN

Immaculata De Vivo

Mi amor por la ciencia comenzó en el colegio, cuando me quedé totalmente deslumbrada al descubrir a Charles Darwin. Científico, explorador y padre de la teoría de la evolución, su pensamiento y su obra moldearon mi forma de ver la realidad y me enseñaron el rigor de la observación, la perseverancia en la búsqueda de respuestas y la prudencia a la hora de llegar a conclusiones definitivas o generalizables. También me enseñó el valor del cambio y la posibilidad que todos tenemos de mejorar y adaptarnos a un entorno que se halla en continua transformación. Uno de los mayores agravios que le hemos hecho a este gran científico es tergiversar el sentido último de su pensamiento al considerar que la selección natural favorece al más fuerte o al más inteligente, cuando no es así. Su trabajo demuestra que el más aventajado es el individuo que consigue cambiar y adaptarse aprovechando al máximo los recursos de los que dispone.

Este concepto me guio a lo largo de los años de formación universitaria y académica, y lo he ido confirmando a cada paso en todos los estudios que he realizado, los resultados de las pruebas de laboratorio y la relación con mis compañeros. El valor biológico de la diversidad y la capacidad de adaptación han sido las claves de la supervivencia humana, los medios con los que hemos afrontado las distintas épocas del pasado haciéndonos cada vez más hábiles e inteligentes.

En mis años de experiencia acumulados en las universidades de Columbia, luego en Stanford y finalmente en Harvard, he sido testigo de cómo se iban reuniendo una serie de pruebas cada vez más amplia y convincente sobre la importancia de los factores ambientales, los comportamientos y los estilos de vida para nuestra salud. Cuanto más se profundiza en los misterios del ADN, más claramente se ve que la genética solo determina parcialmente nuestro estado de bienestar y que podemos hacer mucho para protegernos de las enfermedades y alargar la vida. Lo que hacemos puede afectar al ADN, modificar la estructura del cerebro y cambiar la propia biología, orientarnos hacia la salud o la enfermedad, influir en nuestra calidad de vida y acortar o alargar nuestra existencia. Esta verdad a la que ha llegado la ciencia es demasiado importante como para dejarla encerrada en los laboratorios y las aulas universitarias. Como científica, tengo la necesidad de dar a conocer al mayor número de personas posible los increíbles resultados que se han obtenido con la investigación en los últimos años y las lecciones que podemos aprender de estos conocimientos. Un mensaje fuerte y claro que nos invita a desempeñar un papel activo en la protección de nuestra salud, a tomar decisiones coherentes con la visión que tenemos de nosotros mismos y de nuestro futuro.

Hace apenas cinco años no se habría escrito este libro, porque no teníamos suficientes pruebas para medir la influencia de los distintos estilos de vida en el ADN y, por tanto, en el bienestar general del individuo. En este breve periodo de tiempo se han hecho progresos inimaginables y la cantidad de pruebas que tenemos ahora es impresionante: en muchos casos, la salud puede ser una cuestión de decisiones y estilos de vida, es decir, de factores modificables sobre los que podemos actuar para ayudarnos a estar bien, evitar las enfermedades y vivir más tiempo y con más salud.

En 1994 me embarqué seriamente en el camino de la meditación. En aquella época había muchos prejuicios. Solo tenía diecinueve años, pero mi decisión fue radical y revolucionó mi estilo de vida en todos los frentes: hábitos alimentarios, relaciones sociales, forma de pensar y de actuar. No podía imaginar que, unas décadas después, el mundo científico reconocería que esos hábitos eran los pilares del bienestar, la salud y la calidad de vida. A lo largo de toda mi existencia, nunca he experimentado nada que pudiese siquiera acercarse a la sensación de plenitud, integridad y consciencia que se experimenta en el estado meditativo. Me di cuenta enseguida de que se trataba de una perspectiva revolucionaria para comprender no solo la esfera personal, sino también la relacional y la social. Estoy totalmente de acuerdo con las palabras del dalái lama: «Si enseñáramos a meditar a todos los niños de ocho años, eliminaríamos la violencia del mundo en una generación».

Para mí, ciencia y consciencia, espíritu y materia, mente y cuerpo nunca han estado separados. Siempre he preferido un enfoque transversal, que, con el tiempo, me ha llevado de una licenciatura en Ciencias Naturales a una especialización en Sociobiología y, más tarde, a integrar mi camino profesional con instrumentos de búsqueda interior que he ido madurando gracias a la práctica de la meditación. Hoy, la ciencia está comenzando a demostrar y confirmar las principales verdades filosóficas y espirituales que las antiguas tradiciones sapienciales alcanzaron hace milenios. Por este motivo he sentido la necesidad de dar a conocer a todos, de una forma práctica, dichos conocimientos relacionados con la naturaleza de la mente, así como el efecto que producen en el cuerpo, la salud, los procesos de reequilibrio y curación, y, de un modo más general, en la calidad de vida.

Cuando comencé no me podía imaginar que llegaría a tener el privilegio de poder profundizar y llevar temas como el perdón y la meditación a universidades, escuelas, hospitales, prisiones y centros de refugiados, así como a labores de acompañamiento de enfermos terminales y elaboración del duelo. Pero no podía ser de otra manera, porque cuanto más profunda es la búsqueda interior, más se expande nuestro sentido de identidad para abarcar a todo ser vivo y originar así un nuevo sentido de responsabilidad. Este libro también quiere devolver la meditación a su dimensión original, sin menospreciarla como una moda pasajera ni limitar su importancia a los efectos secundarios positivos que genera en la salud física y mental. La gente se acerca a la práctica meditativa por muchas razones: por salud, por bienestar, por curiosidad, para probar una nueva experiencia…, pero también hay quienes sienten una profunda llamada hacia la búsqueda de sí mismos y la autorrealización. Esta es la verdadera clave, una clave evolutiva para la supervivencia del ser humano, que posibilita una auténtica revolución interior capaz de devolverle un significado y un objetivo a la vida. En este libro he querido difundir un enfoque de la vida que une ciencia y consciencia.

Por último, en una época en la que la vida parece regirse por el «todo y ahora», quisiera hacer un breve elogio de la disciplina, que muchos asocian a «imposición, rigor y renuncia», cuando en realidad es devoción, dedicación y pasión. Expresión de un amor que se dona sin reservas. Desde hace veintiséis años, cada día, como si fuera la primera vez, me desnudo ante la vida, cruzo las piernas y cierro los ojos. Así he visto los paisajes más bellos de esta Tierra. Los interiores. Con la lluvia y el buen tiempo, en el luto y la alegría, en el éxito y el fracaso. Independientemente de las oscilaciones de la vida, me siento y celebro la existencia a través del silencio y la escucha. Y esto es precisamente lo que deseo para cada uno de nosotros, que aprendamos a escucharnos. Y que tengamos el valor de seguirnos.

VALORES

GENTILEZA

Daniel Lumera
e Immaculata De Vivo

> La gentileza es el lenguaje que el sordo puede oír y el ciego puede ver.
>
> MARK TWAIN

LA BIOLOGÍA DE LA GENTILEZA

Hoy en día, la ciencia es capaz de dar una correspondencia biológica exacta al optimismo, la gentileza, el perdón, la gratitud y la felicidad, y demostrar hasta qué punto son fundamentales estos valores para vivir una vida larga, sana y feliz, pero sobre todo para la supervivencia y la evolución del género humano en nuestro planeta. Del encuentro entre la ciencia y la consciencia surgen la idea y la experiencia de la biología de la gentileza, una «biología de los valores» que demuestra cómo un cambio en la toma de consciencia del mundo interior afecta positivamente a los parámetros biológicos, el ADN, el bienestar, la salud y la longevidad, así como a la calidad de las relaciones y los procesos sociales.

La biología de la gentileza explora la repercusión biológica, vital, emocional, mental, social y espiritual de cinco valores: gentileza, optimismo, perdón, gratitud y felicidad.

Y proporciona instrumentos y estrategias para la salud y la longevidad a través de los seis pilares del bienestar: relaciones felices, alimentación, meditación, movimiento físico, música y contacto con la naturaleza.

Es un enfoque que tiene en cuenta la naturaleza multidimensional del ser humano, en el que planos interdependientes, como lo son el cuerpo, las emociones, la mente, la consciencia, las relaciones y la naturaleza, interactúan e influyen en el bienestar individual, relacional, social y de todo el planeta en un sistema íntimamente interconectado.

La biología de los valores se propone demostrar, datos y experiencia en mano, que el más apto para el cambio y la supervivencia en este planeta no es el más fuerte en el plano físico, mental y económico, sino el más gentil. La gentileza resulta ser la mejor estrategia evolutiva para tener una vida larga, sana y feliz. Por tanto, cultivar y desarrollar los cinco valores propuestos en este libro ya no es solo una cuestión moral, ética o social, sino un imperativo evolutivo.

La biología de la gentileza es un viaje para comprender el poder de la mente sobre los genes; los secretos de la longevidad; los procesos antiinflamatorios y el antienvejecimiento que se consiguen con la meditación; la relación entre la alimentación y el cáncer; el efecto de la naturaleza y la música en la salud y el humor, y la importancia de saber crear relaciones felices para la salud y la calidad de vida. Un puente que une los conocimientos de antiguas tradiciones milenarias con las modernas pruebas científicas y muestra las nuevas fronteras de la salud y el bienestar.

SER GENTILES

Como veremos, ser gentiles con nosotros mismos y con los demás no es solo una cuestión biológica de salud, bienestar y longevidad, sino también una estrategia evolutiva útil para la supervivencia de todo el género humano.

La palabra *gentileza* está relacionada con el garbo, la dulzura y la amabilidad. En latín, *gentilis* deriva de *gens* e indica un clan, es decir, un grupo familiar extenso unido por fuertes vínculos.

En la antigua Roma, la *gens* era una especie de familia noble ampliada, con deberes mutuos de defensa y asistencia y, en ausencia de parientes cercanos, con derecho de sucesión. Incluso se compartía el lugar de sepultura.

Gentilem, en latín, significa «perteneciente a la *gens*», es decir, a una familia aristocrática, una condición social a la que correspondían unas virtudes morales y relativas a la actitud, como cortesía auténtica, garbo y gracia. No eran meras formalidades exteriores, sino un verdadero sentimiento interior, una nobleza de ánimo capaz de expresar cualidades elevadas.

La gentileza va mucho más allá del significado común de buena educación. Es un valor social crucial que crea un sentimiento de pertenencia sin ninguna necesidad de emplear una comunicación verbal violenta, crear competición, hacerse enemigos ni recurrir a instintos primarios, miedos ni heridas emocionales. Pertenecer a la *gente* es un proceso inclusivo cuyos elementos característicos son la empatía, la cortesía, el afecto y el espíritu de servicio.

Por tanto, ser «gentil» requiere y presupone una nobleza de ánimo capaz de expresar ese sentido de pertenencia basado en el reconocimiento mutuo, el respeto y la atención benévola.

La gentileza, como principio social indispensable e ineludible, debería ser la base de cualquier relación entre seres humanos, para poder relacionarnos de la manera más útil, fraterna y elevada posible.

La semilla de la gentileza auténtica, como la flor de loto, tiene la capacidad de crecer y florecer incluso en el barro.

El verdadero cambio siempre comienza con pequeños gestos. Nada es más inmenso que la minúscula semilla de un pensamiento gentil; un pensamiento gentil que, con su poder evolutivo, gota a gota excava hasta la más dura de las rocas, la del odio.

No nos privemos, por tanto, de la satisfacción de responder con gentileza al miedo, la grosería, la venganza, el abuso, la ignorancia, la violencia, el rencor. Incluso por una cuestión de salud y calidad de vida.

En la intimidad de nuestra forma de sentir podríamos empezar por ser gentiles con nosotros mismos.

La gentileza está en todas partes. Hasta en el silencio. Entre las notas de la existencia.

LA GENTILEZA EN LOS TRES REINOS

Acostumbrémonos a realizar tres actos de gentileza conscientes cada día.

El primero, dirigido a un ser humano.

El segundo, a un animal.

El tercero, a un vegetal.

PASA EL FAVOR: BENJAMIN FRANKLIN
Y LAS DIEZ MONEDAS DE ORO

> No hay nada más grande bajo el cielo que la educación; con ella, la virtud de uno se transmite a muchos.
>
> La verdadera educación acelera el proceso en cientos de años.
>
> JIGORŌ KANŌ

En 1784, Benjamin Franklin recibió una carta de un viejo amigo, Benjamin Webb, que le pedía ayuda económica. Al contar con unos medios limitados, Franklin dudó sobre qué hacer, pero al final aceptó con una condición: su amigo tendría que devolver la deuda, pero no dándole el dinero a él, sino a otra persona que tuviera unas necesidades similares. Franklin pensó que de esta forma su inversión no ayudaría únicamente a una persona, sino a cada vez más, en una cadena infinita de buenas acciones.

Así pues, junto con la suma correspondiente a diez monedas de oro, le envió a su amigo esta carta:

> Te envío con la presente un cheque por diez luises de oro [moneda de oro francesa]. No pretendo regalarte esta suma; te la doy en préstamo. Cuando vuelvas a tu país con una buena posición, no podrás no entrar en alguna actividad, lo que te permitirá con el tiempo pagar todas tus deudas. En tal caso, cuando encuentres a otro hombre honesto en análoga situación, así podrás devolvérmelo a mí: prestándole a él esta suma, pidiéndole que liquide la deuda con una operación análoga cuando pueda y encuentre una oportunidad similar. Espero que de este modo pueda difundirse de mano en mano cada vez más antes de que encuentre un obstáculo que la detenga. Este es mi truco para hacer el bien con un poco de dinero.

Benjamin Franklin no podía imaginar que ningún obstáculo sería capaz de detener la ola que generó este pequeño acto de gentileza, de la que nacería todo un movimiento, conocido como *Pay It Forward* o Pasa el favor.

La idea de *Pay It Forward* acuñada por Benjamin Franklin tiene orígenes muy antiguos: Ralph Waldo Emerson escribió sobre ella, los maestros de la ciencia ficción Robert Heinlein y Ray Bradbury la ilustraron en sus obras, y hay quienes creen que incluso se remonta al dramaturgo griego Menandro, del 300 a. C. Tras llegar hasta nuestra época, se ha expandido y arraigado en la cultura actual, donde primero se convirtió en un libro y luego en una película, y ha dado lugar a una cascada mundial de gentileza sin fin. El 28 de abril de cada año se celebra el Día Internacional Pay It Forward, una celebración del altruismo y el bien de la humanidad que en 2019 reunió a personas de 86 países distintos en cientos de millones de pequeños actos de gentileza.

¿Cómo funciona? Es muy fácil, solo hay que realizar un pequeño acto de gentileza sin esperar nada a cambio. Si lo recibes, se lo haces a otra persona, y así se mantiene viva la cadena.

Algunas ideas:

- Ayuda a una anciana a llevar las bolsas de la compra.
- Ofrece comida a una persona sin hogar.
- Dona sangre.
- Da un abrazo.
- Deja pagada una cesta de frutas y verduras.
- Acerca en coche a algún conocido adonde tenga que ir.
- Haz una donación a un proyecto social.
- Deja una nota de agradecimiento a un compañero.
- Dedícale tu tiempo y capacidades a alguien que lo necesite.
- Planta un árbol.
- Saca a un perro de la perrera a pasear.
- Publica tu acción en las redes sociales para difundir la ola de gentileza.

Imagínate si estos pequeños actos los hicieras en todos los momentos de la vida. ¿Qué pasaría si todos hiciéramos un pequeño acto de gentileza cada día?

Todo lo que hacemos de modo desinteresado, sin esperar una recompensa y con el único objetivo de hacer que otra persona se sienta bien, es gentileza. Puede asumir varios matices, a los que les damos distintos nombres. A veces es altruismo o compasión; y a menudo, empatía, gratitud o generosidad. Todas son formas diferentes del mismo sentimiento de amor por los demás que nos impulsa a realizar acciones por el placer de hacerlas, sin pedir nada a cambio. Es algo que hacemos todos, aunque nos parezca que estamos demasiado ocupados con nuestras cosas como para prestar atención a los demás. Lo hacemos en pequeñas dosis, en momentos irrelevantes del día y, aun así, con más frecuencia de lo que creemos. Y siempre hay alguien que sonríe por nuestra generosidad, alguien a quien hemos ayudado o a quien le hemos transmitido una emoción positiva sin esperar nada a cambio.

Es un rasgo profundo del ser humano, útil para la evolución porque fomenta la creación de vínculos sociales y favorece la colaboración, al hacer que los individuos estén más dispuestos a renunciar a una parte de su egoísmo para construir algo junto a los demás. Desde los pequeños gestos hasta las grandes iniciativas solidarias, la gentileza es la mejor forma que tenemos de relacionarnos con los demás para comunicarnos, resolver problemas y alcanzar objetivos. Y, como decíamos, es un concepto amplio que abarca muchos matices, pero que parte del mismo deseo espontáneo de querer el bien para los demás, ya sean conocidos o desconocidos, por un impulso instintivo de nuestra humanidad más profunda.

Todo el conjunto de valores e instrumentos que presentamos en este libro como estrategias para proteger la salud y favorecer la longevidad se puede incluir en el concepto de gentileza, o, mejor dicho, de la «biología de la gentileza». Porque se trata de un patrimonio de recursos prácticos que apelan a nuestra forma de sentir más profunda, tan esquiva como son las emociones, al tiempo que satisface la necesidad científica de pruebas tangibles, datos clínicamente relevantes y sólidos, números y porcentajes creíbles. La gentileza, en todas sus formas, está científicamente probada como método de prevención, como apoyo a las terapias y como vehículo de salud física y mental.

LA GENTILEZA ES SALUD

Que la gentileza y, en general, los sentimientos positivos de humanidad y compasión desempeñan un papel en la mejora de la salud es algo que se sabe desde hace muchos años en el mundo científico, pero hasta hace poco no se habían empezado a emplear estos recursos activamente, con resultados muy significativos y alentadores.

En los centros más avanzados del mundo de investigación del cáncer se han adoptado protocolos de apoyo psicológico para los pacientes y sus familias que se centran precisamente en la gentileza como vehículo de cercanía humana a las personas que se enfrentan a la enfermedad. Se ha visto, con el tiempo, que la gentileza es un instrumento poderoso, capaz de desactivar las emociones negativas que se asocian al diagnóstico del cáncer y el curso de las terapias, y de contribuir en algunos casos a mejorar la respuesta al tratamiento. Basándose en su larga experiencia en la investigación y el tratamiento de estas enfermedades, científicos de diferentes institutos han esbozado seis formas de utilizar la gentileza en el tratamiento del cáncer mediante la puesta en marcha de protocolos en los que participan pacientes, familias y profesionales sanitarios.

SEIS ACTOS DE GENTILEZA CONTRA EL CÁNCER

1. Escucha: los profesionales sanitarios dedican tiempo a comprender en profundidad las necesidades y preocupaciones del paciente y su familia.
2. Empatía: los médicos y las enfermeras establecen un fuerte entendimiento con el paciente y plantean las terapias tratando de prevenir cualquier sufrimiento evitable.
3. Generosidad: los profesionales realizan actos de gentileza y cuidado que van más allá de las expectativas del paciente y sus familias.
4. Prácticas antiestrés: conjunto de prácticas de atención y proximidad siempre puntuales para evitar el estrés y la ansiedad del paciente.
5. Honestidad: informar siempre al paciente sobre el estado de la enfermedad y el tratamiento utilizando las palabras adecuadas y transmitiendo emociones positivas.
6. Apoyo: valorar el papel de la familia, cuyo bienestar físico y mental es fundamental para la salud del paciente.

Las intervenciones basadas en la gentileza también se han probado con éxito en el campo de las enfermedades cardiovasculares. Las emociones, al desencadenar mecanismos de estrés que influyen en el ritmo cardíaco y la presión arterial, tienen una correlación muy fuerte con esta categoría de trastornos, y la posibilidad de prevenirlos, o de mejorar el estado de quienes ya los padecen, mediante sentimientos positivos ha sido una intuición importante para la ciencia. Las confirmaciones se han multiplicado a lo largo de los años, con lo que hoy podemos considerar que la gentileza, la gratitud, el altruismo y la empatía son métodos de defensa de nuestra salud.

Un estudio realizado por la Universidad de Harvard en 2011 observó los efectos de una intervención de «psicología positiva» en pacientes hospitalizados por enfermedades cardiovasculares; en concreto, síndrome coronario agudo e insuficiencia cardíaca. El protocolo de intervención de ocho semanas incluía tres categorías de ejercicios basados en la gentileza, el optimismo y la gratitud. Al final del experimento se observaron signos de mejora en el estado clínico de los pacientes, a pesar de la brevedad de la intervención y la gravedad de su enfermedad.

Bajo esta óptica, se realizaron ulteriores estudios para comprobar la posibilidad de utilizar la gentileza como factor de prevención de las enfermedades cardiovasculares y no solo como apoyo al tratamiento tras su aparición. Un equipo de investigadores procedentes de diversas universidades estadounidenses analizó este posible vínculo en una población compuesta por hispanoamericanos, estadísticamente sujetos a un mayor riesgo de sufrir trastornos cardiovasculares que los individuos de ascendencia europea, por lo que se les consideró necesitados de un programa de intervención específico. En concreto, se observó la hipertensión como un indicador de riesgo y se relacionó con los posibles efectos de una intervención de psicología positiva. Los investigadores pusieron en marcha un protocolo de intervención mediante terapeutas y trabajadores sociales que duró ocho semanas, con una media de 90-120 minutos por semana, para observar cómo cambiaba la presión arterial, además de otros indicadores, como el bienestar emocional, la serenidad psicológica, la adopción de comportamientos saludables y la presencia de marcadores de inflamación. Al final del programa, que incluía ejercicios como la reconsideración de acontecimientos que causan estrés, la realización de actos de gentileza y la expresión de gratitud, los sujetos hipertensos tenían niveles de presión arterial más bajos y respondían positivamente a varios indicadores de bienestar psicológico y emocional.

Se han utilizado asimismo técnicas basadas en actos de gentileza como apoyo a las terapias conductuales para personas con fobia social, un tipo de ansiedad que les impide establecer relaciones sociales normales o enfrentarse a ciertos tipos de contextos en los que es necesaria la interacción con los demás. Un estudio canadiense de 2015 analizó una población de 146 estudiantes universitarios con este trastorno, a los que se les entregó un cuestionario para medir el nivel de ansiedad social que experimentaban. Las preguntas abarcaban aspectos cognitivos (por ejemplo, «Me preocupa expresarme por miedo a parecer incómodo»), afectivos («Me pone nervioso tratar con gente que no conozco bien») y conductuales («Me cuesta mantener el contacto visual con los demás»), para establecer el punto de partida para cada persona. Se pidió a los participantes que practicaran al menos tres actos de gentileza dos días por semana durante un periodo de cuatro semanas, definiendo los actos de gentileza como acciones realizadas en beneficio de otra persona y que para uno mismo suponen un coste, en lugar de un beneficio. Algunos ejemplos de los actos realizados por los participantes en el estudio fueron preparar la cena para un compañero de piso, cortar el césped de un vecino o donar dinero a una organización benéfica. Posteriormente, se expuso a los sujetos a situaciones sociales que provocan ansiedad, en la medida de tres al día, dos días por semana, durante cuatro semanas.

Tras examinar todos los datos recogidos, los investigadores llegaron a la conclusión de que la práctica de actos de gentileza puede llevar a una reducción significativa de los niveles de fobia social —en concreto, a la disminución del número de ocasiones en las que una persona evita una situación por miedo a sentir ansiedad— y que es un fenómeno que persiste en el tiempo. Los niveles de ansiedad percibida también se reducen, y este resultado, gracias al papel que desempeña la gentileza, se consigue a un ritmo significativamente más rápido que si se utiliza exclusivamente la técnica de la exposición, en la que se invita al sujeto ansioso a afrontar una situación que le produce malestar y a soportar el pico de ansiedad hasta que este disminuye de forma natural. Las reacciones positivas que se reciben como resultado de un acto de gentileza hacen que la persona deje de sentir con la misma intensidad la necesidad de evitar las situaciones sociales o de esperar solo consecuencias negativas al interactuar con los demás. Por lo tanto, el concentrarse en el bien de otra persona de forma desinteresada parece tener una fuerte repercusión en los mecanismos de equilibrio emocional, lo que convierte a la gentileza en un poderoso instrumento de bienestar que puede mejorar las relaciones con los demás y la propia salud.

En 2018, la Universidad de Oxford (Reino Unido) observó una muestra de 683 individuos para investigar el efecto de la gentileza en los niveles generales de felicidad. En concreto, durante el estudio se compararon las consecuencias de los actos de gentileza dirigidos a amigos con los dirigidos a desconocidos. Los sujetos realizaron actos de gentileza todos los días durante una semana, y se constató que al final de esta sus niveles de felicidad habían aumentado significativamente. El aspecto más notable es que no hubo ninguna diferencia en el papel desempeñado por la intensidad de los vínculos, es decir, los actos de gentileza dirigidos a amigos o a desconocidos provocaron los mismos efectos de felicidad. Por consiguiente, la gentileza es un acto positivo en sí mismo, que nos beneficia independientemente de la identidad de las personas a las que la dedicamos.

EL NIÑO Y LA ESTRELLA DE MAR

Había una vez un hombre que vivía cerca de la playa. Todos los días se levantaba y lo primero que hacía era salir a dar un paseo por la arena. Un día, tras una terrible tormenta, encontró miles de estrellas de mar retorciéndose en agonía en la orilla, fuera del agua.

El hombre se sintió apenado por la situación. Sabía que las estrellas no podían vivir más de cinco minutos fuera del mar. En poco tiempo, todas aquellas criaturas estarían muertas. «¡Qué triste!», pensó. Sin embargo, no se le ocurrió nada que él pudiera hacer. El fenómeno había reunido a una multitud de personas en la playa. Todo el mundo estaba mirando, pero nadie hacía nada. Al cabo de un rato, vio que un niño se soltaba de la mano de sus padres, se quitaba los zapatos y los calcetines con gran afán y corría por la playa recogiendo las estrellas de mar una a una para lanzarlas de nuevo al agua. Estaba agitado y sudando.

–¿Qué haces? –preguntó el hombre.

–Estoy devolviendo las estrellas al mar –respondió el niño, al que ya se le veía muy cansado.

El hombre se detuvo un momento a pensar. Lo que el niño estaba haciendo le pareció inútil y, sin poder contenerse, dijo lo que pensaba:

–¡Pero es absurdo! ¡Hay miles de estrellas de mar en la orilla, nunca lo conseguirás!

El niño, que llevaba una estrella de mar en la mano, le sonrió, se agachó para coger otra, la lanzó al mar y contestó:

–¡Para esta estrella sí tiene sentido!

Tras un instante de silencio, el hombre se quitó los zapatos y corrió a la orilla del mar para ayudar al niño. Enseguida llegaron un par de chicos. Al cabo de pocos minutos había diez, cien, doscientas, mil personas descalzas, en la orilla del mar, lanzando estrellas al agua.

La gentileza es maravilla

La violencia nace del ánimo. Cada día llueven pequeñas gotas de violencia. Una tras otra. En un mundo repleto de cosas maravillosas que contemplar, nos distraemos. Estamos distraídos por vidas vividas con prisas, demasiado llenas de estímulos, trabajo, ruido, televisión, noticias, redes sociales, reuniones, personas, preocupaciones. Siempre estamos haciendo algo; y a menudo lo hacemos deprisa, sin parar. ¿No es violento? ¿No es este el terreno en el que crece la semilla de la violencia? Y haría falta tan poco para cambiarlo. Solo algo de maravilla. Porque estamos rodeados de un milagro constante. Son pocos los que se toman el tiempo de quedarse en silencio y escuchar. Oír y escuchar. Permitirse el privilegio de encontrar tiempo libre para contemplar las flores. El milagro de las flores. La gentileza detiene el mundo. Y nos hace respirar. Recordar. Que las flores siguen creciendo por todas partes.

Tendríamos que observar el mundo y la vida libres de nuestro conocimiento. Sin juicios, prejuicios, conceptos, preocupaciones, deseos. Volver a ser niños y mirar con ojos limpios y puros, con la misma maravilla que cuando ven las cosas por primera vez. ¿Habéis visto alguna vez la reacción de los niños al descubrir la lluvia o la existencia de su sombra? Qué lujo vivir siempre con esa maravilla. Maravilla y gentileza. Solo harían falta esas dos cosas en la vida.

Ser niños es una decisión que debemos tomar constantemente, porque nuestros ojos acumulan polvo todo el tiempo. Y tenemos que acordarnos de limpiarlos. No podemos esperar que se mantengan puros si no hacemos nada. El mero paso del tiempo los ensucia, los nubla. No depende de que hayamos hecho algo malo. Pero no basta con cerrar una casa para que no se ensucie. Pues, aun así, el polvo se asentará. Que no se nos olvide limpiarnos los ojos, con gentileza, para mirar el mundo con la pureza de un niño.

LA GENTILEZA ESTÁ EN TODAS PARTES

La gentileza es una sonrisa.

Démosle la libertad de habitar palabras, gestos, miradas, caricias y hasta silencios.

Si un día te levantaras y les preguntaras a todas las personas que conoces: «¿Qué es la gentileza?», y luego cogieras todas esas respuestas, todo ese sentimiento, todo ese amor, y lo unieras a través de las palabras… ¿Qué pasaría?

Descubrirías que la gentileza está en todas partes. Dentro y fuera.

Solo espera ser reconocida. Descubierta y celebrada.

Está en los que te contestan con una sonrisa en la mirada y en la voz, y en los que no te hacen sentir mal si preguntas una y otra vez porque no has entendido. La gentileza habita en los gestos espontáneos que no has pedido ni te deben quienes te ayudan a llevar un paquete, renuncian a algo por ti, te abrigan cuando hace frío, te ceden su asiento para que te puedas sentar. El dibujo que te da un niño, cuando te regalan una flor. El cielo gentil de la tarde con tantas nubes blancas, el rosa pastel. La gentileza que se hace sonrisa de la luz del corazón. Porque el corazón, si lo escuchas con atención, sonríe. Y esa sonrisa puedes dejarla en los gestos, en las palabras. Una palabra con la sonrisa del corazón. La gentileza está en todas partes. Cuando te hacen sentir a gusto, esa es la casa de la gentileza. La disponibilidad de ánimo, estar dispuesto a dar con gusto algo delicado, el amigo viento cuando llega tibio, encontrarse con la eternidad dentro, las manos del que baila, la madre que te llama, la caricia del padre. Gentil es la rabia, cuando es amor enmascarado. Gentil es la muerte, para el que acoge realmente la vida. Gentileza en una lágrima, en el cabello, en los besos, en la piel, en el calor de un cuerpo aún vivo. Gentil soledad en el silencio gentil. Una sublime cualidad del alma que dona los ojos para ver que todos forman parte de ti, que el mundo entero es hogar y todos los seres son nuestra familia, todos hermanos, todas hermanas, todos hijos de la vida.

Podemos caminar en la gentileza, si queremos. Sentirla a cada paso. Apoyarnos en la gentileza que se hace don para el que la dona. Una llamada del alma que te recuerda, cuando te distraes, que el amor existe. Es la paciencia del corazón que te espera desde siempre. Es el punto de encuentro entre dar y recibir, ese espacio en el que decides dar lo que quisieras recibir, y es así como se hace don para ti. Las ondas aterciopeladas y armónicas de una piedra lanzada a un lago en calma. Pensándolo bien, la gentileza está también ahí. Es moverte hacia ti mismo mediante el amor que dedicas a los demás. Gentileza es convertirte en el amor que das. El deseo de hacer sentir al alma de otros una sensación agradable. Perdone, quisiera un cóctel de amor, respeto y paciencia. En vez del azúcar quisiera una sonrisa, por favor. Gentileza es saber estar con lo que hay, amándolo sin juzgarlo, sin rechazarlo, sin el deseo de cambiarlo. Es la armonía con la creación, dentro y fuera. Todo lo demás es una simple manifestación de esa armonía. Es un ritmo interior que se derrama en el mundo. Es cuidado y atención. Ser en el otro. Nada que ver con un estéril ejercicio de educación. Estar ahí para alguien que no conoces y sientes que está en dificultad. La gentileza es abundancia. Riqueza de espíritu, abundancia de don, de amor. No tiene principio ni fin, un río que fluye sobre el lecho del infinito.

La gentileza que nace en el corazón es el alma cuando va hacia el otro con dulzura. Es saber dar incondicionalmente con amor.

Pero hay que saber escuchar para ser gentil. Otro cóctel, por favor. Esta vez póngale respeto, amor, sensibilidad, comprensión, compasión, empatía, cortesía, humildad y generosidad. Como siempre, sin azúcar añadido, gracias.

La gentileza es la puerta de la devoción. Pensar en la gentileza con los ojos cerrados y ver una casa iluminada con una chimenea encendida. Ahí está el recibimiento, la dedicación incondicional de una madre siempre dispuesta a dar sin esperar nada a cambio; es la dulzura que encuentras en la mirada de un niño cuando le acaricias la cara o lo estrechas suavemente entre los brazos mientras se hace pequeño para recibir el amor y la protección que necesita. Gentileza en el perdón. Donde hay gentileza, el ego se disuelve desarmado por la ligereza del corazón.

La gentileza es el grano que se hace pan, la sombra de un árbol en pleno verano, la madre que te recibe con tu plato preferido.

No importa quién seas, porque la gentileza es comenzar cada encuentro y cada mañana con un deseo sincero: que sea un buen día.

¿Recuerdas la lluvia cuando cae gentil?

La gentileza del sol, que calienta a pobres y ricos, plantas, animales y personas; que ilumina la sombra, que se da a todos por igual, más allá de las distintas apariencias, formas y divisiones. Justo ahora, que cerramos los ojos y notamos el calor de su luz en la piel, eso es gentileza. Ahí, en el calor en la piel, toda la gentileza de una estrella.

Gentileza es existir, ahora. Con amor, por amor, en amor.

TELÓMEROS

Immaculata De Vivo

> Día tras día, lo que eliges, lo que piensas y lo que haces es en lo que te conviertes.
>
> HERÁCLITO

LOS TELÓMEROS, CENTINELAS DE LA LONGEVIDAD

Ser gentiles, practicar el altruismo y vivir con serenidad la relación con los demás son hábitos que nos hacen sentir mejor. Nos lo dice el sentido común. «Practicad la gentileza al azar y los actos de belleza sin sentido», nos sugiere este adagio anónimo. Pero también nos lo dice la ciencia, que en los últimos años ha puesto bajo el microscopio cada una de las células del cuerpo humano en busca de una confirmación de lo que instintivamente hemos sabido siempre: que vivir en armonía con nosotros mismos y con los demás nos puede dar una vida larga, sana y serena.

Hoy tenemos pruebas suficientes para afirmar que nuestro estilo de vida cuenta mucho más que la genética a la hora de determinar nuestro estado de salud general. Enfermedades crónicas como la diabetes, el cáncer, las cardiopatías y los trastornos respiratorios pueden tener su origen en predisposiciones genéticas, pero estas nunca bastan para determinar la aparición de una enfermedad. También cuentan los «factores ambientales», es decir, las sustancias a las que nos exponemos voluntaria o involuntariamente y las decisiones vitales que tomamos. «Los genes cargan el arma, pero el ambiente es quien aprieta el gatillo», decimos los científicos. Un arma cargada nunca hace daño a nadie, hasta que una mano dispara. Esa mano es la nuestra. Podemos decidir mantenerla alejada del arma, y hacer que las balas sean inofensivas, o podemos decidir lo contrario y «ayudar» a la genética a hacernos daño. La decisión es nuestra.

Pero ¿cómo sabemos lo que es bueno y lo que es malo para nosotros? Hay varias moléculas del cuerpo que pueden decirnos si estamos predispuestos a una determinada enfermedad o no. Se llaman biomarcadores y desempeñan el importante papel de ser los «centinelas» de la salud. Su presencia o ausencia, su concentración y sus características biológicas pueden darnos muchísima información sobre la probabilidad de desarrollar enfermedades. Entre los muchos biomarcadores que conoce la ciencia, un grupo en particular ha demostrado ser extremadamente útil en los últimos años para darnos información sobre nuestra salud y esperanza de vida: los telómeros, verdaderas superestrellas que no solo han capturado la imaginación de los científicos, sino del público en general.

¿QUÉ SON LOS TELÓMEROS?

Los telómeros son estructuras de ADN ubicadas en los extremos de los cromosomas. Su función es protegerlos de posibles daños y mantener intacto el material genético de la célula. En nuestro organismo, las células se reproducen constantemente para sustituir a las que llegan al final de su ciclo vital. En este proceso de replicación, los telómeros pierden pequeños segmentos de su cadena genética, por lo que la nueva célula tiene telómeros ligeramente más cortos que la que la generó. Se trata de un hecho totalmente natural, que no tiene en sí consecuencias significativas. Todos nacemos con telómeros de una cierta longitud que va disminuyendo a lo largo de la vida. Es un proceso irreversible, puesto que la parte que se pierde del telómero no puede recuperarse, ni tampoco se puede restablecer su longitud. A los telómeros les cuesta más cumplir su función protectora a medida que se acortan, y una vez que alcanzan una longitud crítica, la célula deja de replicarse y entra en un proceso de muerte programada. Por este motivo, la ciencia considera que la longitud de los telómeros es como un verdadero reloj biológico que determina la duración de la vida de una célula y, por extensión, del organismo al que pertenece. Así, los telómeros más largos se asocian a individuos longevos, mientras que los más cortos se asocian a una menor esperanza de vida.

TELÓMEROS Y FACTORES AMBIENTALES

El acortamiento de los telómeros no se debe únicamente a un proceso natural, sino que también se ve influido por factores ambientales y de estilo de vida. Hábitos como el tabaquismo, el consumo de alcohol, el estilo de vida sedentario, la mala alimentación y la obesidad contribuyen a acelerar y agravar el acortamiento de los telómeros y, por tanto, la muerte celular, creando las premisas para la enfermedad y el envejecimiento prematuro del organismo. El estado psicológico de un individuo también puede tener un efecto significativo en su salud celular. Se ha descubierto que el estrés es uno de los grandes enemigos de los telómeros, ya que provoca un proceso oxidativo y un estado de inflamación que los daña y favorece su acortamiento. No podemos eliminar las causas del estrés, porque muchas veces no dependen de nuestra voluntad, pero sí podemos cambiar la forma en que respondemos a él poniendo en práctica estrategias de protección, como hacer deporte, dedicarnos a los demás, pasear por la naturaleza..., cualquier buen hábito que nos ayude a relajarnos y a desactivar los mecanismos del estrés.

Se ha demostrado que los estilos de vida saludables basados en una alimentación correcta, la actividad física moderada y abstenerse de fumar protegen a los telómeros del desgaste excesivo, lo que favorece la salud general del individuo y la longevidad. Junto a estas «recetas universales», válidas para todos, hay otras estrategias que cada cual puede adoptar individualmente. Para algunas personas serán eficaces, para otras no tanto. Imaginemos que queremos cultivar plantas: las semillas que encuentran condiciones favorables en el suelo germinan, las otras acaban secándose.

La importancia revolucionaria del descubrimiento de los telómeros y de sus mecanismos reside precisamente aquí: hemos descubierto que nuestro ADN es modificable y nuestras decisiones vitales pueden transformar nuestra genética. Hemos comprendido que los genes no son algo inmutable, sino que responden a los estímulos del ambiente exterior, se adaptan a condiciones que se hallan en continua evolución y expresan un potencial positivo o negativo en función de lo que nosotros les proporcionemos.

Esto explica por qué los científicos han decidido utilizar los telómeros como indicadores del estado de salud general de un individuo y, especialmente, su predisposición a enfermedades crónicas, como la diabetes, las enfermedades cardiovasculares, el cáncer y la osteoartritis. Se denominan «biomarcadores» porque nos proporcionan una valiosa información sobre la biología de nuestro organismo. La ciencia ha identificado muchos biomarcadores capaces de transmitir una gran variedad de información, pero los telómeros son especialmente interesantes por su capacidad de adaptación a los cambios ambientales. La observación de la longitud de los telómeros en individuos que viven en diferentes contextos, sometidos a determinados tipos de estímulos, nos permite obtener una información inestimable sobre lo que realmente favorece la buena salud y lo que provoca la enfermedad, el envejecimiento y la muerte prematura.

Las investigaciones de los últimos años han ido aún más lejos. Después de proporcionarnos muchas pruebas de los efectos positivos que tienen sobre la salud algunos factores, como una dieta predominantemente vegetal, un nivel moderado de actividad física, un ciclo de sueño regular y otros hábitos saludables conocidos, los científicos han comenzado a investigar el efecto que otros comportamientos y disposiciones mentales pueden tener sobre la genética: la meditación, en primer lugar, pero también actitudes positivas, como la gentileza, el optimismo, el altruismo, la empatía, las buenas relaciones sociales y familiares, la apertura a los demás, la participación y la compasión. Todos ellos son factores muy potentes para reducir el estrés y, por tanto, «amigos» de nuestros telómeros, que efectivamente han resultado ser más largos en las personas que adoptan este tipo de comportamientos. Se trata de una extraordinaria línea de investigación que por primera vez nos ha proporcionado la prueba científica de que vivir en armonía con nosotros y con los demás nos hace vivir más tiempo y más sanos, mantenernos más jóvenes y alejar las enfermedades. Es, pues, una nueva y revolucionaria «biología de la gentileza», capaz de ayudarnos a combatir nuestros males mediante prácticas sencillas pero de gran impacto, que son buenas para nosotros, para las personas que nos rodean y para el planeta que habitamos.

EL ADN, EL LIBRO DE LA VIDA

El ADN es una molécula que contiene toda la información genética que determina la biología del organismo. Es una doble hebra que se enrolla sobre sí misma en espiral y forma estructuras llamadas cromosomas. Cada persona tiene veintitrés pares de cromosomas contenidos en el núcleo de cada célula del cuerpo.

Las unidades básicas del ADN, llamadas nucleótidos, son de cuatro tipos y se indican con una letra: A (adenina), G (guanina), C (citosina) y T (timina). El ARN, la molécula que permite al ADN traducir la información en proteínas, tiene uracilo (U) en lugar de timina.

Del mismo modo que el abecedario de nuestro idioma consta de más de veinte letras, el alfabeto del ADN solo tiene cuatro, que se combinan en una gran variedad de secuencias distintas. Cada una de ellas es como una palabra, capaz de expresar una información precisa. Esta secuencia se denomina gen. Si en nuestro idioma la secuencia de letras G-A-T-O nos da la palabra «gato», en el idioma del ADN, la secuencia AUG significa «inicio», es decir, la iniciación de un proceso de síntesis de proteínas, mientras que la secuencia UGA significa «fin», porque interrumpe la reacción bioquímica en curso.

El ADN se expresa, por tanto, en un auténtico lenguaje mediante palabras de tres letras que se concatenan para formar frases y luego párrafos enteros de información cada vez más compleja, hasta formar nuestro genoma, es decir, el libro completo de nuestra vida. En su interior está contenida toda la información genética que nos hace ser quienes somos, cada uno diferente, cada uno único.

Telómeros y envejecimiento

En 2009, Elizabeth Blackburn, Carol Greider y Jack Szostak recibieron el Premio Nobel de Medicina por sus descubrimientos sobre el funcionamiento de los telómeros y la enzima telomerasa. A partir de ese momento, estas estructuras de ADN, hasta entonces subestimadas, se han hecho famosas, también fuera del mundo científico, gracias a las sugerentes posibilidades que han planteado en la investigación contra el cáncer y otras enfermedades crónicas. En el mundo académico, hacía tiempo que se conocían los mecanismos de protección de los telómeros y su acortamiento progresivo, pero los estudios posteriores del equipo dirigido por Blackburn y el reconocimiento de la Academia Sueca han sacado la ciencia de los telómeros de los confines de los laboratorios y la han hecho llegar al público no especializado. Es algo parecido a cuando una película gana un Oscar: todo el mundo corre al cine a verla, se habla de ella en el bar y aparece en los periódicos. La que fuera una materia para especialistas pasó a convertirse rápidamente en un tema de conversación, lo que a su vez dio impulso a una nueva y amplia serie de estudios que siguen llevándose a cabo en la actualidad y esperamos que continúen en el futuro.

Lo primero que hay que saber sobre los telómeros es que son los marcadores más importantes y significativos del envejecimiento, ya que su acortamiento está naturalmente ligado al paso de los años. Al nacer, poseemos un patrimonio genético compuesto por los cromosomas y los telómeros que los protegen. La longitud inicial de estos últimos está determinada en un 60 % por factores hereditarios y se encuentra en su punto máximo. Este es el capital del que disponemos, nuestra «ficha de entrada» biológica. A partir de entonces, mediante el proceso natural de replicación celular, los telómeros se irán acortando gradualmente, lo que con el tiempo reducirá su capacidad de proteger al ADN de diversos tipos de ataques. Si medimos los telómeros de un recién nacido y los comparamos con los de un anciano, observaremos una reducción de su longitud, producida de forma natural y progresiva con el paso de los años. Es el indicador de la senescencia celular, la señal científicamente visible de que las células, los tejidos y todo el organismo están envejeciendo. Hay un edificio en Boston, el Old John Hancock Building, que está coronado por un asta alta y luminosa. Desde 1950, este pararrayos se ilumina de rojo o azul, de forma constante o intermitente, para indicar la previsión del tiempo. Los bostonianos han aprendido a descifrar el código y saben qué tiempo hará al día siguiente con solo alzar la vista y mirarlo. Esto es, a grandes rasgos, lo que hacen los telómeros a ojos de los científicos: sus características permiten predecir cómo será nuestra salud celular en un futuro próximo, «qué tiempo hará» en nuestra biología si las condiciones de vida actuales no cambian.

ENVEJECIMIENTO PREMATURO: LA MALA NOTICIA

Los telómeros se acortan año tras año y no podemos evitarlo. Entonces, ¿por qué nos preocupamos tanto? Porque este proceso no se produce a un ritmo constante e invariable, sino que puede verse influido por factores ambientales. Este es el descubrimiento más sensacional sobre el mecanismo que regula la función de los telómeros: hay factores que pueden acelerar su acortamiento, lo que contribuye a la aparición temprana de enfermedades típicas del envejecimiento. Al desgaste normal causado por la edad, sobre el que no podemos intervenir, se suman los daños debidos a los malos hábitos, la exposición prolongada a sustancias nocivas y el estrés psicológico. En numerosos estudios realizados hasta la fecha, las personas expuestas a este tipo de factores tenían telómeros más cortos que los miembros de los grupos de control. Sus cuerpos eran en cierto modo «más viejos», pero no desde el punto de vista de la edad, sino de la salud de las células y los tejidos.

En 2017, por ejemplo, se recopilaron datos de hasta 84 estudios diferentes sobre el efecto del consumo de tabaco en la longitud de los telómeros. La relación entre el tabaquismo y la aparición precoz de enfermedades típicas del envejecimiento se conocía desde hacía tiempo, pero quedaba por investigar si también era un acelerador del envejecimiento biológico, del que los telómeros son los indicadores más fiables. En pocas palabras, sabemos que fumar nos hace enfermar, pero ¿también nos hace envejecer antes? Un conjunto tan amplio de investigaciones ha demostrado que los telómeros son más cortos en los fumadores que en los no fumadores, pero también que el daño de los telómeros es mayor en quienes han fumado durante un periodo limitado de su vida que en quienes no han tocado nunca un cigarrillo. Por lo tanto, el tabaco puede considerarse un factor implicado en el envejecimiento prematuro de las células, que a su vez es un precursor de enfermedades crónicas comunes.

Gracias al estudio de los telómeros, el estado de salud de un individuo, su nivel de envejecimiento celular y la probabilidad de desarrollar enfermedades se han convertido en algo científicamente medible. Los telómeros más cortos se traducen en una menor esperanza de vida, mientras que los telómeros más largos indican longevidad. Por eso podemos llamarlos «biomarcadores del envejecimiento» o, más poéticamente, «centinelas de la longevidad».

El acortamiento de los telómeros también se asocia a la aparición de numerosas enfermedades y, en general, a la reducción de la esperanza de vida. Esto ocurre porque el ADN de las células, sin la adecuada protección de los telómeros, recibe ataques con mayor facilidad. Las patologías relacionadas con el acortamiento de los telómeros son diversas: la diabetes, las enfermedades cardiovasculares, como infartos e ictus, la demencia senil, los tumores y la enfermedad de Alzheimer son algunas de las más comunes. En estudios de laboratorio, los pacientes que padecían estas enfermedades tenían telómeros más cortos que las personas sanas. No podemos afirmar que los telómeros acortados sean la causa directa de estas enfermedades, pero sí podemos reconocer que su desgaste crea un entorno favorable para el desarrollo de dolencias relacionadas con el envejecimiento. Si deforestamos salvajemente la ladera de una montaña y tras un chaparrón se produce un desprendimiento devastador, la causa del desastre habrá sido sin duda la fuerte lluvia, pero la deforestación también habrá tenido su papel. En la ciencia médica, una correlación entre dos elementos no es necesariamente una relación causal, pero sí es un dato significativo.

También es significativo el resultado de uno de los estudios más importantes sobre la relación entre la longitud de los telómeros y los niveles de mortalidad realizado en 2015 por Line Rode, Børge G. Nordestgaard y Stig E. Bojesen, de la Universidad de Copenhague (Dinamarca), con una muestra de cerca de 65.000 individuos. Partiendo de la idea ya mencionada de que los telómeros más cortos están relacionados con el envejecimiento y las enfermedades típicas de la tercera edad, los científicos trataron de descubrir si también estaban asociados a una mayor mortalidad, ya fuera por cáncer o por otras enfermedades. Dicho de otro modo, se preguntaron si las personas con telómeros desgastados tienen un mayor riesgo de muerte que las personas con telómeros más largos. Observaron el ADN de los participantes durante varios años y comprobaron que las personas que murieron durante la investigación tenían telómeros más cortos que los supervivientes. La principal causa de muerte fueron las enfermedades cardiovasculares, seguidas del cáncer. Esta importante investigación nos ha hecho ver que el desgaste excesivo de los telómeros puede desempeñar un papel en la aceleración de la muerte de un individuo por enfermedades crónicas comunes.

LA BUENA NOTICIA: FACTORES MODIFICABLES

Envejecimiento prematuro, enfermedades crónicas, reducción de la esperanza de vida. Pero ¿estos telómeros solo nos traen malas noticias? En absoluto. Por el contrario, su susceptibilidad ante los factores ambientales y de estilo de vida va en ambos sentidos, por lo que podemos acelerar su desgaste «antinatural» (por ejemplo, al fumar), pero también podemos limitarlo al máximo, simplemente adoptando estilos de vida saludables y comportamientos que reduzcan el estrés. Han demostrado ser científicamente eficaces la actividad física, la correcta alimentación (especialmente, la inspirada en la dieta mediterránea), el no fumar, y todas aquellas actividades y comportamientos que reducen el estrés, lo cual disminuye esencialmente los niveles de cortisol (conocido como la «hormona del estrés») en el torrente sanguíneo. La meditación, el contacto con la naturaleza, la musicoterapia y las actitudes positivas con nosotros mismos y con los demás son estrategias que podemos poner en práctica para proteger la genética y la salud. No podemos alargar los telómeros, pero podemos intentar ralentizar su desgaste en la medida de lo posible.

Esta compleja interacción entre ambiente y salud es el punto central de una importante investigación de la Universidad de Harvard (Estados Unidos), que no solo estudia los telómeros, sino también, de un modo más general, los factores de riesgo de las enfermedades crónicas más comunes. El Estudio de la Salud de las Enfermeras (Nurses' Health Study, NHS), iniciado en 1976 y aún en curso, es uno de los mayores estudios realizados en epidemiología, una auténtica mina de información sobre los mecanismos de muchas enfermedades y las estrategias más eficaces para proteger la salud. El gran mérito de esta investigación es haber arrojado luz sobre la influencia que tiene en el organismo el estilo de vida que llevemos. A lo largo de más de cuarenta años se han estudiado los hábitos y el estado de salud de más de doscientas mil enfermeras estadounidenses; y en los últimos años, el NHS ha comenzado también a estudiar los telómeros, con lo que se han encontrado numerosas pruebas que confirman las hipótesis sobre los daños que los malos estilos de vida causan en nuestra salud. Se podría objetar que esto ya se sabía: todos sabemos que fumar, comer comida basura y ser sedentario no es bueno. Y es verdad. Pero ahora tenemos pruebas científicas y estamos aprendiendo los mecanismos por los que los distintos factores ambientales condicionan nuestro estado de bienestar, lo que nos permite elaborar nuevos tratamientos y estrategias de defensa. Y lo que es más importante, el estudio de los telómeros nos dice que la influencia del ambiente en el organismo es tal que modifica nuestro ADN y que los malos hábitos o, en general, las condiciones de vida adversas pueden dañar nuestra salud de forma irreversible; pero también nos asegura que contamos con ciertas armas, estrategias que podemos implementar para minimizar ese daño.

En este sentido, hay una importante lección que nos llega de manos de los centenarios de las llamadas zonas azules, es decir, las áreas del mundo que presentan una singular concentración de personas que viven más de cien años en perfecto estado de salud. Es evidente que el estudio de las características de estas personas y de su entorno puede ayudarnos a comprender si existe una «receta para la longevidad» y cuáles podrían ser sus ingredientes. Hay cinco zonas azules: Cerdeña (Italia), Icaria (Grecia), Okinawa (Japón), Nicoya (Costa Rica) y la comunidad religiosa de los Adventistas del Séptimo Día de Loma Linda (California, Estados Unidos). Se trata de contextos especiales, caracterizados por un cierto aislamiento y unas condiciones de vida peculiares. Los científicos han estudiado el perfil genético de estas personas, sus rutinas diarias, su dieta y su entorno hasta recoger una impresionante cantidad de datos en busca de los elementos distintivos de estas comunidades con la esperanza de que puedan explicar su extraordinaria longevidad. El primer factor que se investigó fue, lógicamente, el ADN, para comprender el fondo genético independientemente de las influencias ambientales. Los estudios demostraron que los factores hereditarios determinan la longitud de los telómeros de los centenarios en un porcentaje más alto que en el caso de personas con una esperanza de vida común. También se observó que los padres de los centenarios tienen asimismo una media de vida más larga que los padres de los no centenarios y que sus hijos presentan telómeros más largos que los de los grupos de control. Existe, por tanto, una variable genética de fondo, hereditaria, a la que se suman las particulares condiciones ambientales de estas comunidades. Desde un punto de vista genético y evolutivo, el aislamiento es generalmente una situación desfavorable, porque, ante una nueva amenaza (un virus desconocido, un cambio significativo en la dieta, etc.), puede que la comunidad aislada carezca de defensas genéticas adecuadas y acabe por sucumbir. Sin embargo, en este caso, el aislamiento ha desempeñado un papel positivo al favorecer la circulación y difusión de los «genes de la longevidad» dentro del grupo, lo que ha creado las condiciones para una concentración excepcional de centenarios en una zona geográfica relativamente pequeña.

Entre los factores ambientales estudiados, uno de los más significativos fue la alimentación. Volveremos a tratar este tema con más detalle, pero es útil mencionar ya las características generales de una dieta asociada a la salud y la longevidad. Un elemento común de las poblaciones de las zonas azules es una dieta rica en antioxidantes y sustancias que reducen la inflamación, dos grupos de nutrientes que se encuentran en abundancia en los alimentos vegetales. Su acción contrarresta el estrés oxidativo y los fenómenos inflamatorios, es decir, los procesos bioquímicos que aceleran el desgaste de los telómeros, de modo que desarrollan una acción protectora del ADN.

Así pues, las pruebas científicas actuales nos dicen que el envejecimiento es, efectivamente, un proceso inexorable, pero que solo está determinado parcialmente por la genética. Es el resultado de una combinación de predisposición hereditaria, ambiente y estilo de vida. Por consiguiente, tenemos la posibilidad de hacer algo para frenarlo e intentar que nuestros últimos años sean más tranquilos y satisfactorios.

**FACTORES AMBIENTALES QUE INFLUYEN
EN EL ACORTAMIENTO DE LOS TELÓMEROS**

Índice de masa corporal
Tabaco
Actividad física
Estrés
Alimentación

Imaginemos que estamos en la sabana, hace unos cien mil años, escrutando el horizonte en busca de comida y señales de peligro. Tenemos todos los sentidos alerta, aguzamos la vista y afinamos el oído, listos para percibir hasta el más mínimo sonido. De la espesura de la vegetación vemos salir a una leona con aspecto amenazador. La reacción del cuerpo es inmediata: en un instante, el ritmo cardíaco se acelera, la presión arterial se eleva y el nivel de azúcar en sangre se dispara para proporcionar energía a los músculos, sobre todo a los de las piernas. E inmediatamente echamos a correr, para intentar alejarnos todo lo posible del peligro. No percibimos dolor, no sentimos en ese momento ningún tipo de necesidad. La sensación de hambre, que poco antes nos había impulsado a aventurarnos por la llanura abierta en busca de comida, desaparece por completo. Lo que tiene lugar en nuestro cuerpo es uno de los mecanismos de defensa más fascinantes y complejos de la evolución, una explosión de reacciones bioquímicas extremadamente rápidas que solo tienen un objetivo: la supervivencia. Para ello, el organismo está dispuesto a maximizar sus recursos, aun a costa de suspender funciones vitales fundamentales. La digestión se ralentiza y el sistema reproductor se «apaga» temporalmente para que el cuerpo no desperdicie su valiosa energía en actividades que en ese momento resultan inútiles. Tanto si la leona nos alcanza como si no, este estado de alteración de las funciones bioquímicas dura poco. En un caso, por la derrota en la lucha; en el otro, por habernos puesto a salvo. Una vez que el peligro ha pasado, el organismo restablece gradualmente las actividades normales, devuelve todas las funciones a sus valores habituales y la respuesta de emergencia pasa sin dejar rastro.

En biología, este mecanismo se llama «lucha o huida», porque nos pone en condiciones de enfrentarnos al peligro o escapar de él con todas nuestras fuerzas. Es uno de los grandes secretos de nuestra supervivencia en este planeta, el resultado de milenios de adaptación al medio. Y sigue siendo útil, no solo en el improbable caso de que nos encontremos cara a cara con una leona hambrienta, sino también cuando huimos de otras formas de peligro, como un incendio, un tiburón o Freddie Krueger. Todas estas circunstancias exigen una respuesta de supervivencia inmediata, que será intensa, e incluso violenta, pero siempre breve.

RESPUESTA AL ESTRÉS AGUDO

Liberación de cortisol y adrenalina
Disponibilidad inmediata de energía en los músculos
Aumento de la frecuencia cardíaca
Flujo sanguíneo concentrado en las extremidades
Aumento de la concentración de azúcar en sangre
Aguzamiento de la vista y el oído
Atenuación de la percepción del dolor
Ralentización de la digestión
Desactivación de las funciones reproductoras

Imaginemos ahora otro contexto aparentemente distinto. Estamos sentados en el coche, en mitad del tráfico de la autovía en hora punta. Los demás tocan el claxon y nos cortan el paso enfadados, mientras nosotros pensamos que vamos a llegar tardísimo, que tenemos que pagar la hipoteca y llevar a los niños a clase de música, y que por la tarde llegará la suegra para el fin de semana. No es una leona que sale de la vegetación de la sabana, no estamos en peligro de muerte, pero nuestro cuerpo no lo sabe. La presión psicológica a la que estamos sometidos desencadena el mismo tipo de respuesta bioquímica en el cuerpo: acelera el pulso, eleva la presión, contrae los músculos. Debería ser una respuesta de corta duración, ya que en poco tiempo tendríamos que ser capaces de escapar de la situación de estrés y restablecer rápidamente las funciones vitales normales. Pero no podemos, porque no tenemos ningún control sobre las situaciones que provocan ese estado de alarma, por lo que nuestra alteración bioquímica se prolonga en el tiempo, quizá durante meses o incluso años.

Este desgaste continuo, no previsto por la evolución, tiene un efecto deletéreo en nuestra salud y puede conducir a la aparición prematura de enfermedades. Es una situación de emergencia que se convierte en cotidiana, en la que nos encontramos con funciones no útiles activadas (hipertensión, taquicardia, contracción muscular) y funciones útiles desactivadas o atenuadas (digestión, reproducción). Lo que se desarrolló como un formidable mecanismo de supervivencia, resultado de un extraordinario proceso de adaptación evolutiva, se ha convertido en un enemigo capaz de poner en peligro nuestra salud a largo plazo.

¿Cómo hemos llegado a esto?

DEL ESTRÉS AGUDO AL CRÓNICO

Sin duda, el ambiente en el que vivimos ha cambiado mucho desde los lejanos días en la sabana. La complejidad de la red de relaciones en la que estamos inmersos y la cantidad y calidad de las presiones psicosociales a las que estamos sometidos cada día no son comparables con las de la era prehistórica. La evolución de la civilización se ha producido demasiado rápido para que nuestra biología pudiera adaptarse a ella. Los mecanismos que se fueron desarrollando a lo largo de millones de años han hecho que nos adaptemos a un determinado tipo de entorno natural que se ha transformado totalmente en un periodo de tiempo «breve» en términos evolutivos. En solo tres mil años, hemos pasado de las tablillas cuneiformes de Uruk a los móviles, de las aldeas agrícolas a las metrópolis de acero y cristal. La cantidad de estímulos a los que estamos sometidos a diario se ha vuelto mucho más apremiante y, aunque ya no arriesguemos la vida para obtener alimento, nuestra existencia se ha vuelto mucho más estresante que en épocas pasadas menos seguras. Por lo tanto, desde un punto de vista puramente científico y evolutivo, todo este estrés proviene de nosotros mismos, o más bien, de la civilización que hemos creado.

Según Robert Sapolsky, neurocientífico de la Universidad de Stanford (California), el estrés que experimentamos en la vida depende de nuestro alto nivel de inteligencia. De forma provocadora, pero científicamente correcta, Sapolsky afirma que los seres humanos, al igual que otros primates, sufrimos los efectos del estrés porque tenemos «demasiado tiempo libre». Un tiempo que dedicamos a actividades que generan estrés en nosotros y en los demás: competir por el territorio y los recursos, pelear por rivalidades tontas y crear situaciones de conflicto constantes. Teniendo en cuenta que un estado de estrés psicosocial crónico es capaz de comprometer nuestra salud, podemos decir que la evolución nos ha hecho tan inteligentes que enfermamos. Inteligentes y a merced de las emociones: el componente emocional de nuestra mente está implicado en los mecanismos del estrés y nos pone en una situación de angustia psicológica que no se encuentra en otros mamíferos, excepto en aquellos con una vida emocional compleja.

Sapolsky ha estudiado el comportamiento de los babuinos y otros «parientes cercanos» nuestros durante más de treinta años, vigilando su estado de salud y enfermedades más comunes. Según el científico, estos primates son un buen modelo de observación porque, al igual que los seres humanos, no están expuestos a factores de estrés reales. Una manada de babuinos en el Serengeti, por ejemplo, no se ve muy amenazada por otros depredadores y busca comida durante unas tres horas al día, por lo que dispone de nueve horas de tiempo libre, que utiliza para desarrollar situaciones de estrés psicosocial. Su verdadero enemigo no está fuera del grupo, sino dentro: son ellos mismos. A partir del análisis de las células y los tejidos de estos animales, Sapolsky y su equipo observaron que los individuos sometidos a estrés presentan problemas de reproducción, dificultades para la cicatrización de las heridas, presión arterial alta y disfunciones en el mecanismo bioquímico que regula la disminución de la ansiedad en el cerebro. Todos los síntomas que también encontramos en los seres humanos. Esta combinación de inteligencia y profundidad emocional sería, por tanto, la causa del estrés, que activa los mecanismos de respuesta de lucha o huida y los prolonga en el tiempo, lo que tiene importantes consecuencias para la salud.

Estrés y enfermedad

Cuando estamos sometidos a estrés, ansiedad y agitación, el cerebro libera una gran variedad de hormonas en el torrente sanguíneo que preparan al cuerpo para la respuesta de lucha o huida. Reguladas por el eje hipotálamo-hipófisis-suprarrenal, estas reacciones producen principalmente adrenalina y glucocorticoides, incluido el cortisol, conocido como «hormona del estrés», que puede llegar rápidamente a los músculos y órganos y atravesar la membrana cerebral. El cortisol tiene numerosos efectos fisiológicos: aumenta los niveles de azúcar en sangre, eleva la presión arterial, reduce la sensación de apetito, aguza la atención y la memoria y disminuye la percepción del dolor; todo ello favorable en caso de tener que luchar contra un enemigo o huir. Los episodios relativamente breves de estrés y ansiedad pueden no dejar marcas duraderas en el organismo, pero la exposición prolongada a estas hormonas se ha relacionado con la aparición de diversos trastornos. Los acontecimientos traumáticos, en concreto, pueden causar daños latentes, cuyos síntomas pueden aparecer incluso años después del propio acontecimiento. De forma más general, el estrés y la ansiedad están muy relacionados con enfermedades crónicas y el envejecimiento prematuro.

Las patologías más comunes relacionadas con el estrés son principalmente las cardiovasculares, como la hipertensión y el infarto, además de las úlceras, las disfunciones gastrointestinales y renales, y diversos trastornos psicológicos. Una investigación australiana de 2013 también señaló el estrés derivado de situaciones laborales o familiares como causa probable de la diabetes de tipo 2, cáncer, problemas circulatorios, asma y enfisema, así como depresión y ansiedad crónica; todo ello independientemente de otros factores físicos, como el índice de masa corporal, la hipertensión o la discapacidad. Sin embargo, la relación entre el estrés y el sistema inmunitario es especialmente compleja. Mientras que los episodios breves de estrés se han relacionado con un refuerzo temporal de algunas defensas, se ha descubierto que el estado de estrés crónico es responsable del debilitamiento generalizado de la respuesta inmunitaria. Se trata de la confirmación científica de una experiencia que todos hemos tenido alguna vez: tras un periodo de presión psicológica prolongada, al recuperar cierta serenidad caemos enfermos con alguna dolencia leve, normalmente, un simple resfriado o una gripe. Este es el precio que nos cobra el cuerpo por haberlo sometido a estrés demasiado tiempo.

En su libro *The Stress of Life* (1956), el endocrinólogo canadiense de origen húngaro Hans Selye adoptó oficialmente el término «estrés» en el ámbito médico para referirse, en general, a una respuesta inespecífica del organismo a un estímulo negativo. Selye ya había utilizado anteriormente este término, tomado de la física, pero solo después de la publicación del libro entró en el lenguaje común, gracias al impacto que esta obra tuvo entre los especialistas y el público en general. Conocido por ello como el «padre de la investigación del estrés», Selye aportó un nuevo punto de vista en el estudio de las enfermedades. Hasta los años treinta, e incluso después, cada enfermedad se analizaba individualmente, como un fenómeno con identidad propia cuyos síntomas se consideraban específicos. Cuando todavía era estudiante, Selye fue el primero en notar que había puntos en común entre los síntomas de los que se quejaban los pacientes que padecían diferentes enfermedades, por lo que formuló la hipótesis de que debía haber un hilo conductor entre ellos. Tanto el cansancio como la pérdida de peso, la falta de apetito, el deseo de permanecer acostado o la reticencia a ir al trabajo fueron síntomas que encontró en pacientes con diferentes diagnósticos. A partir de esta observación, comenzó una investigación que le llevó a comprender que el estrés era el factor común que se encontraba en el origen de distintas enfermedades, y hasta llegó a intuir muchos mecanismos que solo serían aclarados por investigaciones posteriores. «No es el estrés lo que nos mata, sino la forma en que reaccionamos ante él —escribió en su libro—. Todo estrés deja una cicatriz indeleble y el organismo paga el precio de sobrevivir a una situación estresante haciéndose un poco más viejo.»

La relación entre el estrés y el envejecimiento prematuro, con la consiguiente aparición temprana de enfermedades crónicas, ha sido objeto de muchas investigaciones desde la época de Selye hasta la actualidad y está ampliamente documentada en muchos ámbitos de la epidemiología y la psiquiatría. En un estudio de 2014, Elissa Epel, de la Universidad de California en San Francisco (UCSF), en consonancia con las investigaciones de Sapolsky, comprobó que nuestras elevadas capacidades cognitivas, como la de aprender, recordar y anticiparnos a las situaciones estresantes y reconocer sus señales, pueden ponernos en un estado de vigilancia constante, que se activa incluso en ausencia de situaciones estresantes reales. La intensidad de este estado de alerta constante varía de una persona a otra, de modo que algunos individuos son más vulnerables al estrés, y es precisamente esta diferencia subjetiva la que se está estudiando en las nuevas investigaciones, que se proponen comprender en qué medida nuestro «ambiente interior» puede favorecer o dificultar la aparición de fenómenos biológicos adversos, como las enfermedades y el envejecimiento prematuro.

ESTRÉS Y TELÓMEROS

¿Y los telómeros?

Como ya hemos visto, el ADN telomérico también sufre las consecuencias negativas de un estado de estrés crónico, que se considera uno de los factores que aceleran su acortamiento. El cortisol y otras hormonas liberadas en el torrente sanguíneo en respuesta a estímulos negativos, o percibidos como tales, crean estrés oxidativo e inflamación, las dos condiciones bioquímicas que favorecen el desgaste acelerado de los telómeros. Imaginemos que, para nuestro ADN, el estrés es como un veneno que se libera en cantidades pequeñas pero constantes: no nos mata inmediatamente, pero hace que nuestro entorno celular se vuelva tóxico, lo que favorece la aparición de enfermedades a largo plazo. Este fenómeno es especialmente pronunciado cuando el estrés crónico se produce a una edad temprana.

Desde la segunda mitad de la década de 1960 hasta 1989, en Rumanía, el dictador Nicolae Ceausescu impuso en su país una estricta política demográfica, destinada a aumentar la población, que prohibía el aborto y los métodos anticonceptivos y gravaba a las familias sin hijos. El resultado de esta obtusa legislación fue efectivamente el aumento de los nacimientos, pero acompañado del correspondiente incremento del abandono de neonatos y menores, sobre todo de los nacidos en familias ya numerosas o los que padecían algún tipo de discapacidad física o mental. La propaganda del régimen presentaba el fenómeno como un acto de responsabilidad de los padres, que confiaban a sus hijos a las instalaciones públicas convencidos de que el Estado les garantizaría una atención mejor que la que podían ofrecerles ellos. Los orfanatos del país se llenaron de niños abandonados que se vieron obligados a vivir en instalaciones abarrotadas y ruinosas en condiciones terribles. El mundo no supo nada de todo esto hasta principios de 1990, cuando, tras la caída del régimen, los primeros periodistas y observadores internacionales entraron en estas instituciones y se encontraron cara a cara con el horror: niños desnutridos, rodeados de suciedad, a menudo enfermos y sin ningún tipo de atención, a veces atados a sus camas y tratados de forma violenta e inhumana. Fue un descubrimiento impactante que conmocionó a la opinión pública occidental, que desconocía lo que ocurría en estos lugares de sufrimiento y prevaricación. En un impresionante documental de la BBC, Izidor Ruckel, que estuvo internado en uno de estos horribles centros hasta la edad de once años, cuenta: «No teníamos compasión, sentimientos ni emociones. Solo existíamos, como vegetales. Nos consideraban más o menos animales salvajes a los que había que tener en jaulas». Las noticias e imágenes de esta infancia desesperada desencadenaron una ola de conmoción y solidaridad en todo el mundo, lo que llevó a la activación de canales para la adopción internacional de niños rescatados de los orfanatos. Muchos, como Ruckel, fueron aceptados en Estados Unidos u otros países occidentales y pudieron lograr con esfuerzo una vida normal, pero, para muchos otros, la integración en el mundo civilizado se produjo con gran dificultad, debido a las graves consecuencias psicológicas del internamiento.

La tragedia de los huérfanos rumanos movilizó a psiquiatras, médicos y científicos de todo el mundo para estudiar sus condiciones de salud física y psicológica en un intento de encontrar soluciones a sus traumas. Aunque estas instituciones se mantuvieron bajo observación durante años, las situaciones más problemáticas persistieron durante mucho tiempo. Incluso en el año 2000, numerosos orfanatos seguían en condiciones similares a las de la época de Ceausescu. Fue entonces, en ese mismo año, cuando pediatras y estudiosos de Harvard y otras universidades estadounidenses en colaboración con el hospital infantil de Boston pusieron en marcha el Proyecto de Intervención Temprana de Bucarest, un estudio a largo plazo destinado a investigar los efectos que las condiciones tan severas y prolongadas de privación, abandono y desafección tuvieron en la salud de los menores. En concreto, se observaron los telómeros de 136 niños huérfanos que vivían en seis centros diferentes de Bucarest, con edades comprendidas entre los seis meses y los dos años y medio. Algunos de ellos se pusieron al cuidado de familias de acogida, mientras que el resto siguió viviendo en orfanatos. Al final del primer periodo de observación, se vio que los telómeros del grupo que permaneció en los orfanatos estaban más desgastados que los del grupo en acogida, lo que confirmó la hipótesis inicial: ya desde los primeros años de vida, una situación de privación material y emocional, que se traduce en un estrés psicológico prolongado, puede causar daños tempranos en la salud de las células. La existencia en un orfanato resultó ser más estresante que la experiencia de vivir en acogida, lo que confirma el efecto de las emociones en la integridad de nuestro ADN.

PROTEGER LOS TELÓMEROS DEL ESTRÉS

Lo que más llama la atención de los estudios sobre los telómeros es que este tipo de daño celular es un proceso irreversible, cuyas consecuencias pueden mitigarse por medio de estrategias de protección, como un estilo de vida saludable, la meditación y las buenas relaciones sociales, pero no pueden neutralizarse. Cuando el daño está hecho, hecho está. No hay remedio. La lección más importante de esta investigación es precisamente esta: debemos proteger nuestra salud al máximo, porque lo que perdemos nunca lo podremos recuperar. Comprometámonos a mejorar la calidad de nuestra existencia desde ahora mismo, empezando por una dieta sana, un estilo de vida activo y un mínimo de meditación, hasta llegar poco a poco a «desinfectar» nuestras relaciones con el mundo. Relacionémonos con los demás con gentileza, aprendamos a admitir los errores, a pedir disculpas, a perdonar, a aliviar la carga de las ansiedades y sentimientos de culpa que nos envenenan la mente y las células. Desactivemos los mecanismos del estrés lo antes posible. No nos escudemos en la excusa de que no depende de nosotros: no podemos eliminar el estrés de nuestras vidas, pero sí podemos cambiar nuestra forma de reaccionar ante él. No nos cansemos de repetirlo. Podemos tomar la decisión de aliviar las tensiones en la familia y en el trabajo, en lugar de sufrirlas o, peor aún, alimentarlas. Podemos dejar de enfadarnos inútilmente, de guardar rencor por asuntos triviales, de acumular agresividad. Solo es veneno que nos desgasta y deja daños irreparables. Nos lo está pidiendo nuestro ADN. Lo que detectamos en los laboratorios es un grito desesperado de nuestras células, que nos piden que las protejamos del estrés, la comida basura, el sedentarismo. Ahorrémonos, a nosotros y a los demás, toda presión psicosocial innecesaria, porque se imprime en nuestra biología y nos hace envejecer antes y enfermar, además de arruinar nuestra calidad de vida. Cuando hablamos de longevidad, no nos referimos a un mero dato cuantitativo. No basta con vivir mucho tiempo si ese tiempo extra que ganamos no es de calidad. Hagamos que nuestra vida sea más larga y rica manteniendo nuestro organismo más joven y sano. Esto nos permitirá vivir mejor los años de la vejez y disfrutar de la compañía de la familia y los amigos, de nuestras aficiones, de nuevos proyectos que antes no tuvimos el valor de emprender. La ciencia no pretende dar recetas eternas ni respuestas definitivas, sino ofrecer consejos basados en una observación larga y racional. Como la sencilla regla de que tener un propósito, perseguir un objetivo que nos haga sentir bien y que no haga daño a nadie es uno de los grandes secretos para envejecer mejor.

En 2011, fue noticia el caso de Leo Plass, que se graduó en la Universidad Eastern Oregon con noventa y nueve años. El verdadero declive de un individuo comienza cuando pierde el interés por las cosas y acaba viviendo un día tras otro, todos iguales, sin ningún propósito. Pero no se trata de ir a la Luna o escalar el Everest. Basta una pequeña afición, la jardinería, la lectura, tocar un instrumento, aprender un idioma, hacer un viaje a un lugar nuevo, aunque sea cercano, montar un puzle o hacer voluntariado. Sea cual sea el objetivo que nos propongamos, grande o pequeño, ya estamos alimentando el cerebro y el cuerpo con energía positiva, lo que además de mantener la mente activa, también será bueno para la salud física. Envejecer es un proceso biológico inevitable, pero vivirlo bien puede hacerlo más agradable.

Un estudio de la Universidad de Harvard, del que también informó el *New York Times*, explicó el mecanismo por el que el estrés crónico puede acelerar la aparición de las canas, incluso a una edad temprana. El pigmento del cabello lo producen las células madre (progenitoras de las actuales) que se encuentran en los folículos de la base del cabello. De las células madre proceden los melanocitos, responsables de la coloración del pelo. El estrés estimula el sistema nervioso simpático —responsable de la respuesta de lucha o huida y conectado directamente a los folículos pilosos— que, a su vez, produce noradrenalina, que se une a los melanocitos y los aleja del cabello. Como resultado, el pigmento ya no llega a su destino y el cabello se encanece más rápidamente. Desde hace unos años, los científicos que estudian la relación entre el estrés y el envejecimiento prematuro muestran al público dos fotos de Barack Obama, una de 2008, a su llegada a la Casa Blanca, y otra de 2012, cuando fue reelegido para un segundo mandato. La cantidad de cabello que se ha vuelto blanco en tan solo cuatro años es asombrosa, señal de que las grandes responsabilidades, con la carga de estrés que conllevan, pueden desempeñar un papel en absoluto secundario en el envejecimiento acelerado del organismo. Se ha encontrado un mecanismo similar en los estudios sobre la pérdida de cabello inducida por estrés. Esto es algo que también han experimentado muchas personas y, en efecto, la investigación científica ha confirmado que las hormonas del estrés interfieren en el funcionamiento normal de los folículos pilosos, lo que probablemente contribuye a acelerar la caída del cabello tanto en hombres como en mujeres.

ACONTECIMIENTOS TRAUMÁTICOS Y SALUD CELULAR

Este mecanismo de desgaste que el estrés desencadena en el organismo parece presentar las mismas características de fondo tanto en los pequeños episodios de ansiedades cotidianas como en los grandes traumas. En 2018, realizamos en la Universidad de Harvard, en colaboración con el Departamento de Asuntos de los Veteranos de Estados Unidos, un estudio sobre las consecuencias a nivel celular del trastorno de estrés postraumático (TEPT) en una población de 453 hombres y mujeres expuestos a situaciones traumáticas; sobre todo, veteranos de guerra, pero también civiles. Se trata de un estado de grave malestar emocional y psicológico, con síntomas que abarcan una profunda inestabilidad del estado de ánimo, pesadillas, momentos de escasa capacidad de respuesta a los estímulos externos y pensamientos obsesivos relacionados con el acontecimiento traumático. El TEPT, incluido en la lista oficial de diagnósticos en 1980, se ha asociado históricamente a las experiencias del personal militar en contextos de guerra, pero posteriormente también se ha estudiado fuera de este estrecho ámbito. Al examinar el ADN de estas personas, se observó una cierta variabilidad en el desgaste de los telómeros. La asociación entre el diagnóstico de TEPT y la longitud de los telómeros fue principalmente sensible al factor edad: en el grupo observado, las personas de edad más avanzada tenían telómeros más cortos que las más jóvenes, pero en una medida mucho mayor de lo que ocurre de forma natural. Al conocer las tasas medias de desgaste de los telómeros en las distintas etapas vitales, podemos determinar si este fenómeno se produce a un ritmo natural o acelerado. Por consiguiente, parece que el TEPT tiene una incidencia más pronunciada a nivel molecular con el avance de la edad, como si las personas mayores tuvieran una mayor «sensibilidad» a los acontecimientos traumáticos. La división de la población de veteranos en categorías basadas en rasgos de carácter también mostró que las personalidades más fuertes y resilientes se asocian a telómeros más largos, señal de que los recursos psicológicos individuales pueden desempeñar un papel protector del ADN. Dicha investigación ha puesto de manifiesto que los acontecimientos altamente traumáticos pueden tener un efecto negativo en la salud celular y promover los procesos de senescencia, pero también que existen condiciones subjetivas, como la edad y la personalidad, que pueden mitigar los efectos.

En biología, esta capacidad subjetiva de resistir la acción negativa de un factor de estrés externo se denomina «resiliencia», un tema complejo y fascinante que se ha convertido en objeto de gran interés científico en los últimos años. Los investigadores, desde epidemiólogos hasta psiquiatras, se han preguntado cómo funciona, qué características debe tener un individuo para desencadenar esa respuesta y si se trata de una capacidad innata, adquirida o una combinación de ambas. En 2004, George Bonanno, profesor de Psicología Clínica de la Universidad de Columbia (Nueva York), definió la resiliencia como la capacidad de mantener un estado normal de equilibrio en presencia de un acontecimiento fuertemente traumático. La definición parte de la simple observación de que, ante un acontecimiento traumático, algunas personas desarrollan TEPT y otras no. ¿Qué diferencia hay entre estos dos grupos? ¿De qué recursos disponen los resilientes y de cuáles carecen los vulnerables? La respuesta es muy compleja y la investigación sigue en curso, pero lo que se ha observado hasta ahora sugiere que existe una predisposición genética a la que se suman factores ambientales como las experiencias vitales, las creencias personales y los valores de referencia. Cada individuo es portador de una cantidad variable de «anticuerpos» contra el estrés, tanto naturales como adquiridos, por lo que puede activar respuestas eficaces ante los estímulos adversos o respuestas inadecuadas que pueden allanar el camino para la aparición del TEPT.

Con el fin de comprender mejor la sensibilidad de los distintos grupos humanos al trastorno de estrés postraumático, en los últimos años se ha empezado a ampliar el alcance de la investigación para incluir distintas categorías. En la Universidad de Harvard, tras los significativos resultados de los estudios sobre veteranos, quisimos investigar estas correlaciones en una población totalmente femenina, seleccionando sujetos que hubieran estado expuestos a situaciones traumáticas en un contexto de convivencia civil normal. También en este caso se puso de manifiesto que las mujeres diagnosticadas con TEPT mostraban un envejecimiento celular acelerado debido al desgaste de los telómeros.

Así, en los últimos años, gracias al creciente conocimiento de los telómeros y sus mecanismos, estamos acumulando un gran conjunto de conocimientos que confirman la existencia de una correlación entre los factores de estrés y el envejecimiento prematuro, las enfermedades crónicas y la reducción de la esperanza de vida. Por fin tenemos pruebas de lo que ocurre en el ADN cuando sufrimos adversidades en la vida: conocemos las reacciones bioquímicas que se activan y las huellas indelebles que dejan en el organismo.

Las ansiedades y las fobias desempeñan un papel en el ADN similar al del estrés, al desencadenar mecanismos de desgaste de los telómeros. La ansiedad fóbica se clasifica como un trastorno emocional y normalmente se trata sin el uso de fármacos. Un grupo de más de cinco mil mujeres del Estudio de la Salud de las Enfermeras fue objeto de esta observación específica, que confirmó la presencia de telómeros más cortos en las diagnosticadas con el trastorno que en las no afectadas. El estado de estrés oxidativo e inflamación que subyace al desgaste acelerado de los telómeros se agrava entonces por la concomitancia de la ansiedad fóbica con otros estados, como la depresión y el abuso de sustancias.

La depresión, en concreto, fue objeto de un estudio, publicado en 2018, que llevaron a cabo varios institutos universitarios y sanitarios de Estados Unidos en busca de una posible correlación entre la enfermedad y el desgaste acelerado de los telómeros. Al observar a una población de 117 individuos de entre dieciocho y setenta años diagnosticados de trastorno depresivo, se vio que, tras solo dos años de investigación, los telómeros de estos sujetos eran significativamente más cortos que en los no afectados, lo que refuerza la hipótesis de que este tipo de trastorno es un factor de aceleración del envejecimiento biológico.

REDUCIR LA PRESIÓN

Los conocimientos científicos de que disponemos hoy en día nos dicen que estar sometido a situaciones de estrés crónico supone pagar un coste muy elevado en términos de salud física y mental, calidad de vida y longevidad. Los telómeros nos dan la medida exacta del desgaste que las adversidades de la vida ejercen sobre el organismo, al tiempo que nos ofrecen la posibilidad de actuar para limitar los daños. De los extremos de los cromosomas nos llega un mensaje muy claro: la excesiva presión psicológica y social, especialmente en la infancia y la primera juventud, puede ser tan perjudicial para nuestra salud como fumar o ser obeso. Ahora que tenemos las pruebas biológicas es el momento de hacer algo que nos ayude a sentirnos mejor.

Factores de riesgo	Factores protectores
Dificultades en la infancia	Actividad física
Depresión	Alimentación
Trastorno de estrés postraumático	Antioxidantes
Ansiedad fóbica	Meditación

OPTIMISMO

Immaculata De Vivo

> El optimista ve oportunidades en los peligros, el pesimista ve peligro en las oportunidades.
>
> WINSTON CHURCHILL

El 13 de septiembre de 1940, los aviones de la Luftwaffe lanzaron numerosas bombas sobre Londres y alcanzaron la residencia real de Buckingham Palace. Algunas estancias del palacio fueron destruidas y se abrieron grandes agujeros en las paredes. Más tarde, el rey Jorge VI y la reina consorte Isabel visitaron el palacio para ver los daños en persona. Con irresistible humor británico, la reina exclamó: «Me alegro de que nos hayan bombardeado. ¡Por fin se ve desde aquí el East End!».

La capacidad de encontrar un lado positivo incluso en la desgracia es una de las características típicas de los optimistas. Pero ¿qué significa científicamente ser optimista o pesimista?

OPTIMISMO Y PESIMISMO

El optimismo es un atributo psicológico caracterizado por la tendencia a esperar cosas positivas del futuro. El optimista confía en que el día de mañana será mejor que el de hoy y a menudo se siente animado por la convicción de que puede controlar el desenlace de ciertas situaciones. No se trata solo de reaccionar bien ante la adversidad, sino de tener una forma completamente diferente de interpretar la propia realidad: lo que es negativo para los demás no lo es para el optimista, que ve los acontecimientos desde una perspectiva radicalmente distinta.

Los estudios científicos indican una fuerte correlación entre ser optimista y tener una vida más larga y con mejor salud que en el caso de ser pesimista. Parece que tener una visión positiva de la vida y del futuro nos ayuda a padecer menos enfermedades crónicas y a evitar una muerte prematura. Las pruebas señalan la existencia de al menos tres mecanismos diferentes por los que el optimismo influye en la longevidad: aumento de la probabilidad de adoptar comportamientos saludables, ralentización de los procesos biológicos de envejecimiento y favorecimiento de la regulación de las emociones y la respuesta a las experiencias estresantes.

El optimismo tiene un importante papel psicológico de autorregulación, ya que, partir de una confianza general en el futuro nos impulsa a esforzarnos a la hora de perseguir nuestros objetivos, a manejar conscientemente las dificultades y a reformular las expectativas si ciertas metas dejan de ser alcanzables. Y nos lleva a crear mejores relaciones sociales como resultado de una actitud de confianza hacia los demás. Es, por tanto, un buen instrumento de adaptación a los retos de la vida, que altera la forma en que elaboramos e interpretamos los factores de estrés cotidianos al hacer que los vivamos de una forma menos amenazadora y mitigar la respuesta emocional.

Esta «reactividad emocional» es muy personal, pero hay factores que pueden ayudar a atenuarla, como la edad: las personas mayores tienen mecanismos de autorregulación más eficaces y suelen tener menos altibajos emocionales, característicos de la juventud. Una prueba científica que confirma la idea popular de que la edad trae sabiduría. Una mayor reactividad emocional se asocia con varios estados adversos, como una mayor inflamación y un mayor riesgo de mortalidad; mientras que las estrategias que atenúan la respuesta a las emociones, como cambiar la forma de ver un acontecimiento de gran impacto emotivo, se asocian a una mejor salud cardiovascular. El optimista tiende a ver las dificultades como retos, más que como amenazas, y está dispuesto a cambiar una recompensa inmediata por un beneficio a largo plazo.

Gracias a los mecanismos de autorregulación, el optimismo se convierte en un aliado de la salud, puesto que desactivan el potencial negativo de las reacciones emocionales demasiado fuertes, nos hacen ser más comedidos a la hora de reaccionar ante los acontecimientos y promueven una recuperación más rápida del estrés agudo.

El optimismo y el pesimismo no son como el blanco y el negro. Entre los dos extremos hay una gama infinita de posiciones intermedias. Una persona que tiende a ser optimista puede serlo más en una circunstancia y menos en otra, dependiendo de las variables que influyan en su forma de ver los acontecimientos. Sin embargo, el análisis de los extremos es más significativo para los investigadores, ya que les permite atribuir a cada uno de ellos las actitudes y recursos psicológicos que mejor los caracterizan.

El famoso psicólogo estadounidense Martin Seligman habla de «estilos de atribución» para referirse a las distintas explicaciones que las personas se dan ante un acontecimiento cualquiera. Pensemos en un pequeño episodio adverso, como suspender un examen. El primer nivel de interpretación es la personalización: ¿fue culpa mía o de un factor externo? La segunda es la permanencia: ¿es un resultado que persistirá en el tiempo o puedo hacer algo para evitar que se repita? La tercera es la omnipresencia: ¿es un acontecimiento que afecta a todos los aspectos de mi vida o es un hecho aislado? El pesimista considerará el suceso como algo personal, permanente y omnipresente: es culpa mía, ocurrirá siempre, soy un fracasado. En cambio, el optimista lo interpretará como algo externo, pasajero y aislado: no es culpa mía, la próxima vez irá mejor, solo ha sido un caso desafortunado.

En 2011, esta forma distinta de interpretar la realidad fue objeto de una serie de pruebas neurocientíficas realizadas por un equipo angloalemán cuyo objetivo era comprender cómo los optimistas consiguen mantener una visión positiva del futuro aun encontrándose ante informaciones negativas que deberían hacerles cambiar de opinión. La respuesta parece estar en el mecanismo por el que estas personas aceptan e integran la nueva información en su visión global: las noticias positivas, que pueden cambiar la imagen del futuro para mejor, son ampliamente aceptadas, mientras que las negativas, que podrían empeorarla, solo se integran parcialmente. Por tanto, las personas especialmente optimistas tenderían a seleccionar la información en función de su potencial de mejora o empeoramiento, y a excluir en gran medida la información indeseable de su visión del futuro.

MEDIR EL OPTIMISMO

En su libro *Aprenda optimismo*, de 1991, Martin Seligman propone un test detallado para evaluar el nivel de optimismo de una persona. El cuestionario consta de 48 preguntas con dos respuestas posibles. A diferencia de las muchas pruebas más o menos parecidas que se encuentran en los periódicos o en Internet, el test de Seligman tiene un sólido valor científico y sirve para averiguar cuál es el punto de partida de una persona que emprende el camino del aprendizaje del optimismo. A menudo las respuestas solo difieren en algún matiz, por lo que se recomienda imaginar la situación con todo detalle, sobre todo cuando se trate de una en la que nunca nos hayamos encontrado realmente. Estos son algunos ejemplos de preguntas y respuestas:

Te reconcilias con tu pareja después de una discusión:
- Lo/la perdono.
- Normalmente, perdono.

Te pierdes mientras vas en coche a casa de un amigo:
- Tenía que girar, pero me he equivocado.
- Mi amigo no me ha explicado bien el camino.

Te presentas a un cargo público local y ganas:
- He dedicado mucho tiempo y energía a la campaña.
- Me esfuerzo al máximo en todo lo que hago.

Ya en 1985, Charles Carver y Michael Scheier elaboraron el Test de Orientación Vital (Life Orientation Test, LOT), que fue revisado y actualizado en 1994 como LOT-R. Este test se sigue utilizando en la actualidad como instrumento válido para evaluar los niveles de optimismo de un sujeto y se ha usado, por ejemplo, en estudios realizados en Harvard sobre los vínculos entre optimismo y telómeros. El LOT-R consta de diez preguntas a las que se atribuyen puntuaciones según un complejo mecanismo que cruza el valor de la pregunta y el de la respuesta.

1. En circunstancias inciertas, tiendo a esperar lo mejor.
2. Me relajo fácilmente.
3. Si algo me puede ir mal, irá mal.
4. Siempre soy optimista sobre mi futuro.
5. Disfruto mucho con la compañía de mis amigos.
6. Para mí, es importante mantenerme ocupado.
7. Difícilmente espero que las cosas vayan como me gustaría.
8. No me enfado fácilmente.
9. Rara vez espero que me pasen cosas buenas.
10. En general, espero más cosas positivas que negativas.

OPTIMISMO Y SALUD: AMIGOS PARA SIEMPRE

Ser optimista o pesimista no es solo un rasgo psicológico o un tema de conversación apasionante, sino también un dato relevante desde el punto de vista biológico. Contamos con una literatura científica cada vez más rica e interesante sobre la relación existente entre el optimismo y la salud, lo que nos permite considerar esta disposición mental como un verdadero instrumento de prevención de las enfermedades y el envejecimiento. Las personas con una mentalidad optimista se han asociado a varios indicadores de buena salud, especialmente del ámbito cardiovascular, pero también metabólico, inmunológico y pulmonar, además de presentar un bajo riesgo de desarrollar dolencias relacionadas con la edad y tener menores tasas de mortalidad. El optimismo y el pesimismo no son etiquetas arbitrarias y escurridizas, sino configuraciones mentales que podemos medir científicamente, situando la actitud de cada persona observada en una escala de valores que se hallan en un rango que avanza progresivamente del optimismo al pesimismo. Al enmarcar el punto de partida de cada sujeto de este modo, se ha podido determinar qué relación existe entre un mayor o menor nivel de optimismo y el correspondiente estado de salud.

En 2019, un análisis publicado en el *Journal of the American Medical Association* por Alan Rozanski, cardiólogo del Mount Sinai St Luke's Hospital de Nueva York, comparó los resultados de 15 estudios diferentes sobre el tema, con un total de 229.391 participantes. Los sujetos con una actitud más optimista se asociaron a una menor incidencia de infarto y otras enfermedades cardiovasculares, y a una tasa menor de mortalidad. Rozanski destacó que las personas más optimistas tienden a cuidarse mejor, sobre todo por comer sano, hacer ejercicio y no fumar. Estos tres comportamientos positivos se hallaron en mucha menor medida en las personas más pesimistas, que tienden a cuidar menos su bienestar. Pero el daño que el pesimismo produce en la salud también es biológico, ya que el continuo desgaste provocado por las hormonas del estrés, como el cortisol y la noradrenalina, mantiene altos los niveles de inflamación en el organismo y propicia la aparición de enfermedades. Además, el pesimismo patológico puede llevar a la depresión, que la American Heart Association considera un factor de riesgo para las enfermedades cardiovasculares.

La correlación también se ha encontrado en relación con enfermedades triviales como los resfriados. Un estudio realizado en 2006 trazó los perfiles de personalidad de 193 voluntarios sanos a los que se les inoculó un virus común de las vías respiratorias. Los sujetos que expresaban una actitud positiva fueron menos propensos a desarrollar los síntomas de la infección que sus homólogos con personalidades menos positivas. El optimismo es, por tanto, uno de los factores no biológicos más interesantes que intervienen en los mecanismos de la longevidad, dado que correlaciona la psicología de un individuo con la salud de su cuerpo. Y en este sentido nos ofrece una estrategia más para proteger nuestra salud a fin de prevenir las enfermedades y los trastornos del envejecimiento.

De hecho, los optimistas tienden a vivir más tiempo, como ha revelado una investigación dirigida por Lewina Lee, de los laboratorios de la Universidad de Harvard, en la que se analizaron los datos relativos a 69.744 mujeres del Estudio sobre la Salud de las Enfermeras y 1.429 hombres del estudio sobre el envejecimiento del Departamento de Asuntos de los Veteranos de Estados Unidos. Los resultados indican que los optimistas tienden a vivir, de media, entre un 11 y un 15 % más que los pesimistas, y tienen buenas posibilidades de alcanzar una «longevidad excepcional», que se define como una edad superior a los ochenta y cinco años. La probabilidad de alcanzar este objetivo es del 50 % en el caso de las mujeres optimistas, y hasta del 70 % en el caso de los hombres. Estos resultados son independientes de otros factores, como el estatus socioeconómico, el estado de salud general, la integración social y los estilos de vida, como el tabaquismo, la alimentación o el consumo de alcohol. Esto se debe, como explicó Lee, a que los optimistas son más hábiles a la hora de replantear una situación desfavorable y responder a ella de una forma más eficaz y menos estresante. Tienen una actitud más posibilista ante la vida y se esfuerzan más a la hora de superar los obstáculos, en lugar de pensar que no pueden hacer nada para cambiar las cosas que van mal.

Una investigación realizada en Francia en 1998 sugirió una correlación entre los acontecimientos colectivos que inspiran optimismo y la tasa de mortalidad. El 12 de julio de ese año, la selección francesa ganó la Copa del Mundo contra Brasil en el estadio Saint-Denis. Los datos sobre las muertes por complicaciones cardiovasculares registraron un singular descenso aquel día en comparación con la media registrada entre el 7 y el 17 de julio, pero solo entre la población masculina, mientras que en las mujeres se mantuvo más o menos invariable. No será posible establecer una relación causal, pero la curiosa coincidencia apunta a que la inyección masiva de optimismo debida a la hazaña deportiva tuvo algo que ver en ello.

Partiendo de la idea de que un componente fundamental de la existencia es la persecución de objetivos, los investigadores han observado que la presencia de obstáculos para la consecución de dichos fines puede dar resultados diferentes en función de la disposición optimista o pesimista del individuo. Si la persona tiene una actitud positiva y de confianza, tratará de superar el obstáculo, pero si tiene dudas sobre el resultado de sus esfuerzos, tenderá a desistir, quizá permaneciendo psicológicamente apegada al deseo de ese objetivo, lo que comportaría frustración y estrés, o fracasando en la consecución del objetivo si el desentendimiento es total. El optimismo y el pesimismo reproducen este mecanismo a mayor escala, como una actitud mental que no solo se orienta a un único objetivo sino al futuro en general.

Diversas investigaciones han estudiado la relación entre ambas actitudes y los resultados obtenidos en distintas situaciones de la vida. Se ha descubierto que los optimistas tienen más probabilidades de terminar sus estudios universitarios, pero no porque sean más capaces que los demás, sino porque son más perseverantes y están más motivados. Además, afrontan mejor la persecución simultánea de múltiples objetivos —como hacer amigos, practicar deporte y tener buenas notas—, dado que optimizan los esfuerzos que dedican a cada uno de ellos: mayor compromiso con los objetivos prioritarios y menor compromiso con los secundarios. El optimista parece invertir sus recursos de autorregulación de forma consciente: aumenta los esfuerzos cuando las circunstancias son favorables y los disminuye cuando son desfavorables. Pero también se esfuerza más cuando hay que superar una desventaja. En un famoso estudio realizado por Seligman en 1990, en el que participaron varios equipos universitarios de natación, los entrenadores les pidieron a los atletas que compitieran al máximo de su capacidad. Al final de las carreras, les dieron resultados falsos sobre su rendimiento, con un incremento de unos dos segundos, es decir, lo bastante bajo para ser creíble, pero también lo bastante importante para causar decepción a los atletas. Tras un par de horas de descanso, durante las cuales probablemente reflexionaron sobre los malos resultados obtenidos, se convocó a los nadadores a una segunda prueba y los resultados entre optimistas y pesimistas difirieron significativamente. Como media, los pesimistas fueron un 1,6 % más lentos que en la primera competición, mientras que los optimistas nadaron un 0,5 % más rápido. La interpretación del experimento fue que los optimistas tienden a utilizar el fracaso como estímulo para hacerlo mejor, mientras que los pesimistas tienden a desanimarse más y son más propensos a rendirse.

DISPOSICIÓN OPTIMISTA

- Mayor éxito laboral.
- Mejores relaciones sociales.
- Mejor estado de salud.

Todos estos efectos se traducen en un mayor esfuerzo a la hora de perseguir los objetivos deseados.

Los resultados de los estudios del ADN también parecen confirmar la eficacia del optimismo como ralentizador del envejecimiento celular, que tiene como biomarcador el acortamiento de los telómeros. Esta investigación aún está en curso, pero los primeros resultados ya nos permiten hacer algunas consideraciones. En 2012, un estudio de la Universidad de California en San Francisco realizado en colaboración con otras instituciones, y dirigido, entre otros, por Blackburn y Epel, encontró una correlación entre el pesimismo y el acortamiento acelerado de los telómeros en una muestra de mujeres posmenopáusicas: se observó que, efectivamente, una actitud pesimista puede estar asociada a la presencia de telómeros más cortos. Las investigaciones se dirigen ahora hacia el análisis de muestras numéricamente más significativas, pero los resultados obtenidos hasta el momento ya parecen indicar que el optimismo y el pesimismo tienen un papel biológico importante en nuestra salud y en los ritmos de senescencia celular. En una reciente investigación realizada por la Universidad de Harvard en colaboración con la Universidad de Boston y el Ospedale Maggiore de Milán se observaron los telómeros de 490 hombres de edad avanzada del Normative Health Study sobre los veteranos de Estados Unidos. Los sujetos que presentaban actitudes fuertemente pesimistas se asociaron a telómeros más cortos, otro hallazgo alentador en la búsqueda de los mecanismos que hacen que el pesimismo y el optimismo sean biológicamente relevantes.

Aprender a ser optimista

Pero si uno nace pesimista, ¿qué puede hacer? ¿Debe resignarse a una vida más difícil y quizá hasta más corta solo por tener un determinado carácter? La ciencia dice que no, de ningún modo. El optimismo es una actitud que se puede adquirir siguiendo unos itinerarios de aprendizaje que cambian gradualmente la visión del mundo y de la vida. Se trata de terapias conductuales que ofrecen resultados prometedores porque ayudan a reforzar estrategias de reacción ante la adversidad y a contener los pensamientos negativos. Se puede modificar intencionadamente la visión de la realidad en sentido optimista mediante estrategias que van desde la expresión de la gratitud, la práctica de actos de gentileza, la meditación y las terapias de bienestar hasta el uso de la imaginación para visualizar situaciones positivas. Según algunas investigaciones, solo hace falta dedicar cinco minutos al día a hacer ejercicios en los que uno visualice la mejor versión de sí mismo para aumentar el nivel de optimismo en tan solo dos semanas. El entrenamiento en el que se anima a encontrar las motivaciones más positivas para las distintas situaciones de la vida también ha demostrado su eficacia, por no hablar de las numerosas técnicas que utilizan los especialistas para tratar a las personas que sufren depresión.

Según Martin Seligman, la psicología no solo debe tratar las enfermedades y los trastornos mentales, sino también promover los aspectos positivos de la existencia. Seligman es el fundador de la «psicología positiva», una orientación de la disciplina cuyo objetivo es enseñar a las personas a ser optimistas, cuidar su bienestar y esforzarse por mejorar su calidad de vida. Seligman propone asimismo itinerarios de aprendizaje del optimismo para niños de entre diez y doce años basados en estudios que demuestran que el aprendizaje temprano de estas estrategias permite activar una respuesta protectora duradera contra la depresión y la ansiedad. Además, otras investigaciones con adolescentes han relacionado el optimismo con un mejor rendimiento académico.

Los investigadores calculan que el optimismo es un rasgo que solo está determinado genéticamente en un 25 %, mientras que el resto resulta de nuestras relaciones sociales o, precisamente, del «trabajo» que realizamos sobre nosotros mismos para aprenderlo. En una entrevista con el *New York Times*, Rozanski explicó que «nuestra forma de pensar es habitual, inconsciente, por lo que el primer paso es aprender a controlarnos cuando nos asaltan los pensamientos negativos y esforzarnos por cambiar nuestra forma de ver las cosas. Tenemos que reconocer que nuestra forma de pensar no es necesariamente la única manera de ver una situación. Este pensamiento por sí solo ya puede reducir el efecto tóxico de la negatividad». Para Rozanski, el optimismo es como un músculo que puede entrenarse para hacerse más fuerte con ejercicios de positividad y gratitud a fin de sustituir el pensamiento negativo por un pensamiento mejor que sea creíble.

Efectivamente, es importante subrayar que un exceso de optimismo es tan perjudicial como un exceso de pesimismo. El pensamiento positivo significa esperar que las cosas mejoren en el futuro, no que seamos inmunes al peligro, al sufrimiento o a la mala suerte. Nuestro sentido de la responsabilidad debe permanecer alerta y evitar que tomemos decisiones excesivamente arriesgadas solo porque tengamos un sentimiento positivo sobre los resultados de esa acción. Algunos estudios han señalado situaciones concretas en las que el optimismo puede ser un problema y no un recurso. Por ejemplo, en el juego. Al analizar el comportamiento de personas que no sufren adicción al juego se observó que los optimistas tendían a mostrar un exceso de confianza en los resultados de sus apuestas y eran más reacios a bajarlas a pesar de las pérdidas anteriores.

Por lo tanto, existe un rango dentro del cual nuestras actitudes, ya sean optimistas o pesimistas, pueden considerarse «saludables». Una pequeña dosis de pesimismo puede ser vital en circunstancias peligrosas, ya que nos impulsa a buscar la salvación cuando los resultados son inciertos. Se trata de un mecanismo evolutivo fundamental que, al presagiar las consecuencias negativas, nos induce a la precaución y nos protege de peligros evitables. Un equilibrio armonioso entre los dos extremos, con una fuerte inclinación hacia el optimismo, parece ser la fórmula más eficaz para sacar lo mejor de ambos.

Ser optimista o pesimista puede influir en una gran variedad de experiencias subjetivas, lo que afecta a la calidad de vida. Hasta ahora se han realizado muchos estudios científicos sobre el tema que sugieren que una actitud optimista es capaz de aliviar la percepción del dolor físico. Por ejemplo, al favorecer reacciones más positivas al efecto placebo. Tras tomar sustancias inactivas con la convicción de que son analgésicas, los optimistas afirman experimentar un mayor alivio, mientras que los pesimistas, con su tendencia a dramatizar la experiencia del dolor, acaban experimentando mucho menos alivio. Por otra parte, la experiencia de la enfermedad va acompañada de mayores niveles de ansiedad en las personas pesimistas, que también son más propensas a desarrollar pensamientos suicidas cuando sienten que se han convertido en una carga para los demás. En situaciones adversas de diversa índole, los optimistas tienden a centrarse más en la solución del problema. En caso de perder el trabajo, por ejemplo, son capaces de mantener un mayor nivel de satisfacción personal, lo que al mismo tiempo hace que perciban en mayor medida el apoyo de la familia.

No debemos rendirnos ante el hecho de haber nacido pesimistas. El optimismo, con sus fuertes correlaciones con la buena salud y la longevidad, es una disposición mental que podemos aprender y cultivar, lo que lo convierte en un poderoso aliado en el camino hacia el bienestar.

PERDÓN Y GRATITUD

Daniel Lumera

Mira qué arcoíris tan bonito. Siempre llega después de la tormenta.

¿Eres capaz de reconocer la luz como la única realidad esencial detrás de todos sus colores?

Elegir perdonar es una forma de discernimiento: tomar el amor como la única realidad esencial detrás de los infinitos colores de la vida.

DANIEL LUMERA

UNA NUEVA IDEA Y EXPERIENCIA DEL PERDÓN

¿Por qué el perdón es un elemento tan importante para la calidad de vida y de las relaciones, y en el proceso de transformación social? ¿Cómo influye en la salud psicofísica?

La idea del perdón que se presenta en estas páginas redefine por completo su experiencia. Frente al sentido común del término, que no tendría razón de ser sin la culpa, el error, el pecado, el abuso o la ofensa, es posible explorar el perdón a través de un nuevo paradigma que va más allá del binomio víctima-verdugo y entra en un campo vivencial que difiere de la lógica común. Tras más de quince años de investigación en este sentido, en 2013 nació la International School of Forgiveness, una escuela internacional del perdón; un verdadero laboratorio de investigación y formación que aplica sus métodos y protocolos en escuelas, cárceles y hospitales, así como en procesos de paz, y penetra en las macroáreas de la educación, la justicia y la salud.

Cada vez hay más personas que viven una profunda sensación de soledad, aislamiento y separación del mundo. Paradójicamente, muchas de ellas se sienten solas aun estando entre la multitud. Es una sensación íntima del alma, exacerbada por un contexto que, con la promesa de acabar con el aislamiento social, ha conseguido el resultado contrario. En esta profunda sensación de soledad y separación influyen sin duda muchos factores (biológicos, relacionales, sociales, urbanísticos, tecnológicos, emocionales, cognitivos y de comportamiento), pero si tenemos el valor de escucharnos de verdad, de descender al abismo que llevamos dentro, descubriremos que tras ella se esconde una antigua nostalgia: la de nosotros mismos.

Nos sentimos solos porque nos hemos perdido: hemos perdido el sentido de nosotros mismos y, con él, el de quiénes somos en relación con los demás. Hemos perdido ese contacto profundo, ese estado de integridad, de asombro, de claridad, que hace florecer el entusiasmo por todos los aspectos de la vida. La palabra *entusiasmo* viene del griego *en*, «dentro», y *theós*, «dios», es decir, tener un dios (el Infinito, el Universo) dentro.

Es el despertar de esa fuerza imparable que percibimos cuando nos sentimos conectados y unidos a la vida: la poderosa consciencia de que ese «todo» está dentro de nosotros. Ser uno con todo ser vivo, en la alegría y el dolor, en el nacimiento y la muerte, y, sobre todo, en el amor, manteniendo un profundo sentido de serenidad y paz incluso en las experiencias más tormentosas de la vida.

La soledad esconde la semilla del deseo de sí mismo y el perdón, y si se entiende e integra correctamente, puede transformar esta carencia en plenitud y gratitud.

Día tras día, sin darnos cuenta, hemos construido un muro alrededor de nuestro corazón. Un muro de rabia, culpa, vergüenza, juicio, recriminación y rigidez. De este modo, nos hemos distanciado de nosotros mismos y de los demás, aprisionándonos en el peso del pasado y en las angustias del futuro. El perdón es el agua purificadora que gota a gota excava la roca, deshace los muros y se lleva el dolor, libera el corazón, da nueva luz a los ojos y transforma cada presente en un don.

UN LUGAR INTERIOR

Etimológicamente, perdonar viene de *per*, «completamente», y *donare*, «donar», el dar por excelencia, es decir, convertir todo lo que nos sucede (por dentro y por fuera) en un don: un lugar interior donde experimentar el poder que tenemos sobre lo que sentimos y pensamos; un espacio íntimo donde podemos comprobar que la liberación de los impulsos instintivos de venganza, rencor y culpa es posible. Cuando se produce un cambio en nuestro mundo interior, el mundo exterior, indirectamente, cambia. Somos como radios que emiten en determinadas frecuencias y se comunican a través de ellas. Cuando sintonizamos la emisora de la rabia, resonamos con personas, situaciones y circunstancias que emiten en la misma frecuencia. El instrumento del perdón sirve para sintonizar nuestras «frecuencias cognitivas, perceptivas y emocionales» con los canales que dan lugar a experiencias de felicidad, prosperidad y armonía.

HISTORIA ZEN

Un alumno acudió a su maestro y le planteó un problema.

–Maestro, vivo momentos de cólera incontrolable. ¿Cómo puedo curarme?

–Enséñame de qué se trata –dijo el maestro.

–Bueno, así, sobre la marcha, no se lo puedo enseñar –respondió el neófito.

–¿Cuándo podrás hacerlo? –quiso saber el maestro.

–Aparece cuando menos me lo espero –contestó el alumno.

–Entonces –concluyó el maestro–, no debe de ser tu verdadera naturaleza. Si lo fuera, podrías mostrármelo en cualquier momento. Cuando naciste no lo tenías y tus padres no te lo dieron. Medítalo.

Yo te pido perdón.

Perdonar a los que nos han hecho daño y las heridas del pasado parece un reto extremo reservado a unos pocos. Pero ¿y si nos atreviéramos a mucho más?

¿Si intentáramos mirar a la cara al peor de nuestros enemigos, un asesino, un pederasta, un asesino en serie condenado a cadena perpetua, y, mirándolo a los ojos, tuviéramos el valor de pronunciar cuatro sencillas palabras: «Yo te pido perdón»?

Cuatro sencillas palabras: «Yo te pido perdón».

Probablemente, el mero hecho de imaginarlo desencadenaría en la mayoría de las personas un profundo sentimiento de rechazo y rabia. Sin embargo, eso es exactamente lo que hago con los presos que conozco en las cárceles. He pedido perdón a cada uno de ellos. Sinceramente. Las lágrimas que brotaron de sus ojos y de los míos nos hablan con toda sinceridad de lo lejos que estamos todavía, como sociedad, de comprender la raíz del malestar y el dolor de otras personas. Una absoluta falta de consciencia que surge cada vez que alguien dice: «Hay que meterlo en una celda y tirar la llave», y al decirlo condena a la ignorancia a sí mismo y a las personas que ama.

Cada vez que he mirado a los ojos de un preso y le he dicho: «Te pido perdón», en su rostro he encontrado reflejados mis propios juicios, mis condenas, el rechazo, la rabia, la impotencia, la incomprensión y el odio. En esos rostros he visto reflejado el fracaso de la sociedad, que no puede ni quiere entender la raíz del dolor, del malestar. Preferimos condenar y castigar lo que no logramos comprender, en lugar de asumir la plena responsabilidad de nuestra incapacidad como seres humanos.

En las cárceles he conocido a muchas personas que estaban allí porque no habían tenido en la vida una posibilidad real, una oportunidad: no habían recibido atención, amor, educación, cuidados, afecto. Cada uno afronta su dolor lo mejor que puede, en función de lo que ha recibido de la vida.

He pedido perdón por la falta de empatía; he pedido perdón por todas las veces que no logramos comprender las situaciones, que no conseguimos ver detrás de la rabia y el dolor una petición de ayuda y amor; he pedido perdón por la insensibilidad.

¿Qué ocurre cuando un perro está herido y nos acercamos a él para prestarle ayuda? Muerde, pero no lo hace porque sea malo. Muerde porque siente dolor y trata de protegerse. Castigarlo y golpearlo es la solución de quienes no entienden el origen de ese malestar, de ese dolor.

He pedido perdón por la ausencia de amor, de compasión, de consciencia y de comprensión; he pedido perdón por no conseguir ver más allá de la rabia. Más allá del dolor. Más allá de las heridas. He pedido perdón por no ser capaz de curar ese malestar en su origen. Por haber abandonado, rechazado, odiado. He pedido perdón por no haber entendido que detrás de cada comportamiento, incluso el más violento, siempre hay una petición de amor y de ayuda.

«Por favor, perdónanos, porque no hemos conseguido encontrar una solución para todo esto.»

Son muchos los que pretenden castigar y eliminar lo que no logran entender. Por esto también he pedido perdón. Porque cada uno de sus rostros era también el mío. Todos formamos parte de una sola vida. Todos estamos profundamente interconectados y la responsabilidad, cuando una persona acaba dentro de una prisión, no es solo individual; es también de cada uno de nosotros. El fracaso es de un sistema educativo, de una sociedad en su conjunto. ¿Conseguiremos madurar un nuevo sentido de la responsabilidad, donde todos nos sintamos realmente interconectados e íntimamente interdependientes con todos y todo? No lo sé, pero sí sé que, para entenderlo, debo empezar con cuatro sencillas palabras: «Yo te pido perdón».

PERDONAR LO IMPERDONABLE

La vida de Eva Mozes Kor es una clara demostración de cómo el perdón, cuando es auténtico, contiene un poder liberador y transformador extraordinario. Esta ensayista rumana, nacionalizada estadounidense, fue deportada a Auschwitz, donde sobrevivió a los experimentos de Josef Mengele.

Eva decidió perdonar a todos los nazis que, hasta indirectamente, participaron en el exterminio. Una decisión fuerte, subjetiva y muy personal. Eva Mozes Kor (2017) escribió al respecto: «Ha llegado el momento de seguir adelante. Ha llegado el momento de curar nuestras heridas. Ha llegado el momento de perdonar, que no de olvidar».

¿Cómo es posible que una persona que ha sido torturada, humillada, privada de su dignidad y de su libertad, que ha mirado a los ojos a los asesinos de sus seres queridos y de miles de seres humanos más, decida perdonar? ¿Cómo pudo pasar? ¿Qué ocurrió en su interior que pudiera llevarla a una decisión tan radical? «Fue una iluminación. De pronto descubrí que tenía un poder: el poder de perdonar. Tenía el poder de decidir sobre mi vida. Mi poder era el perdón y podía usarlo como quisiera. Fue un descubrimiento sorprendente» *(ibidem)*.

La elección del perdón le permitió recuperar la libertad y la alegría de vivir porque, como ella misma dijo: «Una víctima tiene derecho a ser libre, pero no puede serlo si no se quita de encima el peso del dolor y la rabia» *(ibidem)*.

Eva se dio cuenta de que el papel de víctima le había hecho perder el control sobre su propia vida, atada como estaba a sus verdugos por una soga de odio, dolor, impotencia y rabia que alimentaba con la memoria habitada por el dolor.

Comprendió que los que viven así «actúan solo y siempre en respuesta a lo que otros dicen o hacen».

El perdón es la fuerza con la que recuperas tu vida. «Yo tengo esa fuerza.» No se trata de no reaccionar, sino de actuar libre de odio, resentimiento e impotencia.

«Cada vez que, por una razón u otra, resurgían los fantasmas del pasado, sentía que me derrumbaba. El odio seguía ahí. Intacto, devastador, con toda su fuerza destructora, porque la mayor víctima del odio es quien lo alberga en su interior... Con la misma fuerza con la que la rabia me había aprisionado en el pasado, sentí que el perdón me empujaba a redescubrir la vida. Me apasioné por mi presente y por todas las posibilidades que tenía de hacer algo útil en el futuro. Entendí que, al renunciar al resentimiento, había encontrado una nueva forma de relacionarme con mis heridas. En vez de dejar que ellas dictaran las reglas, decidí aceptar este poder y elegí sentir paz en lugar de odio. Descubrir el perdón me devolvió el mayor regalo que me había transmitido mi madre: la capacidad de ser feliz a pesar de todo» (*ibidem*).

Por tanto, liberarse es posible, pero perdonar no significa olvidar, no significa borrar de la memoria todo lo sucedido, sino tener presente lo que ha pasado y comprender lo que nos ha enseñado.

Nuestro lado instintivo nos hace pensar que el odio, el castigo, la rabia y el deseo de venganza son mecanismos naturales de protección, y que el perdón nos haría vulnerables: se vive como un acto de debilidad que niega lo ocurrido. Pero perdonar no es justificar ni condonar. Como tampoco es una estrategia superficial de huida motivada por las prisas por resolver un conflicto; no es una falsa cortesía y buenos modales que ocultan acusaciones veladas; y, desde luego, no es un acto de humillación, denigración de uno mismo ni pérdida de dignidad con la vana esperanza de obtener compasión y provocar sentimientos de culpa.

«Muchos piensan que con estos actos de remisión he negado las atrocidades del Holocausto. Pero ¿cómo podría? Mi idea de perdón no borra los recuerdos, elimina su carga [...]. El perdón nos sirve a nosotros, para liberarnos de las cadenas que nos atan a ellos. En los últimos veinte años, desde que he aprendido a perdonar, duermo y respiro mejor, pero lo más importante es que puedo examinar el pasado, recordarlo con todo detalle y hablar de él sin sentirme abrumada [...]. Tengo fuerzas para llevar a cabo cualquier iniciativa que resulte útil para difundir en el mundo la necesidad de mantener viva la memoria. Una memoria que no debe aprovecharse para fomentar el resentimiento hacia los responsables del Holocausto, sino todo lo contrario, para evitar que el odio alimente otros abusos, otras guerras, otros genocidios. Y a los que han quedado heridos por las atrocidades que aún hoy sacuden el mundo habría que enseñarles a perdonar. Como arma de autocuración y semilla de la paz. Por nosotros mismos y por nuestra civilización» (*ibidem*).

Quien encuentra el perdón, el perdón verdadero, en su vida, quien lo elige con valentía, inevitablemente se transforma y se libera, al redescubrir aquella gentileza y ligereza de corazón perdidas mucho tiempo atrás. Parece imposible, pero es así.

La revolución del perdón es una estrategia evolutiva que nos hace vivir mejor, más sanos y felices, libres del dolor del pasado y de las incertidumbres del futuro, pero, sobre todo, nos hace artífices del presente, el único momento en el que podemos elegir la vida y el amor.

Siete afirmaciones que cambian la vida

Podemos englobar el perdón en siete afirmaciones, o, mejor dicho, en la intención y el significado de estas siete afirmaciones.

Primera afirmación: Me perdono, te perdono.

Me perdono y te perdono porque entre los dos hemos permitido que esto ocurra. En este primer paso tomo consciencia de que lo que ha sucedido depende de la existencia de ambos y, sin uno de los dos, nunca habría sucedido. Me alejo de una idea dual del perdón, que se apoya en la polaridad víctima-verdugo y considera que uno de los dos ha hecho mal, por lo que hay una culpa que expiar solo por parte de una persona. Esta sencilla afirmación encierra una profunda asunción de responsabilidad por parte de las dos personas implicadas y permite ir más allá de las dicotomías de víctima y verdugo, de lo correcto y lo incorrecto. Reconocer la responsabilidad de ambos implica dejar de analizar lo sucedido y observarlo desde una perspectiva superior: ya no me importa cuál de los dos tiene razón, porque me doy cuenta de que lo sucedido dependía de la existencia de ambos. Si estoy involucrado, si me ha sucedido a mí, significa que una parte de mí ha creado lo que estoy viviendo.

Esta primera afirmación sugiere que todo lo que ocurre en mi vida se generó a partir de la intimidad de los pensamientos, los sentimientos y las impresiones latentes inconscientes. Como dijimos antes, si nos imagináramos que estamos funcionando como radios que emiten en determinadas frecuencias, no sería difícil entender que encontraremos en nuestro camino a quienes estén sintonizados en esas mismas longitudes de onda. Si pensamos en estos términos, no será difícil asumir la responsabilidad de todo lo que ocurre en nuestra vida. Si decidimos adoptar esta perspectiva, nos encontraremos ante una disyuntiva: sentirnos culpables por lo ocurrido, como autores (aunque inconscientes), o alegrarnos por la buena noticia. ¿Y cuál es? Pues que, si somos nosotros quienes hemos atraído lo que estamos viviendo, también es cierto que tenemos el poder de cambiarlo y dejar de ser la causa de ese sufrimiento. Asumir este nivel de responsabilidad también contiene la clave del cambio: si acepto que he atraído esa situación (o a esa persona), también es cierto que, en cualquier momento, puedo cambiar de frecuencia, sintonizar y transmitir en frecuencias más armoniosas. En este primer paso, nos centramos en aceptar la responsabilidad y en la raíz de las causas, y no en el análisis concreto de lo que ha ocurrido.

Segunda afirmación: Me libero, te libero.
Independientemente de lo que haya sucedido, lo único que quiero es liberarme a mí y liberarte a ti de todas las causas que crean sufrimiento. ¿Llegáis a sentir el poder de esta afirmación?

Me libero, te libero. Lo único que me interesa es la liberación absoluta de las causas que crean el sufrimiento. Odio, rencor, miedo, ignorancia, culpa, impotencia... La profunda voluntad de liberarse de todas las causas que crean sufrimiento se traduce en determinación. En la segunda afirmación tampoco importa de quién es la culpa, quién es la víctima y quién el verdugo. Se toma plena consciencia de que en este preciso instante tenemos la posibilidad de liberarnos de todo lo que está creando sufrimiento: pensamientos, recuerdos, sentimientos, sensaciones, imágenes, emociones. Si se dice con una intención sincera, esta afirmación tiene el poder de hacer que nos centremos en nuestro verdadero objetivo: liberarnos de todas las causas que crean sufrimiento. Es una decisión profunda que tenemos que tomar: ¿queremos seguir intentando tener razón o liberarnos de todo lo que nos causa dolor a nosotros y al otro? La liberación del odio, del rencor, de la impotencia, de la rabia, puede comenzar aquí, ahora, si lo deseamos, a partir de lo que sentimos dentro en este momento. Una liberación que comienza en la raíz de lo que sentimos. Se trata de sintonizar con una férrea intención de libertad. ¿Qué queremos, hacer valer nuestras razones o ser libres?

En este segundo paso se toma consciencia del principio de reciprocidad, según el cual solo liberándote a ti puedo liberarme a mí mismo, del mismo modo que si no me libero a mí, tampoco podré liberarte a ti. El principio de reciprocidad nos permite ver claramente la íntima interconexión con el otro y comprobarla personalmente: «Liberando, me libero; liberándome, libero».

Esta intención de liberación firme y auténtica es capaz de dar un sentido nuevo e inesperado a lo que ha sucedido en nuestra vida. Incluso al dolor más profundo. En esa libertad, no tardará en manifestarse la experiencia del amor.

LIBERTAD

Una antigua historia zen cuenta que dos monjes, Tanzan y Ekido, caminaban por un camino embarrado. Estaban cerca de una aldea cuando se encontraron con una joven que estaba intentando cruzar un río. Pero la joven no conseguía avanzar por temor a estropear su espléndido kimono dorado si se le mojaba. Sin dudarlo, Tanzan se ofreció a ayudarla, se la cargó a la espalda y la llevó a la otra orilla del río. Después, los monjes continuaron su camino. Al llegar al monasterio, Ekido, que había estado inquieto el resto del viaje, explotó de pronto. Incapaz de contener la rabia por más tiempo, en tono de reproche, se dirigió a Tanzan con estas duras palabras: «¿Por qué has llevado a esa joven a la espalda? Sabes muy bien que nuestros votos nos prohíben tocar a las mujeres». Tanzan no se turbó. Miró a su compañero y, con una sonrisa, le contestó: «Yo dejé a aquella joven hace unas horas, pero tú todavía cargas con ella».

Tercera afirmación: Me quiero, te quiero.

Imaginad que decís estas palabras ante una persona que os ha herido profundamente o una situación que os produce dolor. ¿Cuál es el significado fundamental de esta tercera afirmación? ¿Qué queremos conseguir con ella? Me quiero y te quiero a pesar de todo lo que ha pasado porque reconozco que somos vida de la misma vida, voz de la misma voz y luz de la misma luz. Esta es la esencia común que reconozco y amo. Reconocer la unidad indivisible de la existencia más allá de los papeles que estamos interpretando: un amor que nace de un profundo reconocimiento.

Identificarse con un papel y una forma concretos contiene en sí la semilla del sufrimiento. «Me quiero y te quiero» significa que, más allá de lo que ha sucedido y de los papeles que interpretamos, soy capaz de amar en mí y en ti esa parte esencial que expresa y representa el milagro de la vida.

Estas tres primeras afirmaciones — «Me perdono y te perdono, me libero y te libero, me quiero y te quiero»— contienen y expresan la polaridad «yo y tú». El perdón, la libertad y el amor representan el puente que restablece el vínculo original perdido. Tanto si el objeto de nuestro perdón es una persona, como una relación, una enfermedad, un lugar o una situación, podemos utilizar estas tres primeras afirmaciones para crear un puente entre la persona que quiere perdonar y el objeto del perdón. Un puente construido con los ladrillos del perdón, la libertad y el amor.

Cuarta afirmación: Gracias.

La cuarta afirmación representa un momento de cambio respecto de las tres primeras porque va más allá de la polaridad «yo-tú», «me-te». No la contiene y no la expresa. Tiene que ver con la pregunta que a menudo surge de forma espontánea: «¿Gracias, por qué?». Hay infinitas razones para dar las gracias.

Gracias por cómo nos hemos querido, gracias por el tiempo que se nos ha dado, gracias por el amor que hemos vivido, gracias por cada instante que hemos pasado juntos y que no volverá, pero también gracias por el dolor, gracias por la traición, gracias por el abandono, gracias por todo lo que ha sido. Gracias por todo. La cuarta afirmación abre las puertas del corazón. Seremos capaces de encontrar el valor para decir: «No sé por qué ha pasado, pero confío en la vida. Hay un sentido superior que ahora no consigo ver». Muchas veces, el final de una relación puede vivirse como una tragedia en ese momento, pero luego, al cabo de un tiempo, puede convertirse en una gran suerte. Gracias a que se terminó, ¿cuántas cosas hemos podido aprender y a cuántas personas importantes hemos tenido la oportunidad de conocer? Es una gratitud incondicional que hunde sus raíces en una profunda confianza en la vida.

¿SUERTE O DESGRACIA? LA PARÁBOLA DEL GRANJERO ZEN

Había una vez, en una aldea china, un viejo granjero que vivía con su hijo y una vaca, que era su único medio de vida.

Un día, la vaca salió del establo y desapareció. Mientras la buscaba, el granjero se encontró con su vecino, que le preguntó a dónde iba. Cuando le dijo que había perdido la vaca, el vecino negó con la cabeza.

–¡Qué desgracia! –comentó.

–Suerte o desgracia, ¿quién sabe? –replicó el granjero y siguió adelante.

Tras cruzar por los campos sembrados, llegó hasta las colinas, donde encontró a su vaca pastando tranquilamente junto a un magnífico caballo. Llevó a la vaca de vuelta a casa y el caballo los siguió. A la mañana siguiente, el vecino fue a preguntar por la vaca. Al verla de nuevo en el establo junto al magnífico caballo, le preguntó al granjero qué había pasado, y él le explicó que el caballo los había seguido.

–¡Qué suerte! –exclamó el vecino.

–Suerte o desgracia, ¿quién sabe? –respondió el granjero y volvió a sus quehaceres.

Al día siguiente, a su hijo lo licenciaron del ejército. Había intentado montar el caballo, pero se cayó y se rompió la pierna. El vecino, que pasaba por allí de camino al mercado, lo vio sentado en el porche con la pierna escayolada. Mientras el granjero cavaba en el huerto, el vecino le preguntó qué había pasado y, al enterarse de lo ocurrido, negó con la cabeza.

—¡Qué desgracia! –comentó.

—Suerte o desgracia, ¿quién sabe? –contestó el granjero y siguió cavando.

Al día siguiente, la unidad del joven cruzó el sendero a paso de marcha. Había estallado la guerra por la noche y los hombres se dirigían al frente. Al ver que su hijo no podía ir con ellos, el vecino se asomó por la cerca y, dirigiéndose al granjero, le comentó que al menos se había librado de la desgracia de perder a su hijo en la guerra.

—¡Qué suerte! –exclamó.

—Suerte o desgracia, ¿quién sabe? –repuso el granjero mientras seguía arando el campo.

Aquella noche, el granjero y su hijo se sentaron a cenar, pero después de unos pocos bocados, el hijo murió atragantado con un hueso de pollo. En el funeral, el vecino le puso la mano en el hombro al granjero.

—¡Qué desgracia! –comentó con tristeza.

—Suerte o desgracia, ¿quién sabe? –respondió el granjero, al tiempo que depositaba un ramo de flores junto al ataúd.

Unos días más tarde, el vecino fue a verle para darle la noticia de que toda la unidad de su hijo había sido masacrada.

—Al menos pudiste estar cerca de tu hijo cuando murió. Qué suerte.

—Suerte o desgracia, ¿quién sabe? –dijo el granjero, y se puso en marcha hacia el mercado.

LA PRUEBA

La gratitud sincera tiene el poder de llevarnos más allá de la aparente polaridad «positivo y negativo».

Piensa en una persona importante.

Recuerda un buen momento juntos.

Ponte una mano en el corazón y da las gracias.

Recuerda un momento de sufrimiento.

Ponte una mano en el corazón y da las gracias.

Repite el ejercicio varias veces hasta que sientas gratitud en ambos casos.

BREVE ELOGIO A LA GRATITUD

El dalái lama declaró: «Cada día, cuando te despiertes, piensa: "Hoy soy afortunado porque me he despertado, estoy vivo, tengo una valiosa vida humana y no la voy a desperdiciar. Voy a usar toda mi energía para mejorar, para abrir el corazón a los demás. Tendré palabras amables para los demás, y no malos pensamientos, y no me enfadaré, sino que intentaré hacer todo el bien que pueda"». Agradecidos por esa gratitud que ha marcado todos los pasos fundamentales de nuestra vida. Agradecidos por todo, desde el dolor más intenso hasta el amor más grande. Agradecidos por todo lo hermoso que ha sucedido, agradecidos por cada respiración, por cada paso, por cada sonrisa, por cada caricia. Agradecidos por lo que hemos podido comer. Agradecidos por todos los pasos que hemos podido dar, por las casas en las que hemos podido vivir, por el agua que hemos podido beber. Agradecidos por todas las cosas que han pasado. Agradecidos por haberlas tenido, por cada experiencia vivida. Agradecidos por el don de este instante, cofre de una belleza tan frágil como infinita. Gracias, porque su belleza consiste precisamente en que nunca se repetirá. Agradecidos también por el dolor, por la pérdida, por las dificultades que hemos vivido y vivimos, porque gracias a ellas estamos aquí ahora y somos lo que somos.

Agradecidos por todo. Agradecidos independientemente de todo. Cuando una persona está agradecida por lo que ha pasado en su vida, en el amor y en el dolor, significa que está plenamente satisfecha con su existencia y que todo lo que ha pasado ha sido integrado, comprendido, transformado en un don. Agradecer un dolor quiere decir que este se ha convertido en una valiosa oportunidad, se ha entendido su significado, se ha utilizado como recurso para desarrollar constancia, paciencia, perseverancia, pasión, fuerza, determinación, humildad...

Bastaría con escuchar los latidos del corazón, sonreírle y decirle simplemente: «Gracias».

Quinta afirmación: Uno en el Uno.

El astronauta de la NASA Russell «Rusty» Schweickart dijo (citado en *White*, 1987, p. 12): «Te identificas con Houston, y luego te identificas con Los Ángeles y Phoenix y Nueva Orleans..., y todo el proceso de con qué te identificas empieza a cambiar cuando le vas dando la vuelta a la Tierra... Entonces miras hacia abajo y ves la superficie de ese globo donde has estado viviendo todo este tiempo y conoces a toda esa gente de ahí abajo y son como tú, son tú y... de algún modo los representas. Estás ahí arriba como un elemento sensible... Reconocer que eres una parte de esta vida total». El «reconocimiento» de Schweickart, de su unidad con la Tierra como un todo, no fue solo una reacción visceral, sino una verdadera expansión de la consciencia.

La quinta afirmación indica el principio de unidad fundamental de la vida: significa literalmente que soy una sola cosa (uno) con la totalidad del Universo infinito (el Uno).

Celebra nuestra condición de integridad original, al sanar la fractura perceptiva que nos hace sentir separados del mundo, de las cosas, de los demás. Esta afirmación explicita el vínculo indisoluble con toda la creación y celebra la íntima interconexión, interdependencia y pertenencia a esta unidad fundamental. Sentirse más allá de toda división y separación; ser uno con la unidad fundamental de la existencia. Uno sin segundo, sin otro más allá de sí. Donde ese «sí» existe infinitamente más allá del sentido de un ego separado. Una expansión de la consciencia en la unidad indistinta del infinito.

En los textos milenarios de los Upanisads del pensamiento védico (conjunto de textos filosóficos hindúes, cuyo núcleo más importante se compuso probablemente entre el 700 y el 300 a. C.; *upanisad* significa literalmente «sentarse cerca», y se refiere a la enseñanza que tenía lugar cuando el alumno se sentaba cerca del maestro) encontramos varios enunciados filosóficos muy similares a la quinta afirmación. Estos enunciados se citan con el nombre sánscrito de *mahavakya* (*maha*, «grande», y *vakya*, «dicho») y se consideran las verdades filosóficas más elevadas contenidas en los Vedas. Entre los más famosos encontramos las siguientes:

Prajnanam brahma: el Absoluto es consciencia (*Aitareya Upanisad* 3,3, *Rigveda*).

Ayam atma brahma: el Sí (Atman, la identidad esencial de cada uno de nosotros) coincide con el Absoluto (*Mandukya Upanisad* 1,2, *Atharvaveda*).

Tat tvam asi: tú eres Eso (referido al Absoluto) (*Chandogya Upanisad* 6,8,7, *Samaveda*).

Ekam evadvitiyam brahma: el Absoluto es uno, sin segundo *(Chandogya Upanisad, Samaveda)*.

Estos grandes enunciados filosóficos se investigaban y exploraban como objeto de meditación con tal profundidad que permitían alcanzar el más elevado de los estados de consciencia, en que la individualidad separada se disuelve completamente en el Infinito. No se trata, pues, de la exaltación del ego ni de delirios de omnipotencia, sino de la disolución del ego, que se anula ante el infinito, se funde con él y supera para siempre el profundo sentimiento de separación.

Sexta afirmación: Uno en la Paz.

La paz comienza por ti. Por lo que estás sintiendo, pensando y haciendo en este preciso instante. No es una meta por alcanzar, sino la elección que haces y vives en este momento. Antes que una condición social, relacional y política caracterizada por la presencia de armonía compartida y ausencia de conflicto, la paz es un estado de consciencia interior del que surgen acciones, palabras, emociones, elecciones y decisiones. Hacer la guerra y utilizar la violencia para conseguir la paz es como gritar para conseguir el silencio. Nunca será una solución real. La raíz etimológica indoeuropea *pak* significa «unir, soldar, atar». Restablecer el vínculo perdido entre el hombre y el amor. Ser «uno en la paz» quiere decir ser uno con ella, sin más separaciones creadas por la mente, sin más espacio y tiempo que nos dividan y separen de su experiencia. La paz no es algo que haya que conquistar, sino el estado natural de nuestro ser cuando la mente está en calma y en silencio; no es un objetivo por alcanzar, sino un modo de caminar y de ser, lo que elijo en este momento.

Séptima afirmación: Uno en la Luz.

Luz, no solo como símbolo de vida y elemento básico de la creación, sino también portadora de claridad y pureza.

«Uno en la luz» significa ser una única cosa con la luz de la existencia.

Isa Upanisad (verso 16) recoge un aforismo que contiene otro gran enunciado filosófico de los Vedas:

tejo yat te rūpaṃ kalyāṇatamaṃ tat te paśyāmi yo 'sāv [asau puruṣaḥ] so'ham asmi

Traducido literalmente significa: «La luz que es la forma más bella, yo la he visto. Yo soy lo que Ella es. Yo soy Eso». Entre las posibles interpretaciones hay dos especialmente interesantes. La primera subraya el hecho de que, a nuestros ojos, la luz no tiene forma. Por tanto, declarar que es la forma más bella equivale a decir que la forma más elevada de la belleza en las formas se expresa a través de lo que no tiene forma. La segunda interpretación, en cambio, hace hincapié en la manifestación de la divinidad. La luz es la forma más bella a través de la cual se manifiesta a nuestros ojos el aspecto divino de la existencia. No solo es posible tener el privilegio de acceder a esta visión, sino que también es posible ser uno con ella. «So'ham», yo soy esa misma luz. Lo interesante de estos estados de consciencia son precisamente los efectos colaterales: el estado de paz, bienestar, equilibrio, amor, compasión, optimismo, gratitud y felicidad que recibimos como un don tras haber comprendido plenamente el auténtico significado que contienen estas afirmaciones que purifican la mente, hacen florecer virtudes y abren el corazón. El estado de entusiasmo y maravilla constantes por estar inmersos en el milagro de la vida, que nos permite ver todo con la misma intensidad de quien lo vive por primera o por última vez, a través de una mente iluminada.

Una fórmula única con siete afirmaciones

Me perdono, te perdono

Me libero, te libero

Me quiero, te quiero

Gracias

Uno en el Uno

Uno en la Paz

Uno en la Luz

Las tres primeras afirmaciones construyen un puente capaz de unir ese sentimiento de separación contenido en «yo y tú, me y te». Un puente construido mediante el perdón, la libertad y el amor. La cuarta nos permite darnos cuenta de que la gratitud incondicional tiene el poder de llevarnos más allá de la dualidad y la ilusoria división perceptiva que nos separa. Las tres últimas afirmaciones celebran y reconocen la unidad fundamental con el universo, la paz y la vida.

¿CÓMO MEDITAR SOBRE ELLAS?

Un buen método es repetir estas siete afirmaciones como si fueran un mantra, para sentir y explorar bien su significado y efecto en la mente, las emociones y el cuerpo. ¿Cuántas veces hay que repetir esta fórmula de perdón? Todas las que sean necesarias. Un número interesante y simbólico podría ser setenta veces, ya que en el Evangelio de Mateo (Mt 18,21-22), cuando Pedro se acerca a Jesús y le pregunta: «Señor, si mi hermano me ofende, ¿cuántas veces deberé perdonarle? ¿Hasta siete veces?», Jesús contesta: «No te digo hasta siete veces, sino hasta setenta veces siete». Antes de empezar, podemos elegir una persona o una situación que queramos «purificar», o, mejor, alinear con las cinco fuerzas evolutivas contenidas en la fórmula: el perdón, la libertad, el amor, la gratitud y la unidad. Luego nos sentamos en una posición cómoda y empezamos a repetirla. Podemos susurrarla o pronunciarla mentalmente.

También podemos repetir la fórmula en cualquier momento del día, mientras caminamos, conducimos, nos duchamos...

Durante la repetición, todo lo que se nos venga a la cabeza o lo que sintamos debe ser simplemente perdonado, liberado, amado, agradecido y devuelto a la unidad del ser. No importa lo que surja durante la repetición, ya sea dolor y rabia o amor y alegría. Lo que marcará la diferencia será el uso que hagamos de lo que surja. La tarea es sencilla: educar a la mente para que reconduzca todo lo que se manifieste en ella hacia la intención del perdón, la libertad, el amor, la gratitud y la unidad. Estas cinco intenciones (o fuerzas) deben convertirse en los únicos deseos y voluntades presentes en nosotros. Estamos tan acostumbrados a juzgar, rechazar y condenar lo que sentimos que no será difícil experimentar una sensación de liberación, paz y consciencia con un poco de práctica.

¿Cómo contar el número de repeticiones sin distraerse?

Solo hay que hacer o conseguir un collar con setenta bolas o perlas (cuentas) y pasar el dedo por cada una de ellas con cada repetición de las siete afirmaciones. La mente deberá aprender a mantenerse centrada en las cinco intenciones independientemente de lo que se presente: ya sea dolor, cansancio, confusión, duda, rabia, impotencia, culpa, o ligereza, claridad, felicidad, amor. No importa lo que sintamos, sino lo que hacemos con ello: perdonar, liberar, amar, agradecer y celebrar la unidad de la vida.

HISTORIA SUFÍ

–¿Qué es el perdón? –le preguntó la alumna al maestro.

Él sonrió, cogió una piedra y la puso delante de ella.

–El hombre violento la usaría como arma para hacer el mal. El constructor la convertiría en un ladrillo para construir una catedral. Para el viajero cansado sería un asiento donde poder descansar. El artista esculpiría el rostro de su musa. El despistado tropezaría con ella. El niño la usaría para jugar. En todos los casos, no es la piedra la que marca la diferencia, sino el hombre. Con el perdón, el hombre elige transformar las piedras de la vida en amor.

LA CIENCIA DEL PERDÓN
Y LA GRATITUD

**Daniel Lumera
e Immaculata De Vivo**

El perdón, entre la ciencia y la moral

El perdón es un tema con grandes implicaciones morales que pone en tela de juicio la sensibilidad individual, la consideración del bien y del mal y las convicciones religiosas. Partiendo de la constatación de que el perdón es una forma de curar las heridas emocionales, los científicos se han interesado por el tema en un intento de entender las consecuencias que este acto tiene en la salud física y psicológica.

Ya existe una literatura científica consistente sobre los efectos de las prácticas de perdón en el bienestar y la longevidad, gracias al trabajo llevado a cabo por diversos institutos de investigación de todo el mundo. Un análisis cruzado de los datos recogidos hasta ahora muestra que el perdón está relacionado con menores niveles de depresión, ansiedad, hostilidad, adicción a la nicotina y otras sustancias, y mayores niveles de emociones positivas y satisfacción con la vida. Las personas que han adoptado esta actitud disfrutan de más apoyo social y manifiestan menos síntomas de malestar físico. La explicación de los mecanismos que pone en juego el perdón apunta sobre todo a la capacidad del sujeto observado de regular mejor sus emociones, al sustituir la respuesta negativa (darle vueltas al mal sufrido u olvidarlo) por una respuesta alternativa que disminuye los niveles de estrés y desactiva la espiral dañina.

En psicoterapia, se han desarrollado varios métodos para ayudar a las personas que sufren un agravio a adoptar el camino del perdón como instrumento de curación. Dos modelos en concreto han demostrado su eficacia, el de Robert Enright y el de Everett Worthington, conocido como REACH.

Modelo de Enright	Modelo REACH de Worthington
El modelo de Enright es un tratamiento que prevé veinte pasos divididos en cuatro fases fundamentales.	El modelo de Worthington está estructurado en cinco pasos que forman el acrónimo REACH.
1. Fase de descubrimiento (toma de consciencia): identificar los sentimientos negativos que ha provocado el daño recibido.	1. *Recall* (recordar): recordar el daño, el dolor sufrido y las emociones relacionadas.
2. Fase de decisión: decidir perdonar siendo conscientes del significado de esta acción.	2. *Empathize* (empatizar): empatizar con quien nos ha ofendido poniéndonos en su lugar para comprender las razones de la acción sin condonarla ni negar los propios sentimientos.
3. Fase de trabajo: trabajar en el perdón como forma de entender a la persona que ha ofendido y establecer un canal de empatía con ella.	3. *Altruistic gift* (regalo altruista): hacer un gesto altruista reconociendo los propios defectos y admitiendo que otros han pedido perdón.
4. Fase de profundización: comprender el significado del sufrimiento, sentirse conectados con los demás, superar los efectos negativos del mal sufrido y formular nuevos propósitos de vida. El perdón puede liberarnos de la «prisión emocional» del resentimiento y la rabia.	4. *Commit* (comprometerse): comprometerse a perdonar públicamente.
	5. *Hold on* (mantenerse en el perdón): mantener el compromiso en el tiempo, sin inseguridades y sin volver a la rabia y la amargura.

En general, se considera que la orientación de un terapeuta es fundamental para la consecución plena de un viaje tan delicado, pero también se han realizado estudios sobre la eficacia de los manuales de autoayuda, en los que la persona procede de forma autónoma. En concreto, en un estudio realizado en 2014 en Estados Unidos se observó que un curso de seis horas de terapia en solitario desarrollado a través de un manual basado en el método REACH aumentaba de forma tangible la capacidad de perdón de los sujetos, lo que lleva a los investigadores a considerar estos libros instrumentos de apoyo y complemento para las terapias tradicionales.

Un análisis de 54 estudios diferentes llevado a cabo en 2014 sobre la eficacia de las terapias de perdón demostró que los participantes en estos cursos de psicoterapia lograron un aumento significativo de su capacidad de perdonar en comparación con los que no se habían sometido al mismo tratamiento o los que habían recibido otro tipo de apoyo. El efecto de estas terapias sobre la salud se relacionó con una disminución significativa de los niveles de depresión y ansiedad y un aumento de la sensación de esperanza. Estos resultados son alentadores en cuanto a la adopción del perdón como medio para tratar los efectos nocivos de una ofensa sufrida.

La eficacia del perdón ha sido objeto de una serie de estudios cuyas conclusiones recopilaron en un documento de 2018 los investigadores de la Universidad de California en San Francisco que estudiaron el papel del perdón en la curación de «heridas internas», es decir, diversos tipos de traumas psicológicos que presenta el personal militar que regresa de zonas de guerra. Son personas que han pasado por experiencias extremas y tienen que afrontar su propio sentido de la moral, puesto a prueba por las acciones que se vieron obligadas a realizar. A partir de las declaraciones de los terapeutas que han tratado estos casos tan delicados, los investigadores han identificado las características comunes de los trastornos relacionados con las heridas internas. Al regresar de la guerra, los veteranos se sienten a menudo avergonzados, alienados y decepcionados, y en algunos casos llegan a cuestionar su propio valor como seres humanos. Los que han luchado en el campo de batalla sienten que la guerra ha despertado en ellos un «lado oscuro», al que se refieren como «la bestia» o «el monstruo», una entidad que sienten ajena, pero que llevan consigo al regresar a casa, lo que les impide seguir percibiéndose como una buena persona, como un padre o un cónyuge cariñoso, un amigo amable y gentil. Este tipo de heridas suele llevar a los veteranos a adoptar actitudes autodestructivas que pueden durar años, e incluso décadas, sin que comprendan del todo el estado en el que se encuentran.

Algunos llegan a sabotear sus relaciones, su trabajo o cualquier otra posible fuente de felicidad, porque sienten que no merecen nada bueno o satisfactorio en la vida. En otros casos, se sienten emocionalmente insensibles, incapaces de sentir emociones normales o, por el contrario, son presa de arrebatos de rabia y desesperación sin motivo aparente. En los casos más graves, llegan a aislarse de cualquier tipo de relación íntima, evitan el contacto con las personas que antes amaban y las cosas con las que disfrutaban y a menudo se pierden en el consumo de drogas, alcohol o medicamentos. Hay quienes contemplan la idea del suicidio y hay quienes acaban materializándola.

Utilizar el perdón como vía de curación ha dado importantes resultados. Pero ¿qué significa en este contexto, en el que la persona que debe ser curada es la que infligió el mal y no la que lo sufrió? Los investigadores dejan claro que es importante que los veteranos se perdonen primero a sí mismos, que se reconcilien con su propia moral, que ha sido perturbada y herida por lo ocurrido, y que recuperen un equilibrio mental que se ha visto alterado. A veces lo hacen buscando el perdón de las personas que han resultado heridas o muertas en combate, otras el perdón divino o de una entidad superior y otras el perdón de los seres queridos de quienes se han alejado tras volver a casa. Sea cual sea la causa del remordimiento, la clave de los caminos terapéuticos más eficaces es el perdón de uno mismo. Los estudios explican que esta vía puede no bastar por sí sola para curar las heridas interiores, pero ha demostrado ser muy útil para facilitar el proceso, al ayudar a las personas a recuperar una serenidad sobre la que construir una curación más duradera y una relación más sana consigo mismas y con los demás.

Otro estudio de 2015 realizado por varias universidades estadounidenses investigó la relación entre la autocompasión, que podemos considerar una forma de perdón hacia uno mismo, y los síntomas del trastorno de estrés postraumático en una población de 176 mujeres de entre dieciocho y sesenta y cinco años. A partir de un dato de la Organización Mundial de la Salud, que en 2013 estimó que el 28 % de las mujeres de todo el mundo experimentan al menos un episodio de violencia interpersonal a lo largo de su vida, los investigadores analizaron las actitudes de esta muestra de mujeres diagnosticadas con TEPT y su estado de salud mental, y descubrieron que una mayor compasión hacia sí mismas se relaciona con una menor probabilidad de desarrollar los síntomas del TEPT y una mayor capacidad para gestionar el estrés y las emociones negativas.

La ciencia también tiene que plantearse a menudo cuestiones morales cuando se trata de estudiar fenómenos que implican dilemas éticos. En un artículo publicado en el *American Journal of Public Health* en febrero de 2018, el epidemiólogo Tyler J. VanderWeele, de la Universidad de Harvard, se cuestionó si el perdón es siempre moralmente aceptable. Para responder a esta pregunta, el científico señaló que hay que distinguir el perdón de otras acciones que, aun siendo similares, son distintas, como condonar, reconciliarse, olvidar, tolerar, justificar, no exigir justicia y disculpar. El perdón parte de la idea de querer el bien de otra persona sin disculpar ni olvidar la mala acción sufrida y sin dejar de desear la compensación del daño. Como ejemplo, VanderWeele relata el caso de un joven de veinte años que vandalizó en estado de embriaguez una mezquita en Fort Smith (Arkansas), en 2016. El joven pidió perdón y la comunidad de fieles de la mezquita se lo concedió. Pero, con esto, los fieles no justificaron ni excusaron sus acciones, solo dejaron claro que no querían arruinarle la vida de ninguna manera y pidieron una sentencia clemente. Teniendo muy en cuenta estas distinciones, el caso se presta como ejemplo de lo que significa perdonar, y también de lo que no significa: la víctima no niega el mal recibido, sus implicaciones ni los sentimientos que se derivan de él, pero aun así elige el perdón, es decir, la sustitución de un sentimiento negativo hacia el culpable por un sentimiento positivo de compasión. Según VanderWeele, dadas estas condiciones, el perdón es siempre moralmente aceptable y se concede incluso en el caso de que la persona que haya ofendido no se haya arrepentido y no pida ser perdonada, porque no es lo mismo que la reconciliación. Es algo justo en sí mismo, un acto de amor hacia los que nos han perjudicado, pero no implica necesariamente una correspondencia. No se niega el mal hecho y sufrido, por lo que se conserva el respeto de la víctima por sí misma y el respeto al autor como ser humano que ha provocado el daño, al que se le brinda la oportunidad de reflexionar y cambiar. Ignorar la opción del perdón como vía terapéutica significa abandonar a las personas al resentimiento, dejarlas atrapadas en la jaula de un rencor que puede minar su salud. La evidencia científica nos dice que el perdón favorece la salud, el bienestar de la mente y el cuerpo y las relaciones humanas saludables. Es el instrumento que tiene la víctima para liberarse del pasado, un recurso para romper esa forma de «dependencia» que aún la ata al mal que ha sufrido y a la persona que lo cometió, lo que fomenta una actitud de compasión, aceptación y armonía en las relaciones humanas.

LA GRATITUD NOS BENEFICIA

Cultivar la gratitud y practicarla no cuesta nada y tiene enormes beneficios a muchos niveles. Las investigaciones científicas sobre el tema, que se han cuadruplicado en los últimos diez años, reconocen que la gratitud es una de las claves fundamentales no solo para el bienestar emocional y psicofísico, sino también para crear relaciones más satisfactorias, trabajar mejor y disfrutar de una mejor salud. Veamos los principales beneficios de un simple «gracias».

1. Abre la puerta a más relaciones. Según un estudio de 2014 publicado en *Emotion*, decir «gracias» no solo indica buenos modales, sino que mostrar agradecimiento puede ayudarte a encontrar nuevos amigos. Dicho estudio descubrió que dar las gracias a alguien que acabas de conocer hace que esa persona se sienta más propensa a cultivar esa nueva relación. Así, tanto si le das las gracias a un desconocido que te ha sujetado la puerta como si le mandas un breve mensaje de agradecimiento a aquel compañero que te ayudó en el proyecto, reconocer la contribución de otras personas te puede proporcionar nuevas oportunidades.

2. Mejora la salud física. Según un estudio de 2013 publicado en *Personality and Individual Differences*, las personas agradecidas notan menos dolores y dicen sentirse más sanas que la media. No es de extrañar que las personas agradecidas sean más propensas a cuidar su salud, pues hacen ejercicio más a menudo y tienen más probabilidades de someterse a revisiones médicas periódicas, lo que probablemente contribuya a una mayor longevidad.

3. Mejora la salud psicológica. La gratitud reduce muchas emociones tóxicas, que van desde la envidia y el resentimiento hasta la frustración y el arrepentimiento. Robert A. Emmons, uno de los principales investigadores de este campo, ha llevado a cabo numerosos estudios sobre la relación entre gratitud y bienestar. Sus investigaciones confirman que la gratitud aumenta la felicidad y reduce la depresión.

4. Desarrolla la empatía y reduce la agresividad. Según un estudio de 2012 de la Universidad de Kentucky, las personas agradecidas son más propensas a comportarse de forma prosocial, aun cuando los otros se comporten de un modo menos gentil. Los participantes en el estudio que obtuvieron una puntuación más alta en la escala de gratitud eran menos propensos a tomar represalias contra los demás, incluso en caso de afrontar comentarios negativos. Mostraron más sensibilidad y empatía hacia los demás y un menor deseo de venganza.

5. Mejora el sueño. Según un estudio de 2011 publicado en *Applied Psychology: Health and Well-Being*, escribir un diario de gratitud mejora el sueño. Solo con dedicar quince minutos a anotar algunos sentimientos de agradecimiento antes de acostarte, podrías dormir mejor y más tiempo.

6. Aumenta la autoestima. Un estudio de 2014 publicado en el *Journal of Applied Sport Psychology* descubrió que la gratitud aumentaba la autoestima del atleta, que es un componente esencial para su rendimiento. Otros estudios han demostrado que la gratitud reduce las comparaciones sociales y la tendencia a compararse con los demás. En lugar de sentir envidia o resentimiento hacia personas más acomodadas o que ocupan puestos más prestigiosos, la persona agradecida es capaz de apreciar los logros de los demás.

7. Disminuye el estrés y desarrolla la resiliencia. Durante años, las investigaciones han demostrado que la gratitud no solo reduce el estrés, sino que también puede desempeñar un papel importante en la superación de los traumas. Un estudio de 2006 publicado en *Behavior Research and Therapy* encontró un menor índice de trastorno de estrés postraumático entre los veteranos de la guerra de Vietnam con mayores niveles de gratitud. Un estudio de 2003 publicado en el *Journal of Personality and Social Psychology* demostró que la gratitud contribuyó de un modo determinante a la superación del trauma tras los atentados terroristas del 11 de septiembre. Reconocer todo lo que se puede agradecer, incluso en los peores momentos de la vida, mejora la capacidad de recuperación.

FELICIDAD

Daniel Lumera

Alicia: «¿Cuánto tiempo es para siempre?».
Conejo Blanco: «A veces, solo un segundo».

LEWIS CARROLL

El ser humano busca la felicidad por cuatro vías
La vía del hacer
La vía del tener
La vía del parecer
La vía del ser
La auténtica felicidad pertenece a la esfera del ser.

RENACER CON LA MUERTE

Septiembre de 2013. Suena el teléfono. Son casi las diez y media de la mañana. Su voz me saluda y va al grano, sin preámbulos, directa y cruda: «Me estoy muriendo. Me han diagnosticado un cáncer de páncreas terminal. Quisiera morir en paz. Sin remordimientos por el pasado y sin miedo al futuro. Te llamo porque te quiero pedir una cosa. Quiero que seas tú quien me acompañe. Si aceptas, ven cuanto antes porque me queda muy poco tiempo. Puede que menos de un mes. Quiero estar solo, contigo, sin mis hijos, sin mi mujer. Solos. Necesito perdonar y meditar». Hay llamadas que te cambian la vida. Inesperadas. Y dejan silencio. Dentro. Dejan espacio para escuchar. Para escuchar lo que todos tendremos que enfrentar tarde o temprano. No tememos la muerte, sino la eternidad que nos espera. Indefinible, incognoscible, infinita. Ese abismo sin fin que llevamos dentro. Por eso muchos convierten la vida en anestesia. Hacen todo lo posible para no sentirla. Para olvidar. Sin embargo, sentirla, aceptarla y amarla, incluso en la muerte y el dolor, es la única manera, la única posibilidad real de abrazarla plenamente y empezar a vivir de verdad.

El infinito nos recuerda la transitoriedad en continuo cambio. El hecho de que todo lo que hemos conocido y construido se desvanecerá, se transformará y volverá a transformarse hasta que no quede recuerdo de esta forma, de lo que es íntimo y familiar. Cada impresión, cada sonrisa, cada instante, aun siendo para siempre, en ese siempre se desvanecerá. Pompas de jabón en una tormenta. Miedo a la frialdad de la muerte, a la ausencia de hogar, de calor, de alivio, del abrazo de una madre o de alguien que pueda consolarnos, aunque solo sea con la presencia, con una palabra, con una sonrisa. Todo cambiará. Todo está cambiando ya. Y aunque sea una certeza, seguimos aferrándonos con todas nuestras fuerzas al intento de construir un equilibrio, quizá ilusorio, que nos dé sensación de estabilidad. Seguridad. Cuando en realidad deberíamos esforzarnos sinceramente por encontrar la estabilidad en el cambio o buscar de verdad esa parte inmutable y eterna de nosotros que prometieron los místicos y santos de todas las tradiciones. ¿Es del fin de todo de lo que tenemos miedo? ¿De que la muerte sea el fin de todo contacto con las personas que amamos, de toda relación, de todo lo que nos calienta el corazón? El final. La inexistencia. Y mientras tememos dejar de existir, nos esforzamos con todas nuestras fuerzas por no vivir de verdad esta vida. La vida pasa mientras nos empeñamos en dañarnos el alma con relaciones tóxicas, comida envenenada, trabajos que esclavizan, sueños y metas que perseguimos sin ser conscientes de que son fruto de frustraciones y fracasos. ¿Somos libres y felices? Quiero decir: libres y felices de verdad. ¿Somos libres y felices en este momento? Porque este instante es lo único que realmente tenemos. La muerte es un despertador. Tic, toc, tic, toc... Rinnnnnng. Ha llegado el momento. Por eso deberíamos vivir cada instante como si fuera el último... o el primero. Con la misma maravilla, gratitud, estupor, alegría, pasión, temor y amor que tienen los niños pequeños o los que están presentes de modo consciente en los últimos días e instantes de su vida. Todo adquiere profundidad, intensidad, urgencia. La urgencia que no es prisa. La urgencia del que solo tiene este instante. Solo este presente que no debe perderse. De ahí la pasión, la intensidad y la esencialidad del que está desnudo ante sí mismo y ante la vida. Del que ha comprendido. Del que abre las manos, suelta todo lo superfluo y aligera por fin el corazón de todas las cargas que él mismo había acumulado y retenido.

En esos momentos florece lo que realmente importa. Cada mirada, acción, pensamiento y emoción son realmente para siempre. Todo como si fuera la última... o la primera vez. Así deberíamos aprender a vivir, para vivir de verdad. Esta es una de las condiciones y requisitos para avanzar por el camino de la felicidad, por el camino de la gentileza. «Ven. Quiero que seas tú quien me acompañe a la muerte. Quiero morir en paz.» Esas palabras resuenan dentro. Dicho por alguien que te quiere. Por un ser querido. Que te ha elegido. A veces es el hijo aparentemente más débil el llamado a acompañar a un padre a la muerte. En esos momentos se manifiesta una naturaleza insospechada. Un empuje, una fuerza, un saber hacer lo correcto en el momento adecuado, sin perderse en el dolor. Pienso en el instinto de una perra que acaba de dar a luz a sus cachorros. Se come la placenta, los limpia. Nadie tiene que explicarle lo que tiene que hacer. Sabemos nacer y morir sin que nadie nos diga cómo. A veces necesitamos ayuda. Para nacer y morir en paz y en el amor. «Ven.» Me eligió a mí. Acepté. Al poco tiempo, estaba en el avión. No recuerdo nada del viaje, solo sus ojos a mi llegada y el silencio. Juntos. Meditamos en el silencio y la luz de la presencia. Juntos. Y juntos perdonamos todo el pasado. Todo lo sucedido fue escuchado. Cada respiración, una liberación. Cada palabra, un canto de gratitud. Agradecidos al dolor, agradecidos al amor. Agradecidos a todo lo que había sido y era. Porque la gratitud, la de verdad, limpia, libera, abre el corazón por completo. Perdonar toda nuestra vida es transformarla en un don, comprender su sentido y significado. Aceptarse para renacer. Con este espíritu podemos revivir y afrontar todos nuestros dolores y entrar en la oscuridad. Porque la luz está ahí, dentro. Perdón y meditación. Amor y silencio. Silencio y amor. Y cada instante se hizo eterno. Juntos llegamos a los confines del tiempo y fuimos más allá. Más allá del más allá. Hasta que «ahora» se convirtió en «siempre». Ahora es siempre.

Cuando nos escuchamos de verdad no necesitamos reglas, alguien que nos diga cuándo, cómo y por qué hacer las cosas. Como la perra. Cuando ahora se convierte en siempre, todo lo que sucede es para siempre. Un sentido de responsabilidad completamente nuevo. Todo, literalmente todo lo que sucede en nuestro interior en este instante es ese para siempre que tanto nos asusta. Es una declaración de amor. La más hermosa toma de consciencia que un ser humano puede acoger en su interior. Ahora es siempre. Este instante es siempre. Ese siempre que constantemente hemos buscado en las promesas, en las religiones, en el universo, en el amor, en las relaciones, en los hijos, siempre ha estado aquí. Lo buscábamos en otra parte y estaba aquí. Aquí. Oculto entre las sábanas de este instante. Siempre creí que estaba en otra parte, y estaba aquí. Siempre ha estado aquí. Ahora es siempre. ¿Cómo cambiaría la vida si aceptáramos que ahora es siempre? Ese siempre formaría parte de nuestra identidad. Actuaríamos, sentiríamos, pensaríamos y elegiríamos a través de ese «siempre».

El tiempo se desvaneció porque era absoluta nuestra entrega mutua a la vida, en el dolor, en el amor, en el miedo y en la pasión. Tan auténticamente intensos en abrazar por completo lo que era la vida en cada instante que transformamos el tiempo en eternidad. Sucede en tantas otras circunstancias a los amantes, a las madres, a la presencia de un maestro, en las despedidas y en los encuentros. Teníamos solo ese instante y nada más. El vínculo con el pasado quedó disuelto definitivamente. La ilusión del futuro, vencida. No quedaba sino el aquí. Ahora. Para siempre. Así ocurrió. Desde el silencio, aquella noche, me miró. Me hizo sentir pequeño, frágil. Y dijo: «Nunca he sido tan feliz». Escuché estas palabras, las escuché de verdad, y le pregunté sinceramente: «Tu cuerpo se está muriendo. Dejas dos hijos pequeños y una esposa. Dejas las cosas que han dado sentido y éxito a esta vida. Y aun así me hablas de felicidad. Enséñame, por favor, qué clase de felicidad es. Porque no depende de tener o no tener salud, riqueza, éxito, fama, cariño, amor... No depende de poder o no poder hacer lo que te gusta o lo que te gustaría, empezando por caminar, salir, bailar libremente, ir a ver a tus seres queridos, viajar... Y tampoco depende de poder aparentar, de la fama, del reconocimiento, del aprecio de los demás. ¿Qué clase de felicidad es?». Silencio. Y luz. Luz que brilla en los ojos del que se está apagando en la vida. Miró por la ventana. Las casas de la ciudad. Estas fueron sus palabras tal y como las recuerdo: «Nunca he estado tan presente y despierto en el milagro de la vida. Mis ojos la ven y la sienten sin mente, pensamientos ni definiciones. Tal como es. Tal como soy. Siempre he dado por sentado el privilegio de existir aquí, de estar aquí. Ahora. Ser. Estoy tan presente, consciente y despierto en este ser que nace y florece en mí una felicidad existencial espontánea. Sin más razón que la gratitud de ser en este instante. Sin más pasado ni futuro. Este es el mayor regalo que me ha dado la vida».

Hacer, tener y parecer pueden dar sensación de seguridad, estabilidad, fuerza, placer, satisfacción, euforia, alegría. Sin embargo, la naturaleza de la felicidad es otra cosa. Elegimos, decidimos, actuamos, pensamos, buscamos, amamos y viajamos para ser felices. Pero ¿es necesario hacer o tener algo para «ser felices»? ¿O la naturaleza de la felicidad es inherente a la consciencia de ser? «Un mulo que lleva una carga de oro sobre su espalda no conoce su valor. Del mismo modo, el hombre está tan ocupado llevando la carga de la vida sobre sus hombros, esperando encontrar un poco de felicidad al final del camino, que no se da cuenta de que encierra en sí mismo la dicha perenne y suprema del alma. Porque busca la felicidad en las cosas, no sabe que ya posee en su interior un tesoro de felicidad»: me vienen a la cabeza estas palabras de Paramahansa Yogananda, uno de los primeros sabios orientales que llegaron a América en la primera mitad del siglo xx.

Pensad en la revolución que supondría que nuestras decisiones y acciones no estuvieran motivadas e impulsadas por la búsqueda de la felicidad, sino que fueran una expresión de esta. Elijo porque soy feliz y no para serlo. ¿Cuánto cambiaría la calidad de tu vida, de tus relaciones, del trabajo? ¿Utopía? Una cosa es cierta. Todos, cada uno de nosotros, afrontaremos la muerte. Y tal vez, los más afortunados, en ese momento aprendan a vivir este tipo de felicidad. Pero ¿por qué esperar? ¿Por qué no hacer ese cambio ahora? Deshacerse de la pesadez, la inercia, la indolencia, la ignorancia, la avaricia, los celos, el rencor... Dejar de anestesiarse con la comida, el sexo, las relaciones tóxicas, la televisión y los medios de comunicación... Y despertar. Aquí. Ahora.

Murió feliz.

LA GENTILEZA DEL CORAZÓN

No se hacía llamar maestro, pero lo era. Nunca lo vi alterado ni enfadado. No había rastro de tristeza, soledad ni arrogancia en él. Ecuánime ante los hechos de la vida, se sentaba siempre en el asiento de la sencillez.

Anthony Elenjimittam, uno de los últimos discípulos de Gandhi, vivió el final de su vida en Asís. Nació y vivió la primera parte de su vida en la India, donde conoció al mahatma y recibió de él el mandato interreligioso. Lo llamaban padre por su pasado como fraile dominico, que terminó cuando decidió abrazar una visión interreligiosa. Tenía noventa y seis años cuando dejó esta Tierra. Vivía solo y comía únicamente lo que la gente que le quería le llevaba de vez en cuando. Un año antes de su muerte, perdió el conocimiento y lo encontraron muchas horas después. Los médicos lo salvaron por los pelos. Cuando despertó, lo primero que hizo fue sonreír. Se limitó a decir: «Solo ha sido un ensayo general». Su mente estaba inmersa en un estado de consciencia muy elevado que le permitía ver la belleza y vivir en un estado de alegría y felicidad. Pero, sobre todo, recuerdo su gentileza. Era una caricia que hacía con el alma. Su corazón se había rendido a la gentileza. Y por eso la dispensaba a todo el que se le acercara. Cuando hablaba, te dabas cuenta de que nunca pretendía tener razón o querer imponer una verdad. Era simplemente compartir. Una forma de gentileza del que ha vivido el universo y el amor en su corazón y lo convierte en don. Porque eligió no poder hacerlo de otro modo. Su longevidad física iba acompañada de una frescura y juventud de espíritu sin parangón. Hablaba once idiomas, entre ellos, latín y sánscrito. Decía que el secreto de una mente siempre joven residía en el alimento que se le daba, y que él la nutría mediante el silencio de la meditación, la felicidad y la alegría de la consciencia plena, la pureza de la devoción y la integridad de la disciplina. Con él se podían estudiar los textos milenarios de la tradición védica (como los sutras de Patanjali y los Upanisads) y encontrar las mismas enseñanzas en los escritos de san Agustín, santa Teresa y san Francisco. Construía puentes y derribaba muros de la mente y la consciencia. Varias veces dijo: «Quiero estar donde habita la Verdad, dondequiera que esté y cualquiera que sea la forma en que se presente». La gentileza es algo que podemos dar y recibir. Cuando esto ocurre, cuando encontramos a alguien dispuesto a ofrecer este don, el corazón se vuelve ligero y sonríe porque recuerda cómo debería vivir.

La mente y el espíritu con los que vivía el padre Anthony eran como los de un niño: un estado de entusiasmo, como si todo fuera un descubrimiento y se vieran, hicieran y dijeran las cosas por primera vez. Aunque llevaba más de cincuenta años repitiendo algunas ideas, cada vez las vivía con un espíritu nuevo. Su mente había encontrado la fuente de la juventud. Para él, todo era una novedad, como un niño que hace las cosas por primera vez. Así vivía, así amaba, así sentía la vida. Los efectos secundarios de una mente tan pura y clara son, además del entusiasmo, la maravilla, la gentileza, el silencio interior, la ecuanimidad, la compasión y el amor. El núcleo de su estilo de vida era la práctica meditativa. Forjó la mente en la disciplina contemplativa y su mirada interior se dirigía constantemente al infinito y su grandeza. Y es gracias a esta grandeza que nos volvemos simples, esenciales, sobrios y humildes. Esa humildad que reside en los corazones gentiles que realmente saben lo que es el Amor.

En realidad, es mucho más sencillo de lo que se cree. Muchas tradiciones (como el budismo, la filosofía zen, el taoísmo y el vedanta) han estudiado la naturaleza de la mente y los estados de consciencia, y han enseñado el arte de la meditación, la contemplación, el silencio interior, la presencia y la gnosis como instrumentos fundamentales para alcanzar, comprender y poner en práctica la naturaleza de la verdadera felicidad. La felicidad es un estado natural en el individuo consciente. No depende del hacer, el tener o el parecer, sino única y exclusivamente de la consciencia de ser: despiertos y totalmente presentes en el milagro de la vida. Cuando la mente se hace silenciosa y brilla en ella una clara e intensa consciencia de ser (más allá de toda forma, juicio y nivel de identificación), entonces la felicidad, como estado de consciencia, florece espontáneamente, porque es una característica intrínseca de la consciencia plena.

En el capítulo dedicado a la mente perfecta veremos cómo es posible comprender la naturaleza de la mente, por qué elementos está influida y cómo purificarla para experimentar directamente la naturaleza de la felicidad intrínseca de la vida. Las antiguas tradiciones han dado muchas indicaciones sobre el estilo de vida interior y exterior que debemos seguir para lograr esta experiencia; indicaciones sobre la calidad de las relaciones, la alimentación, la preparación y la salud del cuerpo, la purificación de la mente, el despertar de la energía vital, el uso correcto de la mente y la meditación.

Hoy, la ciencia está validando con datos objetivos lo que milenios antes formaba parte de un corpus de enseñanzas que constituía la base de una vía maestra del bienestar y autorrealización. Las ciencias modernas consideran tres pilares del bienestar: la alimentación sana, la actividad física adecuada y la meditación. Dado que el ser humano es un sistema integrado de múltiples niveles y planos (incluidos el mental, el emocional y el físico) que se ven influidos por el ambiente externo al tiempo que influyen sobre él, este enfoque integrado es extremadamente eficaz. La naturaleza de la felicidad es realizable a través de una vía de la gentileza que abarca todos los aspectos de la vida y los celebra bajo una nueva luz que incluye también el estilo de vida, la alimentación, el movimiento físico, la calidad en las relaciones, el equilibrio y la profundidad en los valores del ambiente interior, la consciencia plena, la compasión, el optimismo, el perdón y la meditación.

CÓMO NOS VENDEN LA FELICIDAD

Vamos a plantear una breve premisa. Esta sociedad está constituida por un sistema económico que sigue una regla sencilla: obtener el máximo beneficio al menor coste posible. El *Homo economicus* se define como «racional» en el sentido de que persigue como objetivo la maximización de su propio bienestar y beneficio personal. La función matemática que define este proceso se llama «función de utilidad». Esto justifica comprar harina radiactiva (con todas las consecuencias para los que la comerán), en lugar de harina biológica autóctona, si la primera es más funcional para los propios intereses y necesidades. Actualmente, todos compramos un poco de «harina radiactiva» cada día. Esta racionalidad desprovista de todo sentimiento y valor sigue tres sencillos pasos: tener claras las propias preferencias e intereses, maximizar la propia satisfacción haciendo el mejor uso de los recursos, y analizar y prever la situación para tomar la decisión más conveniente. Cuando este tipo de racionalidad se mezcla con el ego frustrado del *Homo sapiens*, el resultado está a la vista. Empezando por el medioambiente y la naturaleza.

Vidas enteras dedicadas a trabajar inhumanamente para producir cosas que otros, trabajando inhumanamente, comprarán. ¿Todo esto ha aportado alguna vez una felicidad real y duradera y ha dado un sentido y un propósito profundos a la existencia de estas personas? El sistema económico actual convierte la búsqueda de la felicidad en una prostitución productiva basada en los números. En la era de los beneficios, el objetivo principal es aumentar los números, y se hace a expensas de todo lo demás, incluida la vida humana, la de los demás seres y la naturaleza.

En 1972, el cuarto rey de Bután, Jigme Singye Wangchuck, aún era adolescente. En una entrevista sobre las cifras del producto interior bruto (PIB) del país, respondió que lo único importante era la felicidad interior bruta (FIB). A partir de entonces, Bután saltó al foco internacional sobre todo por su índice de felicidad interna bruta. Mucho antes de la aparición de la FIB, Bután había recibido la influencia de la cultura budista, que pone en el centro la toma de consciencia y la realización de la felicidad del ser humano, así como la armonía con el medioambiente. Por lo tanto, el bienestar de la población, la armonía de la comunidad y la protección del medioambiente siempre habían tenido una importancia primordial en el país. No obstante, después de 1972, Bután dedicó un amplio espacio a la felicidad, hasta el punto de que, en 2008, su quinto rey, Jigme Khesar Namgyel Wangchuck, incluyó la FIB en la primera constitución democrática del país y la definió mediante cuatro criterios: protección del medioambiente, defensa de las culturas locales, buena administración y desarrollo sostenible. Una política de desarrollo basada en valores profundos. Todas las leyes y proyectos propuestos pasan por la Comisión de la FIB, que verifica su compatibilidad con la política de la felicidad y puede impedir que se realicen, aun a costa de considerables ingresos financieros. Por ejemplo, si un proyecto tiene un impacto muy negativo en el medioambiente, la comisión puede rechazarlo con el objetivo de proteger el bienestar real de la población, que es su prioridad. De este modo, el equilibrio socioeconómico no se ve alterado por la búsqueda del mero beneficio.

La FIB es un indicador difícil de calcular por el simple hecho de que trata de medir objetivamente emociones como los celos, el miedo, la seguridad y la alegría. Todos estos sentimientos difícilmente cuantificables deben determinar la FIB. Por ello, la administración realiza encuestas cada cinco años en las que una muestra representativa de la población butanesa debe responder a un cuestionario. «¿Tiene celos de su vecino?»; «¿Tiene problemas con la fauna salvaje?»; «¿Cuál es su relación con el dinero?». Los resultados permiten constatar mejoras o deterioros y recalibrar las acciones políticas. Paradójicamente, el objetivo de esta política no es hacer feliz a la gente, sino crear las condiciones personales, relacionales y ambientales que permitan ser felices a quienes deseen serlo.

Su idea de felicidad no es la misma que en Occidente: no es una sensación momentánea de satisfacción y complacencia por haber recibido u obtenido algo gratificante, sino algo mucho más profundo. Un estado en el que se experimenta una satisfacción total.

La idea ilusoria de felicidad a la que estamos acostumbrados en Occidente la concibe como un grado de satisfacción (*life satisfaction*), contento, placer y percepción subjetiva de bienestar sensorial. La felicidad es la satisfacción del placer sensorial mediante el hacer o el tener. Lo cierto es que el *marketing* de la felicidad vende sucedáneos del bienestar, la euforia y la satisfacción sensorial transitoria. La felicidad se ha convertido en la ilusión y la promesa de un destino favorable en términos de riqueza material. De ser un estado natural de plena consciencia, integridad, plenitud, alegría y conocimiento del milagro de la vida, la felicidad se ha convertido en una meta que debe alcanzarse en función de la capacidad de satisfacción sensorial y material. El sistema económico actual genera necesidades ficticias y superfluas a las que estamos dispuestos a dedicar nuestro valioso tiempo y la vida entera. Nos dejamos vender una idea ilusoria de la felicidad porque desconocemos su verdadera naturaleza y creemos que depende del hacer, el tener y el parecer, y no de la consciencia de ser. Uno de los mitos más difíciles de erradicar es la idea de que la felicidad está vinculada al dinero. Daniel Kahneman, ganador del Premio Nobel de Economía en 2002, introdujo la idea de análisis del bienestar nacional y demostró que la riqueza material tiene muy poco efecto en la percepción real de la felicidad. Tener más dinero no aumenta la *moment to moment happiness*, los momentos individuales de felicidad. Que el dinero sea la fuente de la felicidad es falso por la sencilla razón de que crea una satisfacción momentánea, da una sensación de seguridad, satisfacción y euforia, pero no la verdadera felicidad.

Un metanálisis con más de cinco mil participantes realizado en 2020 por la Higher School of Economics (HSE) y la Universidad de Toronto muestra que el sistema de recompensa del cerebro se activa con el sexo, la buena comida y el «estímulo dinero», y que los tres se procesan en la misma zona del cerebro: los ganglios basales. De hecho, solo hace falta imaginar la posibilidad de ganar mucho dinero para sentir inmediatamente seguridad, satisfacción, consuelo y gratificación. Pero nada de eso puede definirse en modo alguno como felicidad; por el contrario, el dinero está vinculado a los estímulos de competición. Glenn Firebaugh y Laura M. Tach, sociólogos de la Universidad Estatal de Pensilvania y la Universidad de Harvard, respectivamente, organizaron un experimento social en el que pedían a los participantes que eligieran entre dos posibles opciones de trabajo. Primera opción: un salario anual de 80.000 dólares para un puesto en el que, por las mismas tareas, los colegas recibirían 90.000 dólares. Segunda opción: un salario anual de 60.000 dólares para un puesto en el que, por las mismas funciones, los colegas recibirían 50.000 dólares.

¿Qué creéis que eligió la mayoría de los participantes? La segunda opción. Preferimos el sentimiento de superioridad a la ventaja económica. Una competición que, para ser adecuados, nos empuja a tener que sentirnos superiores. Esta avaricia insaciable nos lleva a sentir insatisfacción y frustración si alguien gana, tiene, hace o parece más y mejor que nosotros. Esta carrera competitiva tiene su origen en un profundo sentimiento de insatisfacción que no se puede curar mediante la acumulación ni el crecimiento infinitos. No habrá un hacer, tener o parecer que pueda darnos una realización real y completa. El conocimiento antiguo, que ha investigado profundamente el alma humana, nos dice que la respuesta está en la consciencia de ser: el origen de la felicidad auténtica y duradera.

Etapas de la comprensión de la felicidad

Dime qué es para ti la felicidad y te diré quién eres. Cada ser humano logra entender y experimentar la felicidad según su nivel de consciencia. Si intentáramos elaborar una teoría sobre los distintos niveles de comprensión, podrían subdividirse del siguiente modo:

La primera etapa puede llamarse «instintiva», porque el ser humano está dominado por las pasiones, los sentidos y las emociones. El propósito vital consiste en la satisfacción de los placeres sensoriales. La mente tiende a hacer suyas las ideas y pensamientos de otras personas: el sentido de lo correcto y lo incorrecto se establece en función de lo que se considera comúnmente correcto o incorrecto, sin ningún discernimiento personal. El individuo simplemente se ajusta a lo que se le presenta como correcto o incorrecto sin cuestionarlo.

En esta etapa, el fracaso y el éxito se asocian con el placer y el dolor. La idea y la experiencia de la felicidad tienen una dimensión puramente sensorial y consisten en la satisfacción y el disfrute de las pasiones y los instintos.

En la segunda fase se explora la idea de felicidad mediante la lógica de la conveniencia. El ser humano se convierte en un «comerciante de la felicidad», porque busca el beneficio personal en todo. Aquí, la felicidad se confunde con la satisfacción de la ganancia, el interés y el crecimiento personal. Lo correcto y lo incorrecto se determinan mediante las siguientes preguntas: «¿Qué me conviene? ¿Qué gano?».

En esta fase se vive con la convicción de que conseguir la felicidad depende de lo capaz que sea uno de satisfacer sus intereses personales.

En la tercera fase, en cambio, el ser humano explora la experiencia de la felicidad dando y ayudando a los demás. Cuando esta etapa está poco desarrollada, se manifiesta el «altruismo egoísta», es decir, «hacer el bien a los demás es útil para ganarse la admiración, la aprobación, el amor y el éxito». Sigue siendo una fase de «comerciante», porque se encuentra más beneficio y conveniencia en dar que en acumular.

Con todo, aun en este primer aspecto poco desarrollado, los intereses del individuo comienzan a incluir los de los demás. La felicidad consiste en recibir admiración y ser amados, aceptados y estimados.

Cuando esta etapa alcanza la madurez, se siente la necesidad de ampliar la idea y la percepción de uno mismo para incluir en ella a los demás: la propia felicidad abarca la felicidad de los demás y la satisfacción de las propias necesidades incluye la satisfacción de las necesidades de los demás, que se hace imprescindible. Nace espontáneamente el deseo de ser auténticamente útil. Es aquí donde el ser humano se plantea seriamente la posibilidad de sacrificar sus recursos, tiempo y talento al servicio del bien de los demás. También cambia radicalmente la idea de lo que es correcto e incorrecto, que se establece sobre la base de un sentimiento de amor, compasión y servicio desinteresado por el bien de los demás, y no sobre la base de la conveniencia personal y la consecución de la satisfacción sensorial. En su etapa más elevada, el ser humano concibe la posibilidad de poner realmente su vida al servicio de los demás. La felicidad se experimenta en la entrega y el servicio a la felicidad de los demás.

En la cuarta y última etapa, la felicidad ya no se atribuye a la esfera del hacer, el tener, el parecer y el dar, sino que se experimenta a través de la consciencia de ser. Para un ser humano que está pasando por las etapas anteriores, este nivel de consciencia suele ser incomprensible.

En esta dimensión se experimenta el deseo de ser la expresión de una consciencia impersonal y universal: una pura consciencia existencial. La felicidad se vive como un estado de consciencia natural: una característica intrínseca y natural de la pura consciencia de ser. En este nivel de consciencia se manifiesta la percepción de ser una sola cosa con cada forma de vida y el objetivo último de la existencia se convierte en llevar a cabo y compartir este estado de consciencia. Ya no hace falta hacer nada ni tener nada para ser plena y auténticamente feliz, porque la naturaleza de la felicidad reside en la experiencia de la pura consciencia de ser, sin más necesidad de nombres, formas, atributos, acciones, posesiones ni méritos para poder definirse.

¿Eres feliz? ¿Cuántas veces nos han hecho o hemos hecho esta pregunta? «Sí, el trabajo/mi relación/la familia me va muy bien...», «Sí, acabo de regresar de un viaje maravilloso» o «No, no es un buen momento, no estoy bien de salud». ¿De qué tipo de felicidad estamos hablando?

Todos los grandes maestros de todas las tradiciones, desde los filósofos atenienses en Occidente hasta Confucio y Lao-Tse en Oriente, pasando por la más antigua sabiduría milenaria de la India, se han preguntado por la naturaleza de la felicidad. A lo largo de los siglos se han distinguido claramente dos filosofías, perspectivas y paradigmas que han dado lugar en el último siglo a otras tantas vertientes de investigación empírica.

La primera es la del hedonismo, que se basa en la idea de que la felicidad la da la maximización del placer y la satisfacción personal. La segunda gran corriente corresponde a la llamada felicidad eudemónica, que entiende la felicidad como la realización del auténtico potencial como ser humano. Estas dos vertientes han planteado preguntas diferentes sobre la relación del ser humano con la felicidad, han investigado ámbitos a menudo complementarios y han prescrito ingredientes y recetas distintas.

El camino hacia la felicidad hedónica

Considerar el bienestar como placer y felicidad hedónica tiene una larga historia. El primer filósofo griego que escribió sobre ello fue Aristipo, en el siglo IV a. C., que enseñaba que el objetivo de la vida es experimentar el máximo placer y que la felicidad no es más que la suma de momentos de placer. Muchos otros siguieron el hedonismo filosófico, como Epicuro, que declaró que el placer era el único bien intrínseco; Thomas Hobbes, para el que la felicidad residía en la satisfacción de los apetitos humanos, y el Marqués de Sade, que estaba convencido de que la búsqueda de la sensación de placer era el objetivo último de la vida.

Así, hacia finales de la década de 1890, la felicidad hedónica despertó la atención de las ciencias psicológicas, que consideraron la satisfacción personal y el bienestar subjetivo como el principal índice para evaluar y medir la felicidad humana, con lo que influyeron enormemente en la percepción colectiva y el comportamiento humano. Los ingredientes de esta fórmula son principalmente tres: la presencia de emociones positivas, la ausencia de emociones negativas y la máxima satisfacción en la vida. Esta corriente ha tenido una profunda influencia en el mundo occidental durante el último siglo y ha desplazado la aguja de la balanza desde una idea de felicidad perteneciente al ser, impregnada de los valores cardinales del ser humano, a la mera persecución de un placer tras otro, al hacer sin tregua y al no tener nunca suficiente, lo que ha dado lugar a lo que puede parecer una de las mayores paradojas de la era moderna: la búsqueda de la felicidad hedónica como estado de insatisfacción crónico.

Corría el año 1974 cuando un demógrafo y profesor universitario de Economía estadounidense, Richard Easterlin, se dio cuenta de que algo iba mal y empezó a recopilar una inmensa cantidad de datos sobre la relación entre la riqueza per cápita y el bienestar subjetivo. A medida que avanzaba en su análisis comenzó a notar que las naciones con un PIB per cápita por debajo del umbral de la pobreza eran también las que tenían el nivel más bajo de bienestar subjetivo. Hasta aquí, tenía sentido. Pero luego llegaron estudios tan llamativos que dieron lugar a lo que hoy se conoce como la «paradoja de Easterlin» o la «paradoja de la felicidad», que han analizado muchos estudiosos de todo el mundo, entre ellos el profesor Andrew Clark, que en 2008 publicó en el *Journal of Economic Literature* un resultado sorprendente: a medida que los ingresos superan un determinado umbral, la correlación con el aumento de la felicidad se debilita hasta desaparecer por completo, y en algunos casos incluso se invierte.

La paradoja de la felicidad

La investigación de Proto y Rustichini de 2013 revela aún más: en las naciones con un PIB per cápita superior a los 30.000 dólares, cuanto mayor es la riqueza, menor es la felicidad entendida como felicidad hedónica.

Naturalmente, un resultado tan clamoroso y aparentemente contraintuitivo ha generado a lo largo de los años un intenso debate que aún sigue entre los estudiosos de todas las disciplinas. Poco a poco, las consideraciones sobre esta paradoja se han extendido no solo al factor «dinero», sino a todos aquellos factores externos en los que con demasiada frecuencia delegamos la responsabilidad de nuestro «bienestar». Hasta la idea de riqueza se ha ampliado para abarcar nuevas categorías, como los bienes relacionales (incluidos los del ámbito familiar, afectivo y la participación en la vida social y política de la comunidad) y el patrimonio medioambiental, bienes que el dinero no puede comprar y a menudo se sacrifican para conseguir los ingresos necesarios para comprar «bienes de consumo».

El efecto cinta de correr

Pero ¿la disminución de la felicidad con el aumento exponencial del dinero es realmente un resultado tan contraintuitivo? Volvamos por un momento a la teoría de Darwin que mencionamos en el primer capítulo y al siguiente postulado: «No es la especie más fuerte o la más inteligente la que sobrevive, sino la que mejor se adapta al cambio». En la paradoja de Easterlin encontramos el fenómeno de la adaptación hedónica, también conocido como efecto Treadmill (efecto de la cinta de correr). Este concepto, ampliamente probado por las ciencias psicológicas, se refiere a la tendencia general de las personas a volver al mismo nivel de felicidad después de un acontecimiento vital importante, ya sea positivo o negativo. Tanto si se trata de un premio de la lotería, un matrimonio o un nuevo puesto de trabajo como de un divorcio, la pérdida de un empleo o un problema de salud, tras un pico inicial de felicidad o tristeza, respectivamente, en cualquier caso nos acostumbramos y su incidencia a medio y largo plazo pasa a ser mínima. En perfecta sincronía con nuestro instinto de adaptación, que nos permite sobrevivir como especie, las circunstancias inciden muy poco en nuestra calidad de vida y felicidad, un 10 % para ser exactos, y sin embargo el sistema en el que vivimos se basa precisamente en esa continua búsqueda de paliativos externos para experimentar un placer temporal en una carrera sin pausa en la gran cinta de la vida, para luego darnos cuenta de que seguimos exactamente en el mismo sitio. ¿Hacia dónde corremos? ¿De qué estamos huyendo? ¿Qué estamos buscando realmente?

LA BURBUJA DEL PLACER 3.0

Una frase que se hizo muy famosa en las redes sociales decía algo así: «Los niños aprenden muy pronto una lección fundamental, y la aprenden jugando a los videojuegos: la lección es que nada los matará más rápido que quedarse quietos». Si alguna vez has jugado o has visto a tu hijo o a tu nieto jugar a algún videojuego, te habrás dado cuenta de que, cuando te paras, pasa algo, y los contrincantes empiezan inmediatamente a buscarte, a adelantarte, a ponerte en desventaja o incluso a matarte. Siempre ocurre algo malo cuando te detienes. Los niños aprenden mediante esta dinámica que hay que moverse para sobrevivir, estar en un frenesí constante, listos para el siguiente movimiento sea cual sea, hacer cualquier cosa con tal de no quedarse quietos y perder. Por más que esto sea estimulante, porque nos enseña a estar en un flujo, a fluir a través de todos los acontecimientos, también es muy limitante. No me refiero a enseñarles a los niños o a los adultos a quedarse parados, lo que puede asociarse a un sentimiento de inmovilidad, de castración, de incapacidad para expresarse, sino precisamente a la quietud.

La quietud es algo que las personas que meditan conocen muy bien como estado; es ese instante en el que el mundo entero se detiene, porque tú estás quieto. Ese instante en el que te paras y dejas que el mundo fluya ante ti, lo dejas fluir sin necesidad de adherirte a su dinámica, sin definirlo, sin juzgarlo, simplemente observándolo desde un punto de vista de desapego, desde una perspectiva trascendental. Esto da una enorme ventaja: significa estar quieto, firme, mientras el huracán se arremolina a tu alrededor; significa entrar en el centro del huracán en un estado de quietud absoluta y observar sin formar parte de todo lo que normalmente te absorbe, te arrastra, te hace sufrir, te exalta, te descentra y con lo que te identificas. Puedes mirarlo, observarlo, escucharlo, entenderlo desde una perspectiva completamente nueva, y a través de ella verte, escucharte y entenderte. En esta quietud te das cuenta de la cantidad de veces que terminas fagocitado por el hacer, por la convicción de que para poder realizarte y ser feliz tienes que acumular bienes, apariencias, hacer-hacer-hacer..., de que solo así estarás bien. Esto es un código falso, un mito que tenemos que deshacer para recuperar nuestro estado natural de auténtico «bien-estar», algo que podemos hacer simplemente a través de la experiencia directa del estado interior de quietud. Ese estado interior en el que te sientas, cierras los ojos, respiras profundamente y te limitas a escuchar. Escuchas todo lo que ocurre dentro y fuera de ti, sin seguir los estímulos, sin reaccionar a ellos, desde un estado de quietud absoluta, desde el centro exacto del huracán. Bastarían cinco minutos de práctica diaria para desarrollar este estado interior de quietud en el silencio, la atención a la respiración y la presencia. Día tras día, es fácil notar cómo esta habilidad se manifiesta, florece y te permite dirigir conscientemente el diseño de tu vida. Hay momentos en los que no es necesario detenerse, pero sí la quietud, y la quietud significa simplemente situarse en el punto exacto que representa el centro del huracán, donde hay una quietud absoluta para observarnos a nosotros mismos y a la vida, y por fin vernos realmente.

EL CAMINO HACIA LA FELICIDAD EUDEMÓNICA

Los griegos llamaban a la felicidad *eudaimonía*: literalmente, la condición de un «buen espíritu» (*eu*, «bueno», *daimon*, «espíritu»), es decir, de quien está poseído por un buen demonio, por una buena suerte que le permite prosperar. El efecto es un tono del alma feliz, positiva y permanentemente agradable. Como diríamos nosotros, nacer con buena estrella.

Para los griegos, un estado de ánimo era feliz en sí mismo y no estaba relacionado con un acontecimiento concreto que lo suscitara. El buen «demonio» velaba permanentemente al hombre y a la polis, y esto daba la felicidad. El creador del concepto de eudemonía fue Aristóteles, quien, en referencia al *daimon*, entendido precisamente como «verdadera naturaleza», consideraba que la felicidad era una idea vulgar y subrayaba que no todos los deseos merecían ser perseguidos, ya que, si bien algunos de ellos pueden dar placer, no producirían bienestar. En la *Ética nicomáquea*, Aristóteles afirma que el más alto de todos los bienes que se pueden obtener con las acciones humanas es la eudemonía. El modelo aristotélico se centra en el individuo virtuoso y en aquellos rasgos, disposiciones y motivos interiores que cualifican a este como expresión de valores. Además, en este modelo, las virtudes del alma son de dos tipos: virtud del pensamiento y virtud del carácter. La primera surge y crece principalmente de la enseñanza; por eso necesita experiencia y tiempo. La segunda, en cambio, se deriva de los hábitos y las decisiones vitales. En el modelo aristotélico, el «crecimiento» o el «cambio» se convierten en una dimensión fundamental y se entiende que el individuo está constantemente empujado hacia delante por un principio dinámico, hacia lo que es mejor o más perfecto. Así, el individuo se considera un ser que aspira a objetivos y valores positivos en su vida y se esfuerza por realizarlos y alcanzarlos.

En este modelo de felicidad, el placer es lo que uno siente cuando entrena sus talentos, capacidades y virtudes, y aumenta en la medida en que se realiza la capacidad o cuanto mayor es la complejidad.

La investigación en la vertiente de la felicidad eudemónica se afianzó gracias a los estudios de Ryff y Singer (1998, 2000), que exploraron la cuestión dando una nueva definición de bienestar como «esfuerzo por la perfección, cuya realización representa el verdadero potencial» (Ryff 1995, p. 100) e introdujeron un abordaje multidimensional que toca seis aspectos distintos de la realización humana: autonomía, crecimiento personal, autoaceptación, propósito vital, dominio y relaciones positivas con los demás. Este nuevo abordaje ha permitido desplazar el foco de atención de un bienestar definido principalmente en términos de búsqueda de placer a una felicidad entendida en un sentido más amplio de la experiencia humana, tanto como desarrollo y realización del potencial individual como de integración con el mundo que nos rodea.

¿PLACER O FELICIDAD?
EXPERIMENTO DEL MALVAVISCO

Hemos construido un sistema que nos convence para que gastemos dinero en cosas que no necesitamos, para crear impresiones que no durarán, en personas que no nos importan.

ÉMILE H. GAUVREAY

El experimento del malvavisco es uno de los más famosos y significativos en el campo de las ciencias psicológicas y el bienestar. Iniciado en la década de 1960 por un joven profesor de Psicología de Stanford llamado Walter Mischel, se trata de un experimento muy sencillo en el que participó un grupo de niños de entre tres y cinco años.

Cada niño se quedó solo en una habitación con un cierto número de malvaviscos. Antes de salir de la habitación unos diez minutos, el investigador le dijo a cada niño que podía comer todo lo que quisiera, pero que, si resistía la tentación de comerse inmediatamente lo que tenía delante, recibiría más.

Los resultados fueron muy claros: un tercio de los niños se comió las golosinas al instante; el segundo tercio no esperó el tiempo necesario y se las comió a los seis minutos, y solo el tercio restante de los niños esperó el tiempo necesario para conseguir más. Puede que estos resultados no sorprendan mucho, porque es bastante intuitivo que esos minutos frente a las chucherías son interminables para los niños y difíciles de resistir.

Pero lo que ha hecho que este experimento se convierta en uno de los más famosos del mundo es otra cosa. Con el tiempo, aquellos niños se hicieron adolescentes; luego, adultos jóvenes y, después, adultos, y durante cuarenta años se les observó desde el punto de vista del carácter, la carrera y la satisfacción y felicidad en sus vidas. ¿Adivináis quiénes obtuvieron excelentes resultados en el colegio, notas altísimas en los exámenes universitarios, una carrera estupenda, un estilo de pensamiento optimista y resolutivo, y un nivel de felicidad muy superior a la media? Exacto. Los que fueron capaces de posponer el placer con vistas a un objetivo más importante.

Y eso no es todo. Este experimento se ha replicado muchas veces, lo que ha permitido obtener más resultados: aquellos niños, una vez convertidos en adultos, también demostraron tener más autoestima, un mejor manejo de las emociones y menor inclinación a abusar de las drogas. Por otro lado, a los cuarenta años del experimento, los niños que no esperaron mostraron una tendencia al sobrepeso u obesidad en la edad adulta y, en general, presentaron peores condiciones de salud.

En este experimento, no es difícil ver el mecanismo que se desencadena en muchos de nosotros cuando decidimos que queremos ponernos en forma y cedemos ante el primer postre; cuando queremos realizar un proyecto importante y, en cambio, nos dedicamos a dar vueltas compulsivamente por las redes sociales, o cuando decidimos empezar a meditar, pero un mal día es suficiente para interrumpir el nuevo hábito.

Si ampliamos aún más el alcance de estos descubrimientos aplicándolos a la realidad actual, en la que rige la ley del «todo y ahora», quizá sea el momento de preguntarnos hacia dónde vamos, cómo estamos yendo y qué sentido queremos darle realmente a nuestra vida. ¿Queremos perseguir el placer hecho de una serie de gratificaciones inmediatas, externas y temporales o redescubrir una felicidad más profunda, arraigada en los valores de la paciencia, la determinación, la escucha de uno mismo y la auténtica consciencia? No es una mera cuestión de autocontrol, sino de tomar una decisión consciente que nos recuerde el inmenso potencial que albergamos cada uno de nosotros.

LOS COSTES OCULTOS DEL PLACER Y LA INVESTIGACIÓN GENÉTICA

En una investigación de 2013, Barbara Fredrickson y sus colegas, junto con la Universidad de California en Los Ángeles, examinaron la influencia biológica del bienestar hedónico y eudemónico a través del genoma humano. Interesados en el patrón de expresión genética de las células inmunitarias, encontraron resultados sorprendentes. Aunque ya se había comprobado que ambos tipos de bienestar se asocian a una mejor salud física y mental, en esta nueva investigación se comprobó que el bienestar eudemónico se asocia, a nivel genómico, a una reducción significativa del perfil de expresión del gen CtrA, relacionado con el estrés, lo que conlleva una mejor respuesta inmunitaria y una menor inflamación a nivel celular. Por su parte, el bienestar hedónico dio resultados opuestos, y se asoció a una menor respuesta inmunitaria y una mayor propensión a la inflamación. Es más, aunque los resultados de los dos grupos fueron opuestos a nivel biológico, ambos grupos declararon sentir una mayor sensación de bienestar al final de los protocolos y, en el caso del grupo de bienestar hedónico, sin la menor percepción de lo que les estaba ocurriendo en el cuerpo. Una posibilidad es que las personas orientadas hacia una vida de «solo placer» consuman el equivalente emocional de esos alimentos con calorías vacías que no proporcionan ningún nutriente real; es decir, las actividades diarias orientadas al hedonismo se pueden comparar con alimentos como los refrescos carbonatados y el azúcar refinado, que proporcionan felicidad a corto plazo, pero conllevan consecuencias físicas negativas a largo plazo de las que no somos inmediatamente conscientes.

Así pues, los pequeños placeres nos dan una impresión de felicidad, pero no nos ayudan a ampliar nuestra consciencia ni a poner en práctica nuestros talentos, habilidades y capacidades, lo que constituye una «desventaja evolutiva» que parece percibirse directamente a nivel celular. El cuerpo no miente, y responde mejor a un tipo diferente de bienestar, basado en las ideas de conexión y propósito, lo que revela los costes ocultos del bienestar puramente hedónico y abre nuevas puertas a los estudios que relacionan directamente la búsqueda de un propósito en la vida con la calidad y la duración de esta.

A primera vista, parece claro que la vía eudemónica, la que persigue una felicidad más plena y duradera, es mejor y evolutivamente más conveniente que la mera búsqueda del placer de la vía hedónica. Sin embargo, existe una tercera vía para alcanzar la felicidad.

¿Es posible vivir en un estado de felicidad independientemente de lo que ocurra fuera, como un gran amor, una gran decepción o un gran dolor? ¿Se puede ser feliz sin que ello dependa de lo que elijamos lograr, hacer, tener u obtener en la vida? Ocurre en un instante, el preciso instante en el que nos damos cuenta de que, en este mismo momento, en este presente, estamos vivos, despiertos en la plena consciencia de que existimos. La felicidad se manifiesta como un estado natural del ser cuando se es plenamente consciente de existir. Una intensa felicidad existencial incondicional. Así, todo camino anterior se desvanece, el pasado y el futuro se funden, y desaparecen en el único momento que realmente existe, en las infinitas posibilidades de este presente que se abre como un brote en primavera: el milagro de la vida. Deberíamos recordar celebrar este milagro con cada respiración, con la misma intensidad del último instante.

¿Y si cada pensamiento, palabra, acción, éxito, celebración, dolor, amor, pérdida u elección fuera simplemente una expresión de la felicidad infinita que existe a pesar de todo, inherente a cada momento? No algo que haya que buscar, algo que obtener y por lo que luchar, sino algo que pertenece a la naturaleza misma del ser humano y se manifiesta por un sentido consciente de identidad: la celebración de la eternidad que llevamos dentro, la felicidad existencial inherente a nosotros. Esta es la verdadera revolución. Estamos condenados a la felicidad, solo tenemos que rendirnos.

LA CIENCIA DE LA FELICIDAD

Immaculata De Vivo

> Quien es feliz hará felices a los demás.
>
> ANNA FRANK

LA FELICIDAD, LA BÚSQUEDA CONTINÚA

¿La felicidad puede ser objeto de estudios científicos? ¿Somos capaces de medirla, de ponerla en forma de números y tratarla como un dato matemático? En las últimas décadas, los esfuerzos de muchos científicos han ido en esta dirección, a veces con resultados importantes que han llevado a un progreso considerable en nuestro conocimiento de esta dimensión central de la vida.

Según la Organización Mundial de la Salud, la felicidad es uno de los componentes fundamentales de la salud humana y abarca una gran variedad de disciplinas, desde la medicina hasta la economía, pasando por la psicología, la neurociencia y la biología evolutiva, todas ellas dedicadas a identificar los elementos que contribuyen a determinar la felicidad o infelicidad de un individuo. Se han estudiado las consecuencias psicológicas de muy diversas circunstancias vitales, como los premios de la lotería, las inclinaciones políticas, la fortuna económica, la pérdida del empleo, las desigualdades socioeconómicas, los divorcios, las enfermedades y el duelo. Se han sacado a la luz muchos aspectos y aún quedan otros por aclarar, pero la ciencia en su conjunto ha llegado a establecer ciertas constantes que permiten identificar las características fundamentales de la felicidad y sus efectos en el bienestar para poder conocerla mejor e intentar acercarnos al máximo a ella.

135

Uno de los estudios más interesantes sobre el tema, publicado en el prestigioso *British Medical Journal* en 2008, lo realizaron Nicholas A. Christakis, de la Facultad de Medicina de Harvard, y James Fowler, de la Universidad de California en San Diego, que analizaron la dinámica por la que se propaga la felicidad en una gran red de individuos. Su hipótesis de partida es que la felicidad no debe considerarse únicamente en su dimensión individual, sino como un fenómeno colectivo, capaz de influir en las personas que mantienen vínculos entre sí.

Basándose en estudios anteriores, los dos científicos comprobaron que los estados emocionales en general, no solo la felicidad, pueden transferirse directamente de un individuo a otro mediante mecanismos como la imitación o el «contagio emocional». Las personas tienden a reproducir los movimientos corporales y las expresiones faciales con contenido emocional relevante que ven en los demás, y se apropian de ellos junto con el sentimiento que los generó. Los estados emocionales «adquiridos» al observar a los demás pueden persistir solo unos segundos, pero también varias semanas. Los estudiantes a los que se les asignó una habitación al azar y la compartieron con un compañero que sufría depresión leve mostraron signos crecientes de depresión al cabo de tres meses.

Se observaron otras dinámicas de «contagio emocional», incluso en situaciones de contacto efímero, en experimentos en los que se pidió a los camareros de un restaurante que sirvieran las mesas de los clientes con una actitud abierta y sonriente, y en consecuencia recibieron más comentarios de satisfacción y más propinas.

Christakis y Fowler quisieron estudiar el contagio de la felicidad dentro de una red social compleja para comprobar si la transferencia de emociones entre sujetos vinculados por relaciones estables dura más en el tiempo y viaja más lejos, al pasar de vínculos directos a indirectos. Para entender estas dinámicas, los estudiosos observaron durante veinte años a una cohorte de sujetos que participaban en el Framingham Heart Study, un famoso e importantísimo estudio epidemiológico iniciado en 1948 en la pequeña localidad de Framingham (Massachusetts) para analizar los mecanismos de las enfermedades cardiovasculares en una población.

En el estudio sobre la felicidad participaron 4.739 personas (a las que se siguió desde 1983 hasta 2003), cuyos niveles de felicidad se midieron periódicamente mediante un cuestionario. Los datos se procesaron con un programa informático y se visualizaron en un gráfico en el que cada nodo representa a un individuo; cada línea, un vínculo, y los diferentes colores, los distintos grados de felicidad. Los investigadores llegaron a la conclusión de que la felicidad tiende a irradiarse desde un individuo feliz hasta tres grados de separación (por ejemplo, el amigo de un amigo de un amigo), lo que crea clústeres en los que las personas que están en contacto con individuos más felices tienen más probabilidades de ser felices en el futuro.

La longitudinalidad del estudio, que duró veinte años, permitió comprender que estas variaciones no dependen del hecho de que las personas tiendan a asociarse con personalidades similares, sino de una verdadera «propagación de la felicidad» de un individuo a otro a través de la red de relaciones en la que se halla inmerso. La intensidad de este «contagio» depende del papel que cada individuo desempeñe en la vida de otro y del contacto directo o indirecto que haya entre ellos. El efecto tiende a disminuir con el paso del tiempo o a medida que aumenta la distancia geográfica.

La conclusión de este importante estudio es que la felicidad del individuo, aunque esté condicionada por un gran número de variables personales, depende en gran medida de la felicidad de los demás individuos con los que se relaciona y es, por tanto, un fenómeno colectivo.

FELICIDAD Y SALUD

En sus interacciones con la salud y la enfermedad, la felicidad es un factor que se sigue estudiando, pero ya hay estudios que relacionan esta condición emocional con una mayor esperanza de vida.

Por ejemplo, un estudio de 2015 realizado por las universidades de Colorado y Carolina del Norte cruzó datos sobre niveles de felicidad y mortalidad, y descubrió que, en comparación con las personas identificadas como «muy felices», las que eran «bastante felices» tenían un 6 % más de riesgo de muerte, y las «no felices», un 14 %, independientemente de otras variables como el estado civil, el nivel socioeconómico o la confesión religiosa.

Al investigar las causas de la felicidad, los científicos han identificado algunos factores especialmente relevantes: los rasgos de carácter y el comportamiento individual, el estado afectivo, el nivel educativo, la fe religiosa, la salud física y la actividad sexual.

Ahora, el foco de la atención se ha desplazado a las consecuencias de la felicidad, especialmente en la salud física y mental. En estudios realizados con muestras no muy amplias, pero interesantes, se vio que la felicidad de las personas, medida mediante el análisis del lenguaje utilizado para describir determinados acontecimientos vitales, correspondía a una mayor esperanza de vida respecto de los sujetos que utilizaban tonos sombríos y tenían una perspectiva negativa. Los mecanismos fisiológicos que intervienen en esta relación son numerosos y aún quedan por aclarar diversos aspectos. La felicidad parece ser un factor inversamente proporcional al estrés percibido y puede ayudar a proteger contra las enfermedades mediante la mejora de la respuesta inmunitaria. Las personas felices suelen tener mejor salud porque demuestran una mayor capacidad de adaptación, de resolución de problemas y unas estrategias de afrontamiento más eficaces. Se muestran más creativas, muy imaginativas y capaces de integrar mejor la información y las experiencias. Muestran resiliencia y mayor capacidad para afrontar la adversidad. Estas investigaciones están a la espera de ser confirmadas con muestras más amplias que nos permitan generalizar los resultados, pero ya ofrecen un perfil creíble del potencial protector que ofrece la felicidad para la salud.

En los últimos años, el mundo científico ha tratado de circunscribir una idea tan amplia y polifacética como es la felicidad para intentar hacerla medible y observable según los métodos de investigación actuales. De momento, no existe una definición científicamente consensuada y los esfuerzos de algunos investigadores se centran en identificar las distintas «dimensiones de la felicidad» para poder analizarlas como subcategorías de la idea más amplia a la que pertenecen.

Laura Kubzansky es codirectora del Centro Lee Kum Sheung para la Salud y la Felicidad de la Escuela de Salud Pública T. H. Chan de Harvard, un instituto de la Universidad de Harvard dedicado precisamente al estudio de la felicidad como medio para promover la salud. También es mi amiga y mi vecina, y a menudo hemos trabajado juntas y hemos hablado de sus fascinantes estudios. Su centro de investigación ha decidido focalizarse en las disposiciones psicológicas que contribuyen a determinar la felicidad (o la infelicidad) que son más fácilmente observables, como el optimismo, del que ya hemos hablado, y el propósito vital.

Sobre este último tema, Kubzansky publicó en 2019 un informe del estado de la investigación, que se centraba en la relación existente entre un fuerte propósito vital y el riesgo de sufrir enfermedades cardiovasculares. Se ha observado que contar con una motivación sólida está relacionado con un menor riesgo de desarrollar este tipo de enfermedades, un efecto beneficioso que se despliega mediante tres mecanismos diferentes: el refuerzo de otros recursos psicológicos y sociales que protegen contra los efectos cardiotóxicos del exceso de estrés (no percibir determinados factores de estrés como tales o responder a ellos de forma emocionalmente moderada); seguir conductas saludables (efecto indirecto), y la activación de procesos biológicos (efecto directo, como la disminución de los niveles de inflamación crónica).

Ya en 2013, un estudio de la Universidad de Míchigan analizó una muestra de 6.739 adultos mayores de cincuenta años y descubrió que los sujetos con mayores niveles de motivación y propósito vital también presentaban tasas de riesgo de ictus significativamente menores. El efecto sobre la salud física del propósito vital como componente de la felicidad ha arrojado muchos resultados interesantes en las investigaciones en las que se ha analizado. En 2019, la misma universidad estudió otra muestra de 6.985 individuos y encontró tasas de mortalidad significativamente menores en las personas animadas por una fuerte motivación.

En 2017, Kubzansky publicó un estudio en el que investigó la relación entre tener un propósito vital y el estado de las funciones físicas en personas mayores. En concreto, se quería comprobar la correlación con dos funciones utilizadas en medicina como marcadores del envejecimiento y la fragilidad: la capacidad de agarrar objetos con las manos y la velocidad de la marcha. En el estudio participaron 4.486 personas de ambos sexos mayores de cincuenta años, cuyo propósito vital se midió y cuantificó mediante una escala de valores. Tras cuatro años de observación, se vio que un aumento de un punto en esta escala «de propósito» correspondía a una reducción del 13 % del riesgo de desarrollar una escasa capacidad de agarre y una reducción del 14 % del riesgo de ralentización de la marcha. Tener un propósito vital, sentirse motivado y perseguir un objetivo es un factor modificable sobre el que podemos actuar para favorecer una acción positiva en nuestra salud.

EL CUIDADO DEL BIENESTAR

Andrew Steptoe, del University College de Londres, ha señalado que las recientes líneas de investigación apuntan al estudio de la disminución de la felicidad no solo como consecuencia de la aparición de una enfermedad, sino también como posible causa del trastorno, o, más bien, como factor de riesgo. Muchos estudios han relacionado la felicidad con la reducción de la mortalidad y un mayor número de años sin enfermar. Estar satisfecho con la propia vida anima a cuidarse, aun con sencillas acciones cotidianas como hacer ejercicio, comer fruta, usar protector solar y no fumar. Incluso se observó una correlación entre felicidad y niveles de grasa alrededor del corazón, con patrones de aumento y disminución del cortisol entre las personas poco felices muy diferentes a los que declaraban un estado de mayor bienestar.

Algunos científicos se están replanteando el papel de la ciencia y de la medicina, para que dejen de considerarse meros medios contra la enfermedad y pasen a ser un apoyo a las prácticas de bienestar también cuando se goza de una salud excelente.

Según Kubzansky, lo irónico de la palabra inglesa *healthcare* (es decir, «asistencia sanitaria»; literalmente, «cuidado de la salud») es que en realidad tiene poco que ver con la salud (*health*) y mucho con la enfermedad, porque se centra más en curar la enfermedad que en crear condiciones estables de bienestar que la prevengan. Pero la salud es mucho más que la ausencia de enfermedad: al igual que esta pone en marcha una serie de reacciones fisiológicas, la felicidad, con sus componentes de optimismo, motivación y propósito vital, también puede influir en los procesos del organismo. Por este motivo, la Universidad de Harvard creó el Centro Lee para la Salud y la Felicidad, de acuerdo con la idea de Martin Seligman de que la psicología también debe contribuir a aumentar la consciencia de las personas sobre su propio bienestar. La ciencia puede ayudarnos no solo cuando estamos enfermos, sino también y sobre todo cuando estamos sanos y aspiramos a mejorar el bienestar del cuerpo y la mente.

INSTRUMENTOS

LA CALIDAD
DE LAS RELACIONES

Daniel Lumera

> Los lazos más profundos no están hechos ni de cuerdas
> ni de nudos, y, sin embargo, nadie los desata.
>
> LAO-TSE

La calidad de las relaciones es uno de los seis pilares de una vida feliz, sana y longeva. Las relaciones son verdaderos alimentos y, como tales, pueden ser tóxicas o ricas en nutrientes emocionales, vitales y mentales.

La vida misma es una relación constante, no solo con nuestros semejantes, sino también con los animales, las plantas, los objetos, las ideas y los conceptos abstractos. Cada ser humano tiene una relación muy personal con la enfermedad, el nacimiento, la muerte, la familia, la comida, los sueños, los olores, los libros, la ropa, los ambientes, la música, el silencio, el vacío, la gentileza, el perdón, el amor...

LA IMPORTANCIA DEL COMPONENTE RELACIONAL
EN UN FUTURO CERCANO

En un futuro cercano, la capacidad de desarrollar relaciones sanas, felices y satisfactorias entre los seres humanos será una habilidad personal y social fundamental para la calidad de vida y la propia supervivencia en el planeta. Según las estimaciones de la ONU (actualizadas a 2019), la población humana mundial alcanzó los 7.000 millones de habitantes en 2011, solo doce años después de haber llegado a los 6.000 millones, y se calcula que ya en octubre de 2019 alcanzó unos 7.700 millones. Las previsiones dicen que llegaremos a unos

---

8.900 millones de *Homo sapiens* en 2035, unos 9.800 millones en 2050 y 11.200 millones en 2100. Según los datos facilitados por la CIA, en 2007 la tendencia de crecimiento era de 211.090 personas al día: esto significa potencialmente 80 millones más cada año que competirán por los alimentos, el agua y los recursos. La mayor parte del crecimiento se produce en zonas subdesarrolladas, donde la calidad de vida está muy por debajo de la norma: casi 2.000 millones de personas viven con menos de un dólar al día y muchas de ellas no tienen acceso a agua potable ni a una cantidad de alimentos suficiente. Cuanto mayor es el número de seres humanos en el planeta, más importante es el componente relacional: las habilidades relacionales son la base de la convivencia pacífica y de una mejor calidad de vida.

1830: 1.000 millones de *Homo sapiens*
1930: 2.000 millones (el doble en 100 años)
1975: 4.000 millones (el doble en 45 años)
1999: 6.000 millones
2011: 7.000 millones (casi el doble desde 1975)
2050: 10.000 millones
Tendencia de crecimiento: más de 200.000 individuos nuevos al día

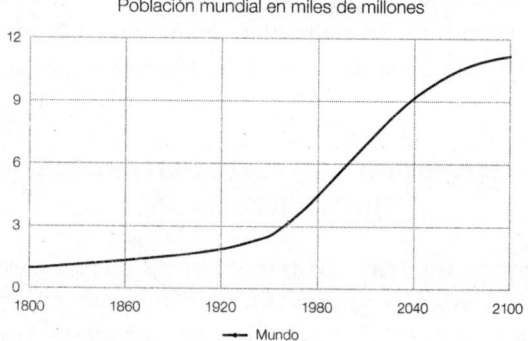

Población mundial en miles de millones

— Mundo

Datos de crecimiento de la población en tiempo real: <http://poblacion.population.city/>.

Las relaciones pueden convertirse en un medio para experimentar amor.

La expresión más común del amor relacional es, sin duda, la pasional. Es una experiencia que busca el amor mediante la intensidad emocional, la fuerte atracción física, los impulsos y los instintos sensoriales. Cuanto más mío/mía seas, más te quiero. La posesión, la pertenencia, la territorialidad y la pasión física son las credenciales con las que se demuestra y vive el amor. En una etapa algo más evolucionada, el aspecto instintivo deja paso al sentimental, lo que proporciona más espacio a las características interiores y las virtudes de la pareja. El intercambio relacional desplaza el foco de la atención de lo meramente físico a la esfera de los sentimientos y las afinidades personales, se funda en una dimensión mental de placer por estar juntos y en la ayuda y el apoyo mutuos para alcanzar los objetivos de la vida. Estas relaciones son ciertamente más serenas que las primeras.

En la experiencia del amor en las relaciones hay también una dimensión diferente de las anteriores y mucho más valiosa, en la que el foco está puesto por completo en la dimensión interior, cuando la consciencia y las características espirituales son las que pasan a ocupar el primer plano. La pareja experimenta el amor compartiendo objetivos muy elevados y el encuentro tiene lugar para explorar y celebrar el plano espiritual de la existencia. En este contexto, la espiritualidad no se refiere a la religión, sino al sentido y propósito de la existencia en su sentido más universal. Entre todos estos tipos de relaciones, existen claramente expresiones intermedias, así como la posibilidad de que todas ellas estén presentes en una pareja al mismo tiempo, en distintos grados según las épocas.

Los seres humanos, al tratar de experimentar y encontrar el amor en las relaciones, hacen diferentes intentos.

EXPERIMENTAR EL AMOR

Se conoce el amor mediante:

Petición

Como un niño que pide y espera que se satisfagan sus necesidades, porque no puede hacer otra cosa.

Dar y recibir

Se convierte en una negociación entre comerciantes: una experiencia de equilibrio entre dar y recibir. Te soy fiel si me eres fiel. Te quiero mucho si me quieres mucho. Estaré si tú estás.

Entrega

El amor también se conoce dándolo. La entrega incondicional. Una madre o un padre hacia su hijo.

Ser

El amor deja de experimentarse mediante una acción, pedir, dar y recibir o entregar, para entrar en la esfera de la experiencia del ser. Muchas personas emprenden acciones y se esfuerzan porque creen que es la única manera de amar o ser amado. Pero aquí la perspectiva es otra: ser amor. Convertirse en lo que se quiere conocer.

EL GUION SECRETO: TODA RELACIÓN ES UN ESPEJO DE UNO MISMO

Muchas relaciones son aparentemente felices, pero carecen de profundidad y significado. Nos conocemos y compartimos la vida y muchas situaciones sin alcanzar una verdadera intimidad. La intimidad de una relación no consiste en «contarse los problemas». El ser humano tiene un miedo inconsciente a exponerse, a mostrarles a los demás sus conflictos y debilidades, a ser herido o abandonado. Por eso, la verdadera intimidad consiste tanto en compartir, aceptar e integrar las sombras propias y ajenas como en revelar la parte más auténtica y profunda de uno mismo, sin miedo. Transformar una relación en un encuentro consciente significa reconocer en ella una oportunidad fundamental para conocerse a uno mismo. A diferencia de la superficialidad de una relación común, en una relación consciente se desciende a lo más profundo de uno mismo; el otro se convierte en un medio para identificar y resolver las propias carencias, los aspectos rechazados y negados, y para reconocer las potencialidades no expresadas. La relación se convierte en una elección consciente. Toda relación parte de una polaridad: de la percepción de otro distinto de uno mismo por el que se siente atracción, repulsión o neutralidad. De una forma más o menos explícita y visible, en cada caso habrá una relación de interdependencia e interconexión, por el mero hecho de existir. En la atracción o la repulsión, la relación se pone de manifiesto mediante un proceso de integración: a través del otro, uno tiene la posibilidad, la oportunidad, de conocerse y sentirse a sí mismo. El proceso relacional es, por tanto, un proceso de integración mediante el cual se conocen aspectos propios que deben ser reconocidos, comprendidos, integrados y resueltos (aunque no siempre se logre la integración).

Podemos identificar cuatro grandes fases:

1. Polaridad.
2. Atracción/repulsión.
3. Relación.
4. Integración.

Las relaciones nos permiten conocer aspectos de nosotros que proyectamos hacia el exterior y que los demás reflejan: en la amistad encontramos en los demás cualidades y valores comunes con los que nos identificamos; en la hostilidad emergen aspectos propios que rechazamos o detestamos, y en la admiración encontramos el germen de posibles cualidades que nunca hemos expresado o desarrollado. En el otro proyectamos deseos, expectativas ocultas y necesidades que cuando no se satisfacen nos plantean dos opciones: buscar en otra parte, en otra relación, o afrontar el problema e intentar resolverlo.

Ante la falta de responsabilidad, consciencia e instrumentos internos adecuados, las relaciones suelen acabar en una dinámica de decepción, rabia, rechazo y dolor. Hay una pregunta fundamental que todo ser humano debería hacerse antes de profundizar en una relación. Una pregunta aparentemente sencilla pero capaz de estimular una gran toma de consciencia: «¿Qué representa esta relación para mí?».

¿Representa seguridad, fuerza, protección, sumisión, necesidad de autoafirmación, reconocimiento...?

¿Qué necesidades profundas satisface?

¿Representa un anestésico para el miedo, la soledad, la inseguridad?

¿Cuál es su propósito profundo?

¿Representa la integración de un padre que nunca he tenido, de una madre atenta, de un hijo al que proteger?

La esencia de la relación está contenida en la respuesta sincera a esta sencilla pregunta: ¿qué representa para mí?

Si se tiene la suficiente paciencia para profundizar, repitiéndose la pregunta hasta dejar atrás las respuestas superficiales y parciales, surgirá una claridad inequívoca sobre el significado más profundo de esa relación. Más allá de las mil facetas, de las metas y objetivos diarios y a medio y largo plazo, hay un sentido y un propósito mucho más íntimos que representan el verdadero sentido de ese encuentro. Ese es el verdadero «pegamento». Si se perdiera o se agotara, aunque solo fuera para uno de los dos, la relación fracasaría. Hay que ser capaces de desnudarse no solo físicamente y mirarse en el espejo sin ocultar las verdaderas expectativas y necesidades.

El propósito profundo podría no ser el mismo para las dos personas: por eso es bueno intentar descubrir y aclarar el propio y, en la medida de lo posible, intuir o comprender también el de la pareja. Casi todo el mundo tiene un «guion secreto» cuando comienza una relación; muy pocas personas son totalmente transparentes, cristalinas, sin nada encubierto.

Se trata de expectativas ocultas, a menudo negadas incluso a uno mismo, que no se declaran. Podría ser el deseo de tener un hijo, de crear una familia de un cierto modo o, por el contrario, no querer una familia ni hijos. El guion secreto trata de nuestra película interior, de lo que realmente esperamos de esa relación. Llegará un momento en el que tendremos que declararlo. Y aceptarlo. Hay relaciones que duran años sin llegar a ese punto. Lo dejan para más tarde. Sin escuchar nunca lo que está escrito en ese guion; a menudo pisoteando los propios deseos en nombre de las necesidades de los demás o de la supervivencia de ese vínculo. Hacerse la pregunta «¿qué representa esta relación para mí?» es una forma de empezar a entrar en contacto con el guion secreto. El guion secreto está relacionado con lo que uno quiere realmente de esa relación: hay personas con inclinación a coger, a obtener, y otras a dar, a ser reconocidas, porque tienen una extrema necesidad de contar con un apoyo que las haga sentir seguras. No se trata de reducir la dinámica de las relaciones a términos simplistas, sino de partir de un estado de claridad y consciencia interior desde el que poder orientar las elecciones, las decisiones, los comportamientos y las inversiones sentimentales.

¿Tendremos el valor de admitir todos los mecanismos de compensación que hemos proyectado en la otra persona y amarnos de todos modos? ¿Cuánto nos importa realmente la otra persona o hasta qué punto estamos centrados en nosotros? Muchas personas son incapaces de poner fin a una relación que ya hace tiempo que terminó por miedo a salirse del personaje que están interpretando.

Algunas relaciones simplemente terminan cuando han cumplido su objetivo. Hay parejas que se forman solamente para traer un hijo al mundo y, una vez hecho esto, el sentido del viaje juntos se agota: es hora de separarse, no tendría sentido continuar. Sin embargo, si no se tiene consciencia y valor, la separación traerá consigo mucho dolor. En cambio, otras relaciones durarán toda la vida porque ese es su objetivo. ¿Cómo podemos saber si una relación ha cumplido su objetivo y es hora de cambiar? ¿Cómo podemos saber si lo apropiado es permanecer juntos y perseverar a pesar de las dificultades?

Volvemos al punto de partida: para saber si una relación ha llegado a su fin, primero hay que tener claro el sentido y el propósito por los que empezó. ¿Los teníamos claros desde el principio, los descubrimos por el camino o los estamos descubriendo ahora, ante una crisis? Ser capaz de entender lo que representan esa persona y esa relación nos permite comprender si esa necesidad ha sido satisfecha, integrada, o si hay frustración y bloqueo, y así decidir si continuar o no. Por lo tanto, el primer paso es tomar consciencia de lo que representa esa relación. Y después, solo después, evaluar las propias decisiones.

Hay motivos superficiales y también arquetipos superiores que actúan y guían nuestras decisiones. La persona que tenemos delante, con la que hemos elegido entablar una relación, responde a necesidades precisas y profundas de seguridad, estabilidad, belleza, pasión, libertad, fuerza, protección, ternura, reconocimiento o aceptación, pero también a la figura paterna o materna en los aspectos que no hemos conocido, a un hijo que nunca hemos tenido... Las posibilidades son infinitas y responden a necesidades muy personales. Y cierto es que la persona que tenemos delante y el significado de esa relación también se celebran en este nivel arquetípico. Es con nosotros mismos, en última instancia, con lo que nos relacionamos, o, mejor dicho, con aquellos aspectos de nosotros que el otro representa y que necesitamos experimentar para que puedan ser integrados, conocidos y posiblemente aceptados y amados. Aclarar lo que estamos integrando y lo que el otro representa aporta claridad y sinceridad, en primer lugar, en nuestro interior, para así poder mejorar la calidad de las relaciones y dirigirlas hacia una mayor armonía y equilibrio.

AMOR Y ENAMORAMIENTO, ¿CUÁL ES LA VERDAD?

Este es uno de los temas más estudiados, misteriosos y menos comprendidos, al menos hasta hace poco, cuando se empezó a investigar en profundidad cómo funciona realmente el fenómeno del enamoramiento. Hace más de veinte años, la antropóloga biológica Helen Fisher estudió 166 sociedades de todo el mundo y encontró pruebas del llamado «enamoramiento romántico» —el que deja sin aliento y con mariposas en el estómago— en 147 de ellas, lo que sugiere que hay razones biológicas profundas detrás de este comportamiento. Pero ¿cómo funciona el enamoramiento? ¿Y en qué se diferencia del amor? En 2005, Helen Fisher y su equipo de investigación publicaron un estudio pionero que incluía la primera resonancia magnética funcional (RMf) del cerebro de personas enamoradas. Su equipo analizó 2.500 escáneres cerebrales de estudiantes universitarios que habían visto fotos de la persona de la que estaban enamorados y los comparó con los que se realizaron cuando los estudiantes vieron fotos de simples conocidos. Estos dos tipos de fotografías tuvieron efectos muy diferentes en los cerebros de los participantes. Al ver las fotografías de la persona de la que estaban enamorados se activaron zonas del cerebro ricas en dopamina, conocida como el neurotransmisor del placer. Dos de las regiones cerebrales que mostraron mayor actividad fueron, respectivamente, la relacionada con la búsqueda y la expectativa de recompensa (el núcleo caudado), y la relacionada con la integración de las experiencias sensoriales en la conducta social asociada al placer, la atención focalizada y la motivación para obtener recompensa (el área tegmental ventral). Este circuito se considera una red neuronal primitiva, es decir, desde un punto de vista evolutivo, pertenece a la estructura antigua, y parece que son precisamente las áreas más primitivas del cerebro las que más participan en el proceso del enamoramiento. Cuando nos enamoramos, las sustancias químicas asociadas al circuito de recompensa nos inundan el cerebro y producen un amplísimo abanico de respuestas físicas y emocionales: el corazón late desbocado, el cuerpo suda, la cara se sonroja y surgen emociones que, según el contexto, etiquetamos como ansiedad, excitación, miedo o exaltación y que tienen en común una importante activación emocional. Los niveles de cortisol, la hormona del estrés, aumentan desmesuradamente para preparar al organismo para hacer frente a la «crisis» o al «peligro». En pocas palabras, el cerebro no distingue entre la sensación de enamorarse y enfrentarse a una bestia feroz, y por seguridad activa una respuesta instintiva de «lucha o huida».

Pero esto no es todo, porque la liberación de dopamina durante el enamoramiento no solo activa los circuitos de recompensa, sino que también provoca la misma sensación de euforia que se asocia al consumo de cocaína o alcohol. Un estudio muy peculiar de la Universidad de California en San Francisco, publicado en 2012 en *Science*, informaba de que las moscas de la fruta que habían sido rechazadas «por su pareja» bebían cuatro veces más alcohol que las moscas de la fruta que habían conseguido aparearse, una reacción que consideramos común y socialmente aceptada en el imaginario colectivo del ser humano si pensamos en los cientos de películas en las que el «enamorado» rechazado termina llorando solo en la barra de un bar. El centro de recompensa es básicamente el mismo, solo cambia el camino para llegar a él. El enamoramiento es, sin duda, uno de los sentimientos más poderosos de la Tierra y, según Helen Fisher, tiene tres características distintivas: el deseo intenso por «el objeto del enamoramiento», la motivación que impulsa a hacer cualquier cosa para obtenerlo y la obsesión por él que lleva todos los pensamientos a converger en esa dirección. Donatella Marazziti, psiquiatra italiana de renombre internacional, añade una cuarta característica fundamental cuando, al comentar una de sus últimas investigaciones, afirma que se necesitan solo 6 milisegundos para enamorarse y 12 para saberlo, y concluye que el enamoramiento es un fenómeno involuntario y transitorio, mientras que el amor implica un acto de voluntad. La ciencia también parece confirmar que el enamoramiento es un estado alterado de consciencia, maravilloso quizá, pero transitorio. Casi todos hemos tenido la misma experiencia: ese momento en el que estamos convencidos, pondríamos la mano en el fuego, de que no podríamos vivir sin esa persona, de que es la única para nosotros: «supimos enseguida que era ella» y estamos seguros de que será «para siempre». Luego pasa algo, la ciencia diría que la reacción química del cerebro se normaliza, y esa fase de enamoramiento agudo, ¡puf!, se desvanece como una pompa de jabón, pasa; nos damos cuenta de que fue algo transitorio y que, después de todo, «nos dimos cuenta enseguida de que había algo en esa persona que no encajaba con nosotros».

Pero ¿cuál es la verdad? ¿Era la persona adecuada para nosotros o no lo era? ¿Y si ninguna de las dos fuera la respuesta correcta y ambas lo fueran al mismo tiempo? Cuando nos enamoramos, proyectamos en la otra persona nuestros deseos más profundos, el deseo de ser madre, de ser padre, de ser amado incondicionalmente. Vemos expresados en la otra persona los potenciales que no vemos en nosotros, los deseos negados, las necesidades ocultas; y así convertimos al otro en el príncipe azul o la princesa rosa, lo que nos impide verlo, aceptarlo y amarlo por lo que realmente es. Hasta que un buen día el hechizo se rompe y vemos que todas las expectativas que habíamos proyectado en la otra persona resultan parcial o totalmente defraudadas, incumplidas. En ese momento nos encontramos ante una alternativa: descargar en el otro todas nuestras proyecciones, ideas preconcebidas y expectativas defraudadas o asumir toda la responsabilidad de lo sucedido. La «respons-habilidad» de vivir plenamente y con consciencia el proceso que estamos atravesando, dejando espacio para un nuevo universo donde no existen guiones, definiciones ni roles preestablecidos. Y en ese instante, cuando dejamos ir todo lo que creíamos saber, florecen las infinitas posibilidades de la existencia. La maravilla de cada instante en el que redescubrirnos como algo nuevo en eterno devenir, reflorecer en el entusiasmo de un nuevo flujo vital que nos nutre profundamente y «re-conocernos» en ese estado de amor que ya no está ligado a un nombre, a un dar o recibir, a un hacer, sino que está compuesto de la misma sustancia que somos. Así, con gentileza, el enamoramiento nos da una nueva posibilidad y nos abre la puerta al verdadero amor, el amor consciente. Nosotros decidimos.

Elegir y decidir en las relaciones

Durante un retiro de meditación de diez días, una de las participantes me confesó que sentía una gran resistencia, hasta el punto de pensar si debía abandonar la experiencia. Le pregunté qué era lo que le impedía irse. Me dijo que se sentía culpable porque no quería decepcionarme a mí ni a los compañeros con los que había venido. Por un lado, pensaba que podría perder una gran oportunidad y que tal vez quedándose y venciendo su resistencia podría alcanzar importantes cambios y aperturas de consciencia; por otro lado, se sentía frustrada, porque no podía silenciar la mente y esto hacía que la meditación fuera un infierno. Al ver su indecisión, le propuse un juego: cogí una moneda y le dije que, si salía cara, se quedaría, y si salía cruz, tendría que irse. Aceptó. Lancé la moneda al aire y cuando me cayó en una mano, la tapé con la otra. La miré a los ojos y le expuse lentamente el resultado: «Ha salido cruz, tienes que irte». E impulsivamente me contestó: «¡Pero yo quiero quedarme!».

En realidad, en su interior la decisión ya estaba tomada, pero ella no era consciente. Muchas veces, no somos conscientes de haber elegido algo hasta que lo perdemos. Como darnos cuenta de que era la persona adecuada solo cuando la relación ya ha terminado. Tendríamos que encontrar la humildad de escuchar, la claridad para comprender y el valor para seguir lo que hemos escuchado.

Cada vez que tengamos que tomar una decisión deberíamos recordar el dicho zen: «Cuando te encuentres en una bifurcación... empréndela». Lo que marca la diferencia no es tanto lo que elegimos como el tener consciencia de qué parte de nosotros lo hace. ¿Quién la toma? ¿Una mujer que se siente sola? ¿Un hombre frustrado? ¿Un niño abandonado? ¿Una persona traicionada? ¿Un ser libre y feliz? ¿Qué parte de ti elige? Descubrirlo es una ventaja importante porque deja claros los deseos y necesidades reales, y también los mecanismos de compensación que nos llevaron a hacer esa elección.

LOS MECANISMOS DE LAS DECISIONES

Sería útil aclarar estos cuatro aspectos:

1. Por qué se toma esa decisión: tener claras las razones.
2. Qué se está decidiendo: tener claro de qué se trata y saber describirlo con pocas palabras.
3. Cómo se decide: cuáles son las modalidades a través de las cuales se toma la decisión.
4. Quién decide: qué parte de nosotros toma esa decisión. Desde qué perspectiva elegimos y qué necesidades estamos satisfaciendo, y cuáles son, si los hay, los mecanismos de compensación.

La mayoría de las personas eligen «inconscientemente» iniciar o continuar una relación, ya sea de pareja, de amistad, profesional o lúdica. «Inconscientemente» quiere decir sin ser consciente o sin tener totalmente claros los factores que influyen en esa decisión y las razones profundas que la motivan, incluidos todos los mecanismos compensatorios de miedos, carencias, inseguridades, etc.

El primer factor que influye en estas decisiones es el instintivo y sensorial. La decisión se basa en instintos y estímulos. Lo que manda es la satisfacción del placer sensorial.

El segundo factor es de naturaleza sentimental: la decisión recuerda, evoca y se asocia a un sentimiento. Afecto, seguridad, familiaridad. Lo que impulsa e influye en la decisión es el sentimiento que evoca esa relación. Pensad en la nota de un profesor que se ve influida por el aspecto sentimental: el alumno le recuerda a un hijo o a un ser querido, o simplemente le cae bien.

El tercer factor es de carácter intelectual: la llamada «decisión razonada», en la que se sopesan los porqués, los pros y los contras, las ventajas y los inconvenientes.

El cuarto factor es ideológico: la base de la decisión radica en la ética y los valores. En este caso se da prioridad al respeto y la coherencia con los propios valores. Pensemos, por ejemplo, en el valor de la castidad prematrimonial prescrita por diversas religiones, en el valor de la ética a la hora de elegir un trabajo o en el valor de la sinceridad cuando se elige una amistad.

El quinto factor es social: la decisión sobre la relación se toma en función de un propósito o reconocimiento social. Las decisiones no solo están influidas por valores sociales como la solidaridad o el servicio y el sentido de responsabilidad comunitaria, sino que también están dictadas por la necesidad de reconocimiento y afirmación de la propia posición social. Ejemplos de ello son los matrimonios concertados y la elección de la pareja, el trabajo o los amigos en función de su prestigio social.

El sexto factor es la consciencia. Las decisiones se convierten en expresiones de la propia consciencia interior. Se hacen cuando hay claridad sobre qué parte de uno mismo elige y qué representa realmente esa decisión. La cognición de quien elige será más importante que el qué, el cómo y el por qué se deciden las cosas. Cada decisión se convertirá en una oportunidad para aumentar el nivel de consciencia interior.

LOS SEIS FACTORES QUE INFLUYEN EN LA ELECCIÓN DE LAS RELACIONES

1. **Factor instintivo/sensorial.** Decisiones que se rigen por el instinto y el placer sensorial: se elige según el binomio placer-dolor.
2. **Factor sentimental.** Decisiones asociadas a los sentimientos: amor, afecto, protección, familiaridad...
3. **Factor intelectual.** Decisiones en las que influyen los pros y los contras: ¿qué me conviene?, ¿qué me aporta?
4. **Factor ideológico.** Decisiones influidas por la ética y los valores: ¿qué es funcional y coherente con mis valores?
5. **Factor social.** Decisiones influidas por razones sociales, como la necesidad de reconocimiento o el sentido de responsabilidad y solidaridad.
6. **Factor de la consciencia.** La consciencia de los procesos internos y los mecanismos de compensación se convierte en la brújula de la decisión: ¿qué parte de mí decide?, ¿qué representa esa decisión?, ¿qué necesidades profundas satisface?, ¿esta decisión me hace más consciente?

LAS CUATRO PREGUNTAS

A la luz de estas reflexiones, podemos concluir que la calidad de las relaciones parte, en primer lugar, de una condición de sinceridad, claridad y consciencia interior de los propios deseos, necesidades y objetivos. Ser honesto con uno mismo crea las bases para tener relaciones sanas. Para comprobar el grado de sinceridad interior, bastaría con responder a estas cuatro preguntas con sinceridad:

1. ¿Qué parte de ti decide y a qué deseos y necesidades responde esa decisión?
2. ¿Qué representa esa decisión?
3. Si fueras totalmente libre y feliz, ¿qué decidirías?
4. Si supieras que vas a morir en poco tiempo, ¿decidirías lo mismo?

Estas cuatro preguntas son un excelente elemento disuasorio para la falta de honestidad con uno mismo. Con la primera aclaramos los deseos y necesidades reales que nos impulsan a tomar esa decisión en concreto y dejamos claro a qué nivel de identidad pertenecen. Con la segunda arrojamos luz sobre el propósito de la relación más allá de las apariencias superficiales. Con la tercera tomamos consciencia de los compromisos y los mecanismos de compensación. Si siendo totalmente libres y felices renovamos la misma decisión, será prueba de autenticidad. Si superamos todas las lógicas de la conveniencia, la decisión deja de ser una búsqueda de libertad y felicidad para convertirse en una expresión de ellas: eliges y decides porque eres libre y feliz, y no porque quieras serlo. El reto es contestar a esta pregunta teniendo el valor de escuchar sinceramente lo que resuena en nuestro interior. Sin juzgar. La cuarta y última pregunta es aún más eficaz porque nos sitúa ante un acontecimiento ineludible: la muerte. Ante ella, todo lo superfluo e inútil desaparece. Es un retorno a lo esencial, donde solo queda lo auténtico y lo que realmente cuenta en nuestra vida. Ya no hay tiempo para falsedades. No hay lugar para las excusas y los miedos. Uno está dispuesto a tomar decisiones que antes no se habían tomado porque ya no hay tiempo para la vergüenza, para las mentiras, para lo que no se ha dicho, para los trucos. La vida debería vivirse con este nivel de sinceridad.

LA CIENCIA
DE LAS RELACIONES

Immaculata De Vivo

> He decidido estar del lado del amor. El odio es
> una carga demasiado pesada.
>
> Martin Luther King

Los babuinos de la sabana tienden a formar vínculos muy fuertes, equilibrados y estables, que pueden durar toda la vida. Las hembras, en concreto, tienen la capacidad de vincularse estrechamente con otros miembros de la manada, especialmente con otras hembras, según lazos de parentesco o por edad. Esto crea relaciones que producen un gran efecto en su vida, ya que influyen en su capacidad de reaccionar al estrés, tienen consecuencias en sus posibilidades de éxito reproductivo y condicionan su esperanza de vida. Las hembras que tienen una buena red de relaciones dentro de la manada tienden a vivir significativamente más tiempo que las que mantienen relaciones más débiles e inestables. Tener buenas relaciones sociales es un factor de adaptación que favorece la salud y la longevidad. Esto es así para los babuinos de la sabana y para los ratones, como también lo es para los seres humanos.

Los lazos que establecemos con otras personas influyen en nuestras emociones y equilibrio mental, pero van más allá de lo que imaginamos. Penetran la piel, condicionan los procesos biológicos que nos mantienen sanos o nos enferman y llegan a alargar o acortar nuestra propia existencia, tal es la fuerza que ejercen sobre numerosos aspectos fundamentales de nuestra vida.

La naturaleza e importancia de las relaciones sociales para el bienestar de un individuo son de crucial interés para la ciencia médica y la biología, porque no solo son capaces de proporcionarnos placer y satisfacción mental, sino que también pueden influir en nuestra salud general. Ejercen un efecto a largo plazo realmente sorprendente en el organismo, comparable al de otros hábitos saludables, como dormir bien, comer de forma saludable y no fumar. En la actualidad existe una amplia literatura científica sobre el tema, de la que se deduce que las personas que cuentan con un apoyo social adecuado, desde la familia y los amigos hasta la comunidad, son más felices, gozan de mejor salud y viven más tiempo.

En 2010, la revista científica *PLOS Medicine* publicó una relación de nada menos que 148 estudios diferentes, por un total de 308.849 sujetos observados. Los resultados de este amplio conjunto de investigaciones afirman que la falta de vínculos sociales fuertes puede aumentar el riesgo de muerte prematura hasta en un 50 %, independientemente de factores como la edad, el sexo o el estado de salud. Un porcentaje altísimo, comparable al riesgo de mortalidad de una persona que fuma quince cigarrillos al día e incluso más alto que el de una persona obesa o sedentaria. El aislamiento social tiene, por tanto, un efecto tóxico en nuestro organismo y es responsable de un mayor riesgo de enfermedades y trastornos de diversa índole.

El interés de los científicos se centra actualmente en analizar los factores biológicos y de comportamiento implicados, como la disminución de los niveles de estrés. La presencia prolongada de hormonas como el cortisol en la sangre puede causar daños en el sistema cardiovascular e interferir en las funciones gastrointestinales, en la regulación de la insulina y en los mecanismos de respuesta inmunitaria. Se trata de un complejo de reacciones fisiológicas influidas por factores psicológicos sobre los que todavía se está investigando. Entre los muchos investigadores que han trabajado en este tema, destaca sin duda Robert Waldinger, una de las mayores autoridades mundiales en el campo de la psiquiatría relacionada con el estudio de las relaciones humanas, profesor de la Universidad de Harvard, autor de libros y famosísimas conferencias TED, y buen amigo mío, con el que he podido realizar trabajos de investigación mediante la colaboración de nuestros departamentos.

En su larga carrera como investigador, Waldinger ha analizado diversos aspectos de la vida social, sobre todo la influencia que las relaciones humanas pueden tener en el bienestar de un individuo. Desde hace muchos años dirige el proyecto Harvard Study of Adult Development (HSAD; estudio de Harvard sobre el desarrollo adulto), un estudio que comenzó en 1938 y aún continúa, en el que se ha seguido la vida afectiva y social de 724 hombres; 60 de los cuales, que ahora tienen más de noventa años, han participado en el proyecto desde el principio. Los participantes se dividieron en dos grupos. El primero, reclutado en su segundo año de universidad en Harvard, terminó sus estudios durante la segunda guerra mundial, cuando muchos partieron al frente. El segundo grupo estaba formado por chicos de los barrios más pobres del Boston de los años treinta, elegidos precisamente por proceder de familias especialmente desfavorecidas. En estas ocho décadas de investigación se ha acumulado una enorme cantidad de datos, también sobre las esposas e hijos de los sujetos de estudio. Si hubiera que resumir el resultado de esta investigación en pocas palabras, según Waldinger, el mensaje clave sería este: «Las buenas relaciones sociales nos hacen más felices y nos mantienen sanos».

De esta investigación podemos extraer tres lecciones fundamentales. La primera es que las relaciones sociales son buenas para nuestro bienestar, mientras que la soledad puede llevar a la muerte. Contar con una amplia red de relaciones, en la familia, con los amigos y en la comunidad donde se vive, tiene un efecto positivo en varios indicadores de buena salud y prolonga la vida en comparación con la de quienes viven más aislados. La soledad no es solo la falta de relaciones, sino también la incapacidad de disfrutar de las que se tienen, como les ocurre a quienes se sienten solos aun estando entre la gente o en su matrimonio. La segunda lección es que cuando se trata de relaciones, la calidad es siempre más importante que la cantidad. En las amistades, por ejemplo, importa más tener «pocos amigos, pero buenos», como dice la sabiduría popular, y los datos científicos lo confirman. En las relaciones sentimentales, un matrimonio demasiado conflictivo en el que la pareja discute con demasiada frecuencia y carece de un vínculo fuerte que compense esta conflictividad ha demostrado ser tóxico para la salud mental y física, lo que a veces hace preferible el divorcio. La tercera lección es que las buenas relaciones sociales, y especialmente las de pareja, mejoran el rendimiento del cerebro incluso en la vejez, al tiempo que protegen varias funciones que tienden a debilitarse con la edad. La memoria, por ejemplo, se mantiene lúcida durante más tiempo, mientras que las personas que no cuentan con la presencia de una pareja muestran signos tempranos de deterioro mnemónico.

El HSAD ha proporcionado mucha información a los científicos sobre el valor de las relaciones y los elementos que pueden influir o no en nuestra capacidad para entablar relaciones buenas y duraderas. Se ha podido comprobar, por ejemplo, que el origen familiar de los participantes en el estudio no influye mucho en la calidad de sus relaciones en la edad adulta: proceder de una familia humilde o acomodada, haber tenido éxito o haber pasado por muchos altibajos no parece importar demasiado. El efecto protector de una buena sociabilidad se mantiene en el tiempo: si una persona está satisfecha con sus relaciones a los cincuenta años, tendrá mejor salud a los ochenta.

Analizando los datos de mujeres y hombres de ochenta años que dijeron ser más felices en sus relaciones, se vio que su estado de ánimo seguía siendo positivo incluso en los días en que sufrían achaques y dolores. Estos son los datos que arroja un conocido estudio de 2010 titulado *What's Love Got To Do With It?* (¿Qué tiene que ver el amor con esto?), en el que Waldinger examinó una muestra de 47 parejas de octogenarios: día tras día, observó la relación entre los niveles de bienestar percibido y la felicidad en relación con el tiempo que pasaban con la pareja o con otras personas. Tanto la satisfacción con la vida en pareja como el tiempo transcurrido con los demás influyeron en la sensación de bienestar y felicidad de los sujetos observados, que obtuvieron satisfacción de ambos tipos de relaciones. Sin embargo, con respecto al deterioro de la salud, solo la relación de pareja era capaz de atenuar el consiguiente descenso de los niveles de felicidad, mientras que el tiempo pasado con otras personas no tenía el mismo efecto. La relación conyugal demostró ser más poderosa a la hora de proteger la felicidad de las personas mayores de las fluctuaciones debidas a los cambios en el estado de salud percibido, pero confirma la importancia de los vínculos con los demás para mantener niveles adecuados de satisfacción.

En otro estudio de 2015, Waldinger investigó específicamente los efectos que tienen las relaciones estables en el bienestar cognitivo y emocional de las personas casadas, incluso en la vejez. Mediante el análisis de diversos indicadores de salud mental y física en 81 parejas heterosexuales de edad avanzada durante un intervalo de dos años y medio, se observó que la mayor sensación de seguridad asociada a la relación estable se traduce en una mayor satisfacción con la relación, una menor incidencia de síntomas depresivos, una mejora del estado de ánimo y una menor frecuencia de conflictos y discusiones; este dato se mantuvo estable en el tiempo hasta el final de la observación.

Como ya señaló Waldinger, esto no significa necesariamente que las relaciones de pareja sean mejores que otros tipos de relaciones humanas, ya que esto depende de su calidad. Mantener una red de relaciones sociales «sanas», no tóxicas y satisfactorias es también una decisión personal. Todas las relaciones tienen altibajos, pero lo importante es seguir considerando que una determinada relación es positiva, saber que se puede contar con esa persona en momentos de necesidad. Waldinger destaca, por ejemplo, el hecho de que muchas personas mayores, tras la jubilación, corren el riesgo de perder sus amistades porque ya no tienen una relación diaria con sus compañeros de trabajo. En esta etapa de la vida es importante frecuentar nuevos ambientes, como asociaciones o grupos de voluntariado, para hacer nuevas amistades. El HSAD demostró que los hombres más felices en la edad de la jubilación eran los que habían sustituido las relaciones perdidas con los compañeros de trabajo por nuevas amistades igualmente íntimas y sólidas. Para Waldinger, contar con una red social de relaciones sanas es una forma de cuidarse, como hacer ejercicio o comer bien. Es una verdadera receta para la salud.

En cuanto a la salud física, las relaciones sociales tienen un impacto importante, sobre todo en la función cardiovascular. Un estudio de nuestros laboratorios de la Escuela de Salud Pública de Harvard, dirigido por Ichiro Kawachi, realizó un seguimiento durante cuatro años de una población de 32.624 hombres de entre cuarenta y dos y setenta y siete años sin problemas coronarios, ictus ni cáncer. Los sujetos que estaban más aislados socialmente —solteros, con menos de seis amigos o parientes y que no eran miembros de parroquias u otros grupos comunitarios locales— tenían un mayor riesgo de mortalidad por enfermedades cardiovasculares, pero también por accidentes o suicidio, y una mayor probabilidad de sufrir ictus no mortales. Por el contrario, la existencia de una red social sólida se asoció a un menor riesgo de accidente cardiovascular (ictus) y a un mayor índice de supervivencia tras la aparición de enfermedades coronarias.

Esta correlación también se observó en un estudio, realizado en 2014 por la Universidad de Harvard en colaboración con varios institutos universitarios de California, sobre las tasas de supervivencia en mujeres con cáncer de mama. En la investigación participó una muestra de 2.835 mujeres del Estudio de la Salud de las Enfermeras a las que se les había diagnosticado un cáncer de mama de estadio 1 a 4. Se observaron sus redes de relaciones sociales y, al cruzar los datos (al margen de factores de confusión), se descubrió que las mujeres que estaban más aisladas socialmente antes del diagnóstico tenían un riesgo dos veces mayor de mortalidad por causas oncológicas que sus homólogas más integradas socialmente. En particular, el mayor riesgo afectaba a las mujeres que no tenían parientes cercanos, amigos o hijos, un hallazgo que también se halló en los análisis posteriores al diagnóstico. Los investigadores plantearon la hipótesis de que las principales razones eran el acceso tardío a la atención médica y la falta de una red de apoyo y cercanía por parte de amigos, familiares e hijos adultos.

El efecto que tiene sobre la salud la relación especial que se establece entre un enfermo y su cuidador ha sido estudiado en varias investigaciones científicas. El cuidado de una persona que se halla en condiciones difíciles, privada de su autonomía, puede tener consecuencias ambivalentes en la psicología del cuidador: por un lado, esta tarea puede aumentar la carga de estrés y provocar una mayor predisposición a la enfermedad, lo que mina el estado de salud general; por otro lado, pone en marcha un mecanismo de intercambio recíproco basado en el amor y la gratificación emocional que puede compensar en gran medida los factores de estrés y disminuir los índices de riesgo. Se trata de un tema que aún está en observación, pero ya tenemos importantes resultados sobre el efecto beneficioso que puede tener en la salud el cuidado de un ser querido. Solo en Estados Unidos, se calcula que alrededor del 21 % de la población adulta cuida sin remuneración a un mayor de dieciocho años. Esto no incluye a los profesionales ni el cuidado de los niños, lo que nos permite restringir nuestro objeto de investigación a esa relación concreta cuidador-cuidado que se establece entre dos adultos sobre la base de un vínculo emocional. La Universidad de Míchigan estudió a una población de 3.376 adultos casados mayores de setenta años que se dedicaban al cuidado del cónyuge. Los resultados mostraron que quienes prestaban cuidados durante un mínimo de catorce horas por semana tenían un menor riesgo de mortalidad. La explicación más probable es que la gratificación emocional y el vínculo afectivo reducen los niveles de estrés percibidos y neutralizan el efecto negativo de las dificultades y preocupaciones de los cuidadores.

Un estudio internacional llevado a cabo en Berlín y publicado en 2017 confirmó los resultados al analizar específicamente los beneficios de cuidar a otras personas en una muestra de 516 sujetos con una edad media de ochenta y cinco años. La investigación demostró que el estado de salud y la longevidad de estos sujetos, que participaban en el cuidado de otros miembros de su familia o de su red social, aumentaban. Entre las posibles razones, se planteó la hipótesis de que las personas que incluso en la vejez se dedican a ayudar a los demás desempeñan un papel útil en la evolución, porque aseguran la continuación de las funciones ancestrales vinculadas a ser padres o abuelos, protectores de la sociedad a la que pertenecen. Todo ello habría mejorado una red neuronal concreta y un sistema hormonal que apoyan el comportamiento prosocial incluso fuera del círculo familiar cercano. Ayudar a los demás se convierte así en un mecanismo para envejecer bien y asegurar la propia participación en la vida social mientras se gana «a cambio» una mayor esperanza de vida.

Aún más significativo es el efecto beneficioso de las actividades de voluntariado, que no conllevan una fuerte relación emocional entre los implicados y suelen estar dirigidas a individuos de todo tipo. Realizar actividades para ayudar a personas que a menudo ni siquiera se conocen sin recibir por ello ningún provecho económico es una acción de pura generosidad, sin más beneficio que la satisfacción de haber hecho un bien a otra persona. Desde hace años, dedico unas horas al voluntariado en mi comunidad para distribuir comida a los necesitados y he tenido el privilegio de vivir de primera mano el vínculo de profundo respeto mutuo que se establece con las personas implicadas, el sentimiento de gratitud que mantiene unidas a las partes de este intercambio. La ciencia ha tratado de investigar el efecto de esta importante experiencia emocional en la salud general, con resultados muy significativos. Un estudio californiano analizó una muestra de 5.630 personas que realizaban actividades de voluntariado y observó que los individuos más activos, como los que prestaban servicios a más de una organización, tenían un riesgo de mortalidad un 60 % más bajo que los que no realizaban ninguna actividad. El resultado fue confirmado por un estudio realizado en Hong Kong en 2018 en el que se vio que, en una población de 1.504 adultos, los que hacían voluntariado tenían un mejor estado de salud, con menor incidencia de depresión, mejor bienestar físico, mayores niveles de satisfacción con su vida y mayor integración social. Otro estudio señaló un efecto beneficioso sobre la presión arterial, que en una muestra de mayores de cincuenta años observada durante un periodo de cuatro años resultó más baja debido al probable efecto antiestrés que supone la realización de este tipo de actividades.

También se ha estudiado la correlación del voluntariado con determinadas condiciones psicológicas, como las de los veteranos de guerra diagnosticados con trastorno de estrés postraumático (TEPT). Un estudio observó a un grupo de 346 veteranos que habían regresado de la primera fase de la intervención militar estadounidense en Afganistán tras los atentados del 11 de septiembre de 2001. La muestra presentaba unas condiciones de salud física y psicológica muy desiguales, con niveles distintos de indicadores como dificultades emocionales, síntomas de TEPT y depresión, propósito vital, aislamiento social y percepción de la disponibilidad de apoyo de los demás. La realización de actividades de voluntariado se asoció a mejoras significativas en la salud mental y física, independientemente de las diferentes condiciones de partida. Así pues, el efecto beneficioso se manifestó también en personas sometidas a factores de presión y estrés elevados, con considerables dificultades emocionales y psicológicas. Dedicar atención y esfuerzos al bienestar de otras personas alivió el sufrimiento y los síntomas de trastorno mental de los veteranos licenciados, lo que supone una prueba más de la eficacia del altruismo para mejorar la salud de quienes hacen el bien a los demás.

Los mecanismos emocionales implicados en este fenómeno presuponen una sincera vocación altruista, como ha demostrado una investigación realizada en 2012: los efectos protectores son más pronunciados en quienes se ofrecen como voluntarios por puro espíritu de dedicación a los demás y no por gratificación personal.

Según Aristóteles, uno de los pilares de la vida es «servir a los demás y hacer el bien». Un principio que, según las investigaciones científicas, también podría ser fundamental para mantener una buena salud y vivir más tiempo.

LOS 10 BENEFICIOS DE HACER VOLUNTARIADO

1. Crea un sentido de comunidad

Hacer actividades de voluntariado refuerza los vínculos dentro de una comunidad, ya sea en un pueblo pequeño, una ciudad o un barrio de una gran ciudad. Se establecen importantes conexiones con los destinatarios de la ayuda y con otros voluntarios.

2. Es un antídoto contra la soledad

Según los estudios, cerca del 45 % de las personas en Estados Unidos y el Reino Unido dicen sentirse solas y una de cada diez afirma no tener amigos cercanos. El voluntariado permite salir de la soledad y conectar con los demás.

3. Crea vínculos y amistades

Una buena socialización ayuda a mejorar la salud física y mental, con sorprendentes efectos a largo plazo. Las funciones cerebrales se fortalecen, al igual que el sistema inmunitario, mientras que los niveles de estrés, ansiedad y depresión disminuyen.

Participar en una actividad benéfica es la mejor forma de crear nuevas amistades y relaciones duraderas basadas en valores comunes y una experiencia unificadora.

4. Favorece la estabilidad emocional

Se ha demostrado que las actividades de voluntariado son eficaces para aliviar los síntomas de diversos trastornos emocionales debido a su capacidad de reducir el estrés y proporcionar un fuerte propósito vital que alivia la inestabilidad emocional.

5. Favorece la longevidad

Hacer voluntariado puede alargar la vida como resultado de una combinación de diversos efectos positivos que mejoran la salud mental, la salud del corazón y los niveles generales de felicidad. Y es un beneficio que se puede disfrutar a todas las edades.

6. Reduce el riesgo de contraer la enfermedad de Alzheimer

Hacer el bien a los demás puede reducir significativamente el riesgo de desarrollar demencia, una de cuyas variantes es la enfermedad de Alzheimer. Se protege la plasticidad del cerebro, lo que ayuda a preservar las funciones cognitivas, especialmente la memoria.

7. Favorece un buen envejecimiento

Las personas mayores son las que más se benefician de los efectos positivos del voluntariado. La salud del corazón mejora gracias a la acción de alivio del estrés y el movimiento físico asociado a la actividad.

8. Mejora la vida escolar y universitaria

Participar en proyectos de voluntariado lleva a los jóvenes que asisten al instituto o a la universidad a mejorar sus habilidades sociales, aprender actividades prácticas, ampliar la mente con el trato con los demás, enfrentarse a nuevos retos y adquirir experiencia. Todo ello puede influir positivamente en el rendimiento de los estudios.

9. Mejora las perspectivas profesionales

Muchas empresas y organismos públicos valoran muy positivamente las experiencias de voluntariado de un candidato porque ponen de manifiesto sus habilidades e intereses y demuestran versatilidad y capacidad de adaptación.

10. Es divertido

Se hacen nuevas amistades, se disfruta del placer de ayudar a los demás, se pasa tiempo de calidad con personas que comparten nuestros valores y se crean experiencias agradables y recuerdos duraderos.

ALIMENTACIÓN: UN CAMINO A LA SALUD

Immaculata De Vivo

> No creo que un día valga la pena vivir si no piensas todo el tiempo en qué comer.
>
> NORA EPHRON

En la película de animación *Ratatouille* (2007), el protagonista, un ratón cocinero llamado Remy, prepara un plato para Anton Ego, el crítico gastronómico más temido de toda Francia. La tensión se dispara, pues el restaurante corre el riesgo de perder su buena reputación si el juicio de Ego es negativo. Sin embargo, en cuanto el crítico da el primer bocado, su mente se ve catapultada al pasado, a los días despreocupados de la infancia, cuando la felicidad sabía a los platos sencillos y deliciosos que cocinaba su madre y se transformaban en momentos inolvidables incluso en los días más tristes. Es una experiencia que todos hemos tenido en la vida, ese momento en el que volvemos a encontrar inesperadamente un sabor olvidado de nuestros recuerdos más felices y nos hace revivir por un instante las emociones de aquella época lejana.

Este es el poder de la comida, que es capaz de dar alegría y consuelo, de remontar el hilo de la memoria y hacernos sentir bien con nosotros y con los demás. Es la protagonista de los momentos felices, reúne a las familias, congrega a los desconocidos y tiende puentes entre diferentes culturas. En la medida correcta y con la calidad adecuada, la comida nos hace sentir bien de muchas maneras distintas, lo notamos en el cuerpo y en la mente, y tiene la capacidad de hacernos vivir una vida larga y saludable.

La ciencia demostró hace tiempo la importancia crucial de la alimentación para la salud y el bienestar, una idea que no debemos olvidar. Lo que comemos representa, literalmente, de lo que estamos hechos, la materia prima que compone nuestras células, nuestros tejidos, la energía vital que nos impregna y da forma a nuestros pensamientos y emociones. Si esta materia prima es de buena calidad, también lo es el entorno bioquímico resultante y, en última instancia, nuestro estado de bienestar interior.

Se trata de un tema amplio y complejo del que se ocupan casi a diario los periódicos, los programas de televisión y la radio, y que es objeto de libros y debates cada vez más numerosos y a veces contradictorios. La confrontación de distintas opiniones y puntos de vista es uno de los grandes motores de la investigación y el progreso, pero para el público no especializado a veces puede resultar desalentador el bombardeo de declaraciones contradictorias, que lo único que hacen es confundir las ideas. Con frecuencia leemos titulares que anuncian las desconcertantes conclusiones de un nuevo estudio que contradicen tópicos y «verdades» comúnmente aceptadas. Cuanto más perturbadora es una noticia, más énfasis recibe en los medios de comunicación, donde a veces la verdad de la ciencia llega a presentarse de un modo distinto y la cautela de los científicos se sustituye por tonos de certeza absoluta. El resultado es que muchos lectores, incluso los que están sinceramente interesados en el tema, acaban por creer cada vez menos en los estudios científicos, convencidos de que su fiabilidad es escasa y que, la mayoría de las veces, los estudiosos se dedican a realizar investigaciones sin fundamento. Desde luego, es difícil aclararse, pero hasta en el maremágnum de los nuevos estudios y los titulares que se gritan a los cuatro vientos podemos establecer algunas pautas, un conjunto mínimo de conocimientos lo bastante sólidos como para resultar convincentes. No queremos llamarlas certezas por la prudencia que nos caracteriza como científicos, pero al menos podemos considerarlas un rumbo seguro, que nos permite orientarnos hacia decisiones alimentarias más conscientes y con base científica.

El impacto de la dieta en nuestro estado de salud siempre ha atraído el interés de diversas disciplinas médicas, y en los últimos años hemos podido incluir a los telómeros entre los principales protagonistas de esta investigación. Su función como biomarcadores del envejecimiento los convierte en objetos de estudio especialmente interesantes para entender cómo los hábitos alimentarios influyen de forma positiva o negativa en la salud. Hasta la fecha, hemos recogido datos más que suficientes para formular conclusiones convincentes e identificar las reglas generales de una buena alimentación desde el punto de vista molecular y genético.

Partimos de la idea básica de que los mayores enemigos de los telómeros son el estrés oxidativo y los estados inflamatorios. Estas dos condiciones bioquímicas provocan un desgaste acelerado de los telómeros y, por tanto, un envejecimiento prematuro de las células y un mayor riesgo de desarrollar enfermedades crónicas. Por consiguiente, todo lo que pueda combatir el estrés oxidativo y la inflamación es bueno para la protección de los telómeros. Este es el caso de la meditación, el optimismo, la gentileza y el perdón, que podemos llamar el alimento del alma, así como la alimentación, es decir, los alimentos que introducimos materialmente en nuestro cuerpo para proporcionarle sustancias de recambio y energía.

Las categorías más importantes de nutrientes para proteger los telómeros son los antioxidantes y las moléculas con propiedades antiinflamatorias. Todos ellos se encuentran en abundancia en los alimentos de origen vegetal: fruta, verdura, cereales, legumbres, frutos secos y semillas. Cada vez que comemos alimentos vegetales le estamos suministrando al cuerpo una gran variedad de sustancias que actúan como escudo ante los daños que causan las reacciones bioquímicas adversas.

Podríamos imaginarnos estos nutrientes como un chorro de agua capaz de apagar muchos pequeños incendios que están consumiendo nuestros telómeros. De hecho, el estrés oxidativo y la inflamación son para el ADN algo muy parecido a incendios que devoran los extremos de un tronco de madera: lentamente, pero con constancia, reducen a cenizas ciertos tramos de los telómeros a un ritmo de acortamiento superior al normal.

La fibra, que solo se encuentra en los alimentos vegetales, también desempeña un importante papel de protección de los telómeros. Un estudio de 2018, extraído de la Encuesta Nacional de Examen de Salud y Nutrición (NHANES), analizó muestras de ADN de 5.674 adultos estadounidenses, además de medir su consumo diario de fibra. Por norma general, los estadounidenses introducen en el organismo cantidades bastante bajas de este valioso nutriente, o, en cualquier caso, inferiores a las recomendadas por el Departamento de Salud de Estados Unidos. El estudio señaló que, por cada gramo de fibra más por cada 1.000 kilocalorías, los telómeros eran 8,3 pares de bases más largos. Dado que un año de envejecimiento celular normal en la muestra de referencia corresponde a un acortamiento de 15,5 pares de bases, se calculó que un incremento de 10 gramos de fibra por 1.000 kilocalorías corresponde a 5,4 años menos de envejecimiento celular.

Aun considerando otros factores que afectan a los telómeros, como el hábito de fumar, el índice de masa corporal y los distintos niveles de actividad física, el efecto protector de la fibra corresponde a unos 4,3 años menos de envejecimiento celular. Por lo tanto, la fibra presenta una fuerte correlación con la prolongación de los telómeros. De esta forma se confirma, también desde el punto de vista genético, la regla principal de una alimentación sana, es decir, basar la dieta en la mayor medida posible en alimentos de origen vegetal.

La dieta mediterránea tradicional, con su abundancia de platos a base de verduras, frutas, legumbres y cereales, resume las principales bases de una alimentación sana. Debido a sus excepcionales características, ha sido objeto de numerosas investigaciones científicas y ha demostrado ser un formidable factor de protección de los telómeros. Reconocida por la UNESCO en 2010 como uno de los patrimonios inmateriales de la humanidad, esta dieta se caracteriza por un elevado consumo de alimentos vegetales, una ingesta moderada de aceite de oliva y vino tinto, y un aporte marginal de carne, productos lácteos y grasas saturadas. Esta combinación de elementos, fruto de una cultura alimentaria que se ha desarrollado durante milenios en algunos países mediterráneos, como Italia, Grecia y España, ha demostrado científicamente ser muy eficaz para combatir el estrés oxidativo y la inflamación y, por tanto, para atenuar el desgaste de los telómeros, lo que representa un instrumento eficaz para la longevidad. No por casualidad, dos de las cinco zonas azules del mundo, caracterizadas por una singular concentración de centenarios, se encuentran en la cuenca mediterránea: Cerdeña (Italia) e Icaria (Grecia).

DIETA MEDITERRÁNEA TRADICIONAL (DÉCADA DE 1960)

Abundancia de alimentos vegetales: verdura, fruta, pan, patatas, legumbres, frutos secos y semillas.

Fruta fresca como postre, y dulces con azúcar o miel tan solo unas pocas veces al mes.

Grasa total 25-43 % (aceite de oliva como fuente principal).

Queso y yogur: consumo diario en cantidades bajas o moderadas.

Pescado y aves de corral: cantidades bajas o moderadas.

Carne roja: cantidades bajas.

Vino: solo durante las comidas.

Las primeras intuiciones científicas sobre los beneficios de esta dieta se remontan a finales de la década de 1950, cuando el fisiólogo estadounidense Ancel Keys inició el Estudio de los Siete Países, una investigación (que aún sigue en curso) sobre la incidencia de las enfermedades cardiovasculares en diferentes países del mundo. Esta es la primera gran investigación epidemiológica que relacionó este tipo de enfermedades con los hábitos alimentarios, lo que abrió la puerta a infinidad de estudios que han aportado grandes conocimientos sobre la relación entre los alimentos y el estado de salud.

Por las observaciones de Keys, complementadas por hallazgos más recientes, se ha visto que los trastornos cardiovasculares afectan sobre todo a las poblaciones de América del Norte y Europa del Norte, mientras que tienen una incidencia mucho menor en los países de la Europa mediterránea y en Japón. Las investigaciones han permitido establecer una relación entre la aparición de estas enfermedades y el consumo elevado de grasas saturadas y niveles altos de colesterol en sangre. El modelo mediterráneo, basado en un alto consumo de verduras y una baja ingesta de productos animales, se ha asociado con una menor incidencia de enfermedades cardiovasculares y una menor tasa de mortalidad.

Así pues, seguir este patrón dietético aumenta la probabilidad de vivir más tiempo y con más salud. Una vez aclarada la existencia de dichas correlaciones, estudios más recientes han tratado de comprender los mecanismos fisiológicos que subyacen a este fenómeno analizando la forma en que el estrés oxidativo y la inflamación se ven aliviados por el consumo de alimentos típicos de la dieta mediterránea. Tras el estudio centrado en las enfermedades cardiovasculares, se ha pasado a observar todo el espectro de enfermedades crónicas típicas del envejecimiento, cuya aparición puede verse favorecida por un desgaste anormal de los telómeros. Nos referimos principalmente a la diabetes, el cáncer, la enfermedad de Alzheimer y la demencia. ¿Puede la dieta mediterránea reducir la probabilidad de desarrollar estas enfermedades, frenar el envejecimiento celular y favorecer la longevidad? La investigación sugiere que sí, y el número de estudios sobre el tema aumenta año tras año.

Uno de los más significativos procede, una vez más, del Estudio de la Salud de las Enfermeras, que analizó los telómeros de 4.676 mujeres estadounidenses sanas en relación con sus hábitos alimentarios. Los resultados indican que cuanto más se seguían los principios de la dieta mediterránea, mayor era la longitud de los telómeros, con todo lo que ello implica en términos de protección del ADN y reducción de los factores de riesgo. Y es importante destacar que no son los nutrientes individuales los que resultaron ser protectores, sino su combinación, lo que sugiere que la interacción entre los distintos factores es lo que determina el resultado.

Este es el caso, por ejemplo, de la pita vegetal, un plato griego tradicional, con muchas variantes, que fue analizado por sus propiedades nutricionales en un estudio del año 2000. La investigación partió de la observación de que las siete hierbas silvestres más utilizadas en la cocina griega, y en estas recetas en particular, tienen una mayor concentración de antioxidantes, sobre todo de la categoría de los flavonoides, que otras verduras, frutas y productos mediterráneos más comunes. Estas siete hierbas son el hinojo, el cebollino, el cardo común, la hierba de ciervo mediterránea, la amapola, la romaza común y la zanahoria silvestre (conocida en Norteamérica como «encaje de la reina Ana»). El uso tradicional de estas hierbas en la preparación de la pita de verduras implica su combinación en un solo plato, lo que ha demostrado tener propiedades nutritivas excepcionales. Una porción de 100 gramos de pita vegetal, por ejemplo, llega a contener doce veces más quercetina que un vaso de 100 mililitros de vino tinto, un resultado que es fruto de la acción combinada de los distintos ingredientes que componen el plato. También se hizo una observación similar con respecto a la fava de Santorini, un plato en el que la sola adición de alcaparras es capaz de multiplicar por seis el contenido de flavonoides.

Desde el punto de vista de la interacción de los nutrientes, los distintos componentes de un mismo alimento también suelen tener una acción sinérgica más eficaz si se dejan intactos. Esto es lo que ocurre, por ejemplo, con los cereales integrales, que tradicionalmente se habían utilizado en la dieta mediterránea pero que con el tiempo se han convertido en algo menos habitual que el consumo de sus equivalentes refinados, es decir, privados de las capas externas del grano. Este tipo de tratamiento reduce el potencial nutricional del cereal y empobrece sus efectos protectores para la salud, y especialmente del corazón, que se debe a la fibra, el folato y la vitamina E. Los estudios realizados en la década de 1990 demostraron que el riesgo de sufrir enfermedades cardíacas puede reducirse en un 20 % si se consume al menos una ración de cereales integrales al día. En concreto, el mejor efecto protector lo ofrecen las palomitas de maíz, el arroz integral, los cereales de desayuno integrales y el salvado.

LOS NUTRIENTES DE LA DIETA MEDITERRÁNEA

La dieta mediterránea tradicional es rica en ácidos grasos monoinsaturados, antioxidantes, carotenoides, vitamina C, tocoferoles (vitamina E), polifenoles (especialmente, flavonoides), antocianinas, otras vitaminas y minerales, y fibra dietética.

El contenido total de grasa es de alrededor del 40 % en Grecia y del 30 % en Italia. Los cereales son principalmente integrales o en forma de pan con levadura o de pasta cocida *al dente*, con lo que se reduce su índice glucémico y carga glucémica. Además de la abundancia de fitoquímicos, que tienen efectos antiinflamatorios, los alimentos vegetales, integrales y mínimamente procesados también aportan fibras prebióticas, que favorecen la salud intestinal.

Para medir el grado de seguimiento de esta dieta, Antonia Trichopoulou, reputada académica de la Universidad de Atenas, desarrolló el Med Score, una escala de valores que divide los alimentos en categorías «positivas» o «negativas» según sus beneficios para la salud y otorga a determinadas cantidades de cada alimento un punto si es positivo y cero puntos si es negativo. El resultado se sitúa en una escala de 0 a 9 y nos da una referencia útil para cuantificar la fidelidad de cada sujeto estudiado a los dictados de la dieta mediterránea.

Hemos calculado que la diferencia en la longitud de los telómeros para cada punto de nuestra escala corresponde a una media de 1,5 años de envejecimiento. Esto no significa que la persona vaya a vivir realmente un año y medio más, sino que su nivel de envejecimiento celular se ralentiza en una proporción correspondiente a un año y medio.

Es un resultado asombroso, ya que por primera vez hemos podido traducir en cifras el efecto beneficioso de esta dieta para la salud. Hemos pasado de un nivel empírico, en el que simplemente se detectaba la longevidad y el buen estado de salud de las poblaciones mediterráneas, a un nivel científico en el que esto se confirma con la información contenida en nuestro ADN. La dieta mediterránea «escribe» nuestra historia alimentaria en nuestros cromosomas, es decir, graba en las células de nuestro cuerpo una marca de bienestar y longevidad que nos viene de la tradición y que debemos proteger a toda costa. Se han realizado otras investigaciones en una población masculina con resultados muy similares a los del NHS: cuanto más se sigue la dieta mediterránea, mayor es el efecto protector sobre los telómeros. Si quedaba alguna duda sobre la importancia de la dieta para nuestra salud, estos estudios contribuyen sin duda a disiparla.

DIETA MEDITERRÁNEA TRADICIONAL EN GRECIA

Un aumento de solo dos puntos en la escala Med Score se asocia a los siguientes datos:

- Un 25 % menos de mortalidad en general.
- Un 33 % menos de mortalidad por enfermedad coronaria.
- Un 24 % menos de mortalidad por cáncer.

La dieta se compone de verduras, legumbres, fruta fresca, frutos secos, cereales y pescado.

Nuestro ADN se muestra reactivo ante una alimentación sana: nos pide que le ayudemos a preservar su integridad mediante una correcta elección de alimentos. La alimentación sana es un principio que debe adoptarse como un estilo de vida, formar parte de nuestra cultura del bienestar personal y no estar vinculada a la idea temporal y efímera de una «dieta de adelgazamiento» o una «semana de desintoxicación», que por definición implican una vuelta posterior a los hábitos «tóxicos». El efecto saludable de una buena alimentación se manifiesta a largo plazo, no solo en la protección de los telómeros contra el desgaste excesivo, sino también en la normalización de los valores sanguíneos, la estabilización de los niveles de energía, la regularización de los procesos metabólicos y todos los procesos virtuosos que definen a un individuo sano.

Es asimismo interesante el papel que tiene otro protagonista del estilo de vida italiano: el café. En la Facultad de Medicina de Harvard, completamos un estudio, en 2016, sobre la hipótesis de que el café, conocido por ser rico en antioxidantes, también podría estar implicado en la protección de los telómeros contra el acortamiento acelerado. Sabíamos que esta bebida tradicional está asociada a muchos índices de buena salud y a un menor riesgo de mortalidad, pero aún no se habían comprobado sus efectos sobre los telómeros. Aprovechando la inagotable y valiosa mina de datos del Estudio de Salud de las Enfermeras, el orgullo de los laboratorios de investigación de Harvard, cogimos una muestra de 4.780 mujeres y analizamos sus hábitos alimentarios. El resultado fue que un mayor consumo total de café, aunque tomado de maneras distintas, se asociaba de forma muy significativa con la presencia de telómeros más largos. Se trata de un estudio pionero, al que seguramente se sumarán nuevas investigaciones en el futuro, pero dado el tamaño de la muestra observada, es ya un resultado muy revelador. El estilo de vida italiano, caracterizado por un seguimiento bastante elevado de los principios de la dieta mediterránea y el consumo diario de café, parece beneficiar a los telómeros, lo que favorece la salud y la longevidad.

LA VITAMINA D Y LOS TELÓMEROS

La vitamina D, una vitamina liposoluble, es una hormona esteroidea que tiene un papel fundamental en la expresión de más de mil genes y controla así más de mil procesos fisiológicos diferentes. Una de sus propiedades es que ayuda al organismo a asimilar el calcio, lo que interviene en la salud de los huesos y la fuerza muscular. Y tiene un efecto protector para el corazón, combate la inflamación y ayuda al sistema inmunitario.

La principal fuente de vitamina D es la luz solar, es decir, la radiación UVB emitida por el sol. Los científicos han observado que tan solo quince minutos de exposición diaria a los rayos del Sol pueden bastar para cubrir las necesidades diarias de esta vitamina, pero se trata de una posibilidad condicionada por varios factores, como la latitud en la que se vive y la posibilidad de pasar tiempo al aire libre. En una mínima parte, la vitamina D puede obtenerse de alimentos como el pescado, que es la mejor fuente alimentaria, pero no es raro que se produzcan situaciones de carencia.

La insuficiencia de vitamina D puede ser problemática, sobre todo con la edad, ya que el envejecimiento disminuye la capacidad de la piel humana de producir esta vitamina. Su deficiencia está relacionada con enfermedades metabólicas como la diabetes de tipo 2 y la obesidad, la depresión, el deterioro cognitivo y un mayor riesgo de contraer gripe o de desarrollar enfermedades autoinmunes como la esclerosis múltiple, la diabetes de tipo 1, la artritis reumatoide y la enfermedad tiroidea autoinmune.

La vitamina D también es conocida por su capacidad de reducir la inflamación sistémica y la proliferación celular. Dado que la inflamación provocada por el daño tisular y el aumento de la proliferación celular aceleran el acortamiento de los telómeros, la vitamina D puede reducir el desgaste de los telómeros mediante mecanismos antiinflamatorios y antiproliferativos, lo que supone una acción protectora de los telómeros.

Antonia Trichopoulou se considera hoy en día la «madre de la dieta mediterránea», ya que fue una de las primeras científicas en promover estudios sobre esta dieta y convertirse en su embajadora en todo el mundo. Sus décadas de investigación sobre el tema han permitido esbozar sus cuatro pilares fundamentales: es sana y nutritiva, es sostenible, tiene un alto valor sociocultural y produce un efecto positivo en las economías locales.

Por lo que se refiere a sus excepcionales propiedades nutricionales, actualmente la literatura científica está repleta de estudios que confirman la capacidad de esta dieta de prevenir la aparición temprana de diversas enfermedades y, en general, de contribuir al mantenimiento de un estado de salud excelente. Ayuda a mantener un peso corporal normal y a reducir el perímetro de la cintura, disminuye la incidencia del síndrome metabólico y la diabetes de tipo 2, mejora el nivel de envejecimiento celular y retrasa los procesos de deterioro cognitivo relacionados con la enfermedad de Alzheimer o la demencia. Y es también una dieta sostenible, porque tiene menos impacto ambiental que otras. Al estar basada en gran medida en el consumo de frutas y verduras y un bajo empleo de productos animales, tiene un impacto reducido en parámetros como el consumo de agua, suelo y energía, y emisión de gases de efecto invernadero, mientras que otros estilos de alimentación típicamente occidentales contribuyen a aumentar cada uno de estos valores. Combate asimismo el despilfarro, porque asienta una cultura de reutilización de las sobras y reducción de los deshechos, en un proceso virtuoso de optimización de los recursos. También protege la biodiversidad, lo que hace de la cuenca mediterránea una zona con una variedad excepcional de especies endémicas, muchas de las cuales están ahora amenazadas en sus hábitats. Promueve el valor social y cultural de la comida, de acuerdo con la propia etimología de la palabra dieta, que viene del griego *díaita*, que significa «estilo de vida». Según la UNESCO, la dieta mediterránea es «un conjunto de habilidades, conocimientos, rituales, símbolos y tradiciones que van del paisaje a la mesa. Comer juntos es la base de la identidad cultural y la continuidad de las comunidades en toda la cuenca mediterránea. La dieta mediterránea hace hincapié en los valores de la hospitalidad, la cercanía, el diálogo intercultural y la creatividad, y promueve un estilo de vida guiado por el respeto a la diversidad». La comida se convierte así en un vehículo de intermediación, un instrumento para expresar la acogida y la apertura al mundo, un factor de crecimiento cultural a través de la convivencia. Por último, es una dieta que favorece la economía de los países productores, ya que potencia la procedencia local de los alimentos y respeta su especificidad, lo que favorece la conservación y el desarrollo de las producciones tradicionales en un equilibrio armonioso entre las personas y su territorio.

En los últimos años se han identificado comunidades del área mediterránea en las que la dieta tradicional sigue «viva, transmitida, protegida y celebrada por grupos de individuos que la reconocen como parte de su patrimonio cultural inmaterial»: Pollica, en Italia, que representa a todo el Cilento; Koroni, en Grecia; Soria, en España; Chefchaouen, en Marruecos; el pueblo de Agros, en Chipre; el municipio de Tavira, en Portugal, y las islas de Brac y Hvar, en Croacia.

OBESIDAD, UNA AMENAZA PARA NUESTRA SALUD Y LA DEL PLANETA

El inestimable legado de la dieta mediterránea, reconocido mundialmente como un patrimonio común de valores y bienestar, parece estar amenazado en sus propios países de origen. Estudios recientes ponen de manifiesto como en el sur de Europa se practica cada vez menos el modelo de alimentación mediterránea, sobre todo por parte de las generaciones más jóvenes, que se ven influidas por las nuevas formas de consumo procedentes de ultramar. La difusión de la comida rápida, la comida basura con alto contenido en grasas saturadas y los aperitivos elaborados con azúcares refinados y conservantes artificiales ha aumentado considerablemente la incidencia de la obesidad en la población infantil. Según el informe de la Organización Mundial de la Salud de 2018, Italia, España, Grecia, Chipre y San Marino son los países europeos con mayor incidencia de obesidad infantil, que afecta del 18 al 21 % de los niños y jóvenes. Estamos hablando de uno de cada cinco niños, una cifra sorprendente y preocupante.

Estamos acostumbrados a pensar en Estados Unidos como la patria de la mala comida y la obesidad, pero los datos nos dicen algo muy distinto: estamos alejando a las nuevas generaciones del modelo alimentario tradicional al que pertenecen, precisamente cuando el resto del mundo, Norteamérica en primer lugar, ha empezado a adoptarlo y a difundirlo. Sobre este tema, Trichopoulou ha hablado de una «transición dietética», que afecta al sur y al este de Europa, caracterizada por el sobrepeso, la obesidad y las enfermedades crónicas relacionadas con la nutrición. Una verdadera erosión del legado de la dieta mediterránea, que no solo perjudica la salud de las personas, sino también al tejido social, cultural, económico y medioambiental sobre el que se asienta.

La obesidad puede estar determinada genéticamente en un 30 % de los casos, pero en los demás es fruto de una interacción con factores ambientales, y es, por tanto, modificable. Hay numerosas razones para evitar la obesidad o para intentar recuperar el peso ideal si ya se padece esta condición.

La obesidad, que corresponde a un índice de masa corporal (IMC) superior a 30, se ha relacionado científicamente con la aparición temprana de numerosos trastornos y enfermedades. Según los datos ofrecidos por el Ministerio de Sanidad italiano, es un factor de riesgo de enfermedades crónicas como la diabetes mellitus de tipo 2 (44 % de los casos), enfermedades cardiovasculares (23 % de cardiopatías isquémicas) y diversos tipos de tumores (hasta el 41 %), y es la causa de muerte de al menos 2,8 millones de personas en todo el mundo cada año. La Organización Mundial de la Salud estima que la incidencia de la obesidad en el mundo se ha duplicado desde 1980 hasta hoy, y ya afecta al 11 % de la población adulta (más de 200 millones de hombres y 300 millones de mujeres) y a un número creciente de niños (más de 40 millones de menores de cinco años).

Desde el punto de vista del ADN, se considera un factor importante para acelerar el desgaste de los telómeros. Un artículo de 2018 publicado en *American Journal of Clinical Nutrition* comparó los resultados de 87 estudios diferentes sobre el tema realizados por centros de investigación de todo el mundo con un total de 146.114 individuos observados. Se sabe que la obesidad está relacionada con la aparición de enfermedades crónicas típicas del envejecimiento, incluso en sujetos más jóvenes, y que es un factor de aumento del estrés oxidativo y de los estados de inflamación. El objetivo de todos estos estudios era conocer la relación entre el índice de masa corporal y la longitud de los telómeros a lo largo de la vida, dividiendo a los sujetos por sexo, etnia y edad (tres grupos para los tramos de dieciocho a sesenta años; sesenta y uno a setenta y cinco años, y más de setenta y cinco años). A medida que aumentaba el IMC, se observaba un mayor acortamiento de los telómeros, sobre todo en la población blanca más joven, mientras que no había grandes diferencias entre hombres y mujeres en comparación con la normalidad (las mujeres tienen un ritmo de acortamiento de los telómeros más lento que los hombres).

Científicamente, se sabe desde hace mucho tiempo que ganar kilos por encima del peso ideal siempre tiene consecuencias negativas para la salud, por más que no se llegue a la obesidad. A principios de los años noventa, una interesante serie de estudios sobre una población femenina analizó el caso de sujetos que experimentaban el denominado «efecto yoyó», es decir, ganar y perder peso cíclicamente. Se descubrió que el riesgo de hipertensión no aumentaba por la oscilación continua entre el aumento y la pérdida de peso, sino únicamente por el aumento de peso. Por cada 4,5 kg de peso ganado, el riesgo de hipertensión aumentaba un 20 %.

La obesidad, al igual que la malnutrición, entra dentro del ámbito de la desnutrición, considerada la principal causa de mala salud en el mundo actual. Estos dos fenómenos están estrechamente relacionados con el cambio climático, debido al impacto de la producción de alimentos para una población creciente sobre los recursos naturales y el equilibrio de los ecosistemas.

Una buena educación alimentaria no solo es esencial para promover una buena salud individual, sino también fundamental para salvaguardar el medioambiente y garantizar unos ritmos de producción y distribución sostenibles. Se ha demostrado científicamente que orientar la dieta en la mayor medida posible hacia los alimentos vegetales, integrales y no procesados es una decisión que proporciona al organismo sustancias protectoras contra las enfermedades crónicas más extendidas y el envejecimiento prematuro. Y surte, además, un efecto positivo en la salud del planeta, puesto que la producción de verduras consume mucha menos agua y suelo que los alimentos de origen animal y emite menos gases de efecto invernadero. La interconexión entre los seres humanos y nuestro hábitat es más estrecha que nunca e incluso un pequeño cambio en nuestras decisiones alimentarias puede tener enormes consecuencias para el futuro de la Tierra.

DE CAMINO HACIA EL BIENESTAR

Immaculata De Vivo

> No dejamos de hacer ejercicio porque envejezcamos. Envejecemos porque dejamos de hacer ejercicio.
>
> KENNETH COOPER

Olvidemos un momento el mundo actual, con sus innumerables comodidades, sus inventos tecnológicos capaces de ahorrarnos cualquier esfuerzo y su constante empeño en hacernos realizar el mayor número de acciones posibles permaneciendo perfectamente quietos, y volvamos a aquella sabana de hace cien mil años en la que nos encontramos con la leona hambrienta e intentemos abarcar con la mirada todo el hábitat que nos rodea. Cualquier actividad que realicemos, esté o no relacionada con la supervivencia, se basa en la capacidad de movimiento, en el uso eficiente de los músculos. Recoger frutos silvestres, cultivar, salir a cazar, encontrar fuentes de agua, huir del peligro, luchar contra un enemigo, explorar un nuevo territorio: todo depende de nuestro cuerpo, al que una selección natural de millones de años ha hecho perfectamente apto para afrontar el medio en el que vive.

Con el paso de los milenios y el avance del progreso, esta máquina ágil y veloz, capaz de correr, trepar, saltar y agacharse, comenzó a reducir progresivamente su necesidad de movimiento en un intento de hacer más cómoda la existencia. Los cerebros que la habitan inventaron medios de transporte y arado de tracción animal, diseñaron sistemas para levantar pesos con menos esfuerzo y encontraron formas de aprovechar la energía de las fuerzas naturales para crear formas de propulsión adecuadas para los más diversos fines. Con la revolución industrial, la carrera hacia una vida más cómoda y sin fatiga aceleró enormemente y, en poco más de dos siglos, nos llevó a una existencia increíblemente sedentaria. Actualmente, casi todos somos capaces de realizar una enorme cantidad de acciones sin levantarnos de la silla, donde acabamos pasando la mayor parte del día.

Pero no estamos hechos para esto. La selección natural nos ha dotado de un cuerpo que quiere estar continuamente en movimiento, un cuerpo que nos exige caminar, correr y saltar. Unos cuantos siglos de vida cómoda no son suficientes para cambiar nuestra necesidad de actividad física. El organismo, obligado a un sedentarismo antinatural, reacciona debilitándose, envejeciendo prematuramente y, a veces, enfermando. La única respuesta posible a esta necesidad biológica es realizar una actividad física moderada pero constante, que devuelva a los músculos y a todos los órganos la funcionalidad para la que fueron optimizados.

DEPORTE, SALUD Y TELÓMEROS

Los beneficios de la actividad física se conocen desde tiempos inmemoriales y forman parte de nuestra cultura desde la época grecorromana, cuando la educación física era un componente fundamental de la formación de los jóvenes. Los recursos científicos actuales nos permiten llevar este conocimiento a un nivel superior, hasta entrar literalmente en nuestras células, sondear las reacciones bioquímicas que en ellas se producen y observar los mecanismos por los que el movimiento se traduce en bienestar.

Un importante estudio angloamericano realizado en 2008 analizó los telómeros de 2.400 voluntarios que mantuvieron una rutina de ejercicio físico de intensidad variable durante doce meses, realizada en el tiempo libre y sin ambiciones competitivas. Al final de la observación se comprobó que los sujetos con un mayor nivel de actividad presentaban unos telómeros significativamente más largos en comparación con los sujetos menos activos (al margen de factores de confusión). En 2012, en los laboratorios de la Facultad de Medicina de Harvard continuamos esta línea de investigación analizando el ADN de 7.813 mujeres del Estudio de la Salud de las Enfermeras buscando correlaciones entre los diferentes niveles de actividad física y la longitud de los telómeros. Los resultados de este estudio, ajustados en función de la edad, el índice de masa corporal y otros factores, mostraron que las mujeres que realizan una actividad física de moderada a intensa poseen telómeros de mayor longitud que las mujeres que realizan una actividad física ocasional o son totalmente sedentarias. Esta diferencia corresponde a unos 4,4 años de pérdida de material telomérico, comparable a la observada entre fumadores y no fumadores (4,6 años). Además, se encontró una mayor longitud de los telómeros en las mujeres que realizan una actividad física de moderada a intensa de entre dos a cuatro horas por semana, lo que corresponde a las directrices actuales de Estados Unidos. Un efecto antienvejecimiento que probablemente se ve determinado por la capacidad del movimiento físico para disminuir los niveles de estrés psicológico, reducir la acción del estrés oxidativo y los estados inflamatorios, lo que mitigaría el desgaste anormal del ADN de los telómeros. Esta es la conclusión de un estudio realizado en 2010 por Elizabeth Blackburn, quien descubrió que la actividad física puede inducir una disminución de los niveles de estrés y favorecer así una acción protectora de los telómeros.

LOS BENEFICIOS DE LA ACTIVIDAD FÍSICA

Una actividad física moderada o intensa se asocia a telómeros más largos, independientemente del índice de masa corporal.

La diferencia en la longitud de los telómeros corresponde por término medio a 4,4 años de envejecimiento celular.

Este efecto beneficioso se ha observado tanto en sujetos sanos y de complexión normal como en sujetos con obesidad. En 2019, una investigación de la Universidad de Taiwán en colaboración con la Facultad de Medicina de Harvard analizó el efecto de la actividad física en una muestra de 18.424 individuos de entre treinta y setenta años. Los niveles de obesidad de los participantes se midieron mediante cinco indicadores: índice de masa corporal, porcentaje de grasa corporal, perímetro de la cintura, perímetro de la cadera y relación cintura-cadera. El objetivo era comprender si la predisposición genética a la obesidad puede mitigarse con la actividad física y qué ejercicios resultan más eficaces. En general, la práctica de actividad física regular demostró ser valiosa para mitigar las predisposiciones genéticas de los cuatro primeros indicadores de obesidad. Correr resultó ser especialmente eficaz, seguido por el alpinismo y actividades como caminar, bailar y realizar largas sesiones de yoga. La conclusión del estudio es que la actividad física regular puede tener un mayor impacto beneficioso en quienes están genéticamente predispuestos a la obesidad.

Otras pruebas científicas proceden del Estudio de Salud de las Enfermeras de la Facultad de Medicina de Harvard, que a lo largo de los años ha analizado diversos aspectos de la actividad física relacionados con la salud de las mujeres. Se ha investigado, por ejemplo, la relación entre la intensidad del ejercicio y la prevención de las enfermedades coronarias. Según las estadísticas, la actividad más común entre las mujeres estadounidenses es caminar, mientras que un porcentaje menor realiza sesiones de entrenamiento más intensas. El estudio concluyó que el riesgo de padecer una enfermedad cardíaca se reducía en porcentajes muy similares entre quienes realizaban caminatas rápidas durante al menos tres horas por semana y entre quienes realizaban una actividad intensa durante al menos una hora y media a la semana. En ambos grupos se halló una reducción de entre el 30 y el 40 % del riesgo en comparación con las mujeres sedentarias.

La misma investigación se llevó a cabo en relación con el riesgo de desarrollar diabetes de tipo 2: con ella se confirmaron los resultados de las investigaciones anteriores y se demostró que no es necesario hacer un ejercicio especialmente intenso para conseguir este efecto protector. Hasta un ligero aumento del nivel de actividad motriz, como el simple hecho de caminar, es suficiente para reducir el riesgo en mujeres que no han practicado deporte en toda su vida. El efecto es comparable al del aeróbic o correr, es decir, un 40 % menos de probabilidades de desarrollar diabetes de tipo 2. Es una gran noticia para personas que no desean seguir sesiones de entrenamiento extenuantes pero que están lo suficientemente motivadas para mejorar su salud como para aceptar el compromiso de caminar al menos tres horas por semana. Parece un esfuerzo razonable ante un beneficio tan importante como es alejar en un porcentaje considerable el riesgo de contraer dolencias crónicas graves.

También se han estudiado las posibles interacciones entre el cáncer y la actividad motora. En concreto, el cáncer de mama, que está relacionado con los niveles de estrógeno, una hormona que se reduce con el ejercicio. El impacto de esta última en el riesgo de desarrollar la enfermedad no se detecta durante la edad reproductiva, pero se vuelve bastante significativo después de la menopausia, cuando una sola hora de actividad física al día ha bastado para disminuir el riesgo de la enfermedad en un 20 % en comparación con mujeres sedentarias.

El efecto beneficioso también se ha constatado en personas de edad avanzada, tanto en individuos sanos como en quienes padecen algún tipo de fragilidad. Un informe sobre el estado de las investigaciones actuales publicado en 2016 por un equipo de investigadores británicos señaló que la prevalencia de un estilo de vida sedentario en la llamada tercera edad está fuertemente vinculada a la aparición temprana de enfermedades y a la fragilidad. En concreto, se ha comprobado que la actividad física regular, desde el simple paseo de baja intensidad hasta el ejercicio más intenso y los deportes de resistencia, disminuye significativamente el riesgo de padecer enfermedades cardiovasculares, trastornos metabólicos, obesidad, caídas, deterioro cognitivo, osteoporosis y debilidad muscular en personas mayores con diferentes problemas de salud.

¿CUÁL ES LA INTENSIDAD DE TU ENTRENAMIENTO?

Intensidad	Sensación	Efectos
Ligera	Fácil	Respiras con facilidad
		Tienes calor, pero no sudas
		Puedes hablar y cantar
De leve a moderada	Cansancio, pero no excesivo	Respiras con facilidad
		Sudas un poco
		Puedes hablar y cantar
Moderada	Cansancio	Notas la respiración acelerada
		Empiezas a sudar más
		Puedes hablar, pero no cantar
De moderada a intensa	Mucho cansancio	Estás jadeando y sin aliento
		Sudas
		Consigues decir frases cortas, pero estás más concentrado en el ejercicio que en la conversación
Intensa	El cansancio está al máximo, notas que te estás quedando sin energía	Respiras con dificultad
		Sudas mucho
		Te cuesta hablar

LAS ACTIVIDADES FÍSICAS MÁS EFICACES

¿Cuáles son las actividades físicas más eficaces desde el punto de vista de los beneficios que aportan a la salud? Aunque se trata de un tema complejo que sigue siendo objeto de estudios que intentan profundizar en él para darnos indicaciones más precisas sobre el papel de las distintas actividades, ya podemos extraer algunas indicaciones generales. Según I-Min Lee, profesor de la Facultad de Medicina de Harvard, hay actividades adecuadas para todos, independientemente de la edad y el nivel de forma física, que han demostrado ser especialmente beneficiosas para la salud, puesto que ayudan a mantener el peso bajo control, mejoran el equilibrio y la flexibilidad, fortalecen los huesos, protegen las articulaciones e incluso mejoran el rendimiento de la memoria.

La primera de todas es la natación, considerada la disciplina deportiva perfecta. El hecho de flotar alivia la carga de las articulaciones, especialmente si están doloridas, y favorece un movimiento fluido y sin tirones. Es un ejercicio aeróbico, lo que significa que mejora la capacidad pulmonar y las funciones del sistema cardiovascular, y surte un efecto particularmente positivo en el estado de ánimo, lo que ayuda a fortalecer el bienestar mental. La natación se puede practicar de diversas formas, como los ejercicios en grupo en el agua, que es muy útil para quemar calorías y tonificar los músculos.

El segundo tipo de actividad física que sugiere Lee es el taichí, una disciplina oriental que aún no está muy extendida en nuestro país, Italia, pero que ha ido ganando interés en los últimos años. En esta actividad se acentúa la conexión entre la mente y el cuerpo, lo que crea un estado de concentración especialmente eficaz. El taichí combina la acción con la relajación, por lo que también se define como «meditación en movimiento». Consiste en una serie de movimientos controlados y elegantes, con una transición suave y gradual de una posición a la siguiente. La velocidad y la intensidad cambian según el itinerario que uno decida seguir, pero hay cursos adecuados para todas las edades y para principiantes o veteranos. Se ha visto que el taichí ofrece grandes beneficios, en especial para las personas de edad avanzada, ya que al mejorar el equilibrio se reduce el riesgo de caídas o dificultades para caminar.

La tercera actividad que ha demostrado ser especialmente eficaz para la salud es el entrenamiento de la fuerza, que se realiza mediante el levantamiento de pesas y el uso de máquinas de *fitness* si se va a un gimnasio. Hay una falsa creencia que debemos abandonar: la idea de que el levantamiento de pesas es solo para culturistas y que conduce a un posible aumento no deseado de la masa muscular. El entrenamiento de intensidad media, no dirigido a la hipertrofia, tiene el mérito de aumentar la fuerza y el tono muscular sin transformar el cuerpo, al tiempo que le da una apariencia de salud y vigor. Los músculos requieren grandes cantidades de energía incluso en reposo, por lo que tienen la importante función de ayudarnos a quemar calorías. Cuanto mayor es la masa muscular, mayor será la cantidad de calorías quemadas, lo que nos ayuda a mantener un peso saludable y a no acumular grasa. Este tipo de entrenamiento también contribuye a aliviar condiciones patológicas o dolencias relacionadas con la edad. Por ejemplo, un estudio publicado en *Archives of Internal Medicine* demostró que dos sesiones semanales de entrenamiento con pesas durante seis meses bastaron para mejorar significativamente la función de la memoria en mujeres con deterioro cognitivo. El entrenamiento de la fuerza también ha demostrado ser eficaz para aliviar los dolores de rodilla provocados por la osteoartritis, mejorar el equilibrio y prevenir las caídas, aumentar la densidad ósea y reducir así el riesgo de fracturas, y mejorar la calidad del sueño. Es importante realizar el entrenamiento con pesas de forma correcta, por lo que se recomienda contar con un monitor, al menos al principio, para aprender la correcta ejecución de cada movimiento y evitar malos entrenamientos y lesiones. Se empieza con pesos ligeros, que van aumentando poco a poco cada quince días aproximadamente. La respuesta muscular al estímulo será sorprendentemente rápida en pocas semanas y llegará acompañada de una satisfactoria sensación de bienestar.

La cuarta actividad física es, con diferencia, la más fácil de poner en práctica, además de ser, como ya hemos visto, una de las más eficaces: caminar. Los estudios científicos han demostrado que caminar, aunque solo sea tres horas por semana, tiene un impacto en la salud comparable al de entrenamientos más cortos pero mucho más intensos. Para las personas sedentarias que comienzan a hacer ejercicio por primera vez, Lee propone empezar con paseos de unos diez a quince minutos. Gradualmente se puede aumentar el ritmo y la duración de la caminata, hasta alcanzar idealmente un entrenamiento de unos treinta a sesenta minutos varias veces por semana. Cinco minutos de caminata lenta al principio pueden servir de calentamiento eficaz, mientras que cinco minutos de estiramientos al final ayudan a evitar los calambres. Las investigaciones científicas han demostrado que este tipo de ejercicio ayuda a mantener el peso bajo control, reduce los niveles de colesterol «malo» (LDL) y aumenta los de colesterol «bueno» (HDL), fortalece los huesos, reduce la presión arterial, mejora el estado de ánimo y disminuye el riesgo de contraer varias enfermedades crónicas.

Un concepto importante que deben tener en cuenta las personas sedentarias al abordar una nueva actividad física es que no hay una receta única para todos, porque un componente clave del éxito del ejercicio es el placer que sentimos al hacerlo, el entusiasmo que ponemos y el bienestar que sentimos crecer en nuestro interior. Si no nos gusta un tipo de actividad, podemos cambiar a otra en la que nos sintamos mejor a nivel emocional, ya sea un deporte en equipo o un ejercicio en solitario, al aire libre o en el interior, en el gimnasio o en casa. En general, treinta minutos diarios de cualquier forma de ejercicio aeróbico combinados con dos días de entrenamiento de la fuerza son suficientes para aportar un enorme beneficio a la salud. La recomendación de los expertos es empezar con algo fácil y luego ir aumentando la intensidad poco a poco, cuando uno se sienta preparado y sin realizar nunca un esfuerzo excesivo.

PARA LOS QUE NO TIENEN TIEMPO DE HACER EJERCICIO

La investigación ha demostrado que incluso las actividades que no son puramente deportivas pueden ofrecer importantes beneficios. He aquí algunos ejemplos:

- Subir y bajar las escaleras dos veces en lugar de una.
- Jugar al escondite con los nietos.
- Aparcar el coche en el lugar más alejado de la zona de compras.
- Caminar en el sitio, levantar las piernas o hacer pesas ligeras durante las pausas publicitarias de la televisión.
- Pasar la aspiradora y limpiar el polvo de la casa.
- Estar de pie y caminar un poco mientras se habla por teléfono.
- Limpiar y arreglar el jardín.

La amplísima literatura científica disponible no deja lugar a dudas sobre la eficacia del ejercicio para mantener una buena salud y favorecer la longevidad. Pero igual de importante es el descanso, esa fase en la que los beneficios del ejercicio se «fijan» en el organismo mediante procesos bioquímicos que afectan a todos los órganos, incluido el cerebro. En los últimos años ha aumentado el número de investigaciones dedicadas al estudio del sueño y sus mecanismos, para conocer la cantidad ideal de horas de descanso y las consecuencias del sueño insuficiente en el organismo.

¿Cuáles son las principales funciones del sueño, al que dedicamos un tercio de nuestra vida? Es una cuestión fascinante, todavía en parte misteriosa, a la que la ciencia intenta dar nuevas respuestas. Lo que sí sabemos es que el sueño es una función fundamental para la supervivencia y que afecta a casi todos los tejidos y aparatos del cuerpo: cerebro, corazón, pulmones, metabolismo, sistema inmunitario, estado de ánimo y resistencia a las enfermedades. Ayuda a eliminar del cerebro las toxinas acumuladas durante la vigilia y regula toda una serie de funciones fundamentales. Disminuye la presión sanguínea y cardíaca, ya que, en la fase de reposo, el cuerpo no necesita bombear toda la sangre y el sistema circulatorio puede recuperar fuerzas. Durante el sueño se fijan los recuerdos, se reelabora y selecciona la información adquirida durante el día y se establecen nuevas conexiones que pueden dar lugar a ideas, descubrimientos y decisiones importantes. Influye en el sistema inmunitario, porque refuerza las defensas y las hace más eficaces en caso de infección. Como explica el neurólogo Luigi Ferini Strambi, jefe de la Unidad de Medicina del Sueño del Hospital San Raffaele de Milán, para demostrar esta conexión «se hicieron estudios en sujetos que fueron vacunados, por ejemplo, contra la hepatitis o la gripe. Quienes el día anterior o en los días cercanos a la vacunación estuvieron en condiciones de privación parcial de sueño, al cabo de unas tres o cuatro semanas desarrollaron muchos menos anticuerpos que quienes durmieron bien los días cercanos a la vacunación» (Marrone, 2018).

La falta de sueño puede tener graves consecuencias para el cuerpo y la salud. Hasta una sola noche de sueño insuficiente puede dejarnos cansados y desmotivados al día siguiente, incapaces de concentrarnos en el trabajo, hacer ejercicio o comer de forma saludable. Con el tiempo, la privación de sueño puede aumentar el riesgo de desarrollar dolencias crónicas, como obesidad, diabetes, hipertensión, enfermedades cardiovasculares, deterioro cognitivo y enfermedad de Alzheimer, y favorecer la aparición de problemas de salud mental, como depresión y ansiedad. También aumenta la vulnerabilidad a los virus del resfriado. Algunas funciones cerebrales se ven asimismo afectadas, como la memoria y los reflejos, y aumenta la probabilidad de sufrir ataques de sueño repentinos y peligrosos, especialmente al conducir. El estado de ánimo también se ve muy afectado, lo que hace que nos volvamos irritables, impacientes, desconcentrados y malhumorados. Si la falta de sueño se vuelve crónica, puede provocar un aumento de peso, ya que afecta a los mecanismos que utiliza el cuerpo para metabolizar los nutrientes y altera los niveles de las hormonas que regulan el apetito. La falta de sueño también está relacionada con la hipertensión, los niveles elevados de hormonas del estrés y el latido irregular del corazón.

El problema de la falta de sueño afecta a un amplio sector de la población, con enormes consecuencias para la salud y la seguridad pública. Solo en Estados Unidos, las autoridades sanitarias estiman que más de una de cada tres personas sufre privación de sueño (datos de 2016). Basándose en las pruebas científicas más fiables, los gobiernos recomiendan que los adultos descansen al menos siete horas para que el organismo realice adecuadamente todas sus funciones.

Las investigaciones confirman que la privación del sueño produce un efecto nocivo en la salud y los procesos de envejecimiento, incluido el acortamiento de los telómeros. En un estudio internacional de 2019 se analizaron los patrones de sueño de 482 voluntarios con un estado de salud normal. El sueño insuficiente se correlacionó con el acortamiento prematuro de los telómeros, lo que confirma la importancia del descanso regular y suficiente para atenuar el envejecimiento celular.

Entre los estudios más recientes realizados por mi equipo en la

Facultad de Medicina de Harvard hay una investigación sobre la correlación entre la duración del sueño y la longitud de los telómeros en una población muy concreta: los centenarios. La Universidad de Palermo ha identificado una auténtica «bolsa de longevidad» en la capital siciliana, con una concentración decididamente alta de centenarios. Para poner los datos en perspectiva, examinamos una muestra de 143 individuos de diferentes edades, todos de esa misma zona geográfica. De esta población, algunas son personas de cien años o más que viven con una salud excelente. Mediante el análisis de los telómeros, especialmente en la población femenina, se observó que su longitud en las mujeres de noventa años era equivalente a la hallada en las mujeres de setenta años. En cuanto a los centenarios, el análisis de sus ciclos de sueño mostró que los que dormían una media de ocho horas o más por noche presentaban telómeros más largos que los que dormían menos.

Naturalmente, estos datos no pueden generalizarse, dado el reducido tamaño de la muestra, pero son muy significativos debido, precisamente, a la excepcional edad de los sujetos observados, y la información relativa a su salud será inestimable para contribuir a la investigación de los mecanismos del envejecimiento y la longevidad. Esta «zona azul no oficial» fue un importante descubrimiento que nos permite investigar múltiples correlaciones. La extraordinaria longevidad de las poblaciones locales debe ser el resultado de una feliz interacción entre los factores genéticos y las condiciones ambientales, cuyos mecanismos aún están por investigar. Ciertamente, en esta multiplicidad de variables, el hábito del sueño regular también tenía un papel importante, y el estudio de los telómeros ha proporcionado una primera confirmación interesante acerca de esta hipótesis.

Sé activo.
Duerme bien.
Encuentra la paz interior.
Vive con alegría.
Y todo esto se reflejará en tu ADN.

EL PODER DE LA MENTE
SOBRE LOS GENES

Daniel Lumera

En lo que piensas, te conviertes.
Lo que sientes, lo atraes.
Lo que imaginas, lo creas.

BUDA

El odio no cesa con el odio, en ningún momento; el odio cesa con el amor: esta es la «ley eterna» que enseñaba Buda hace 2500 años.

A lo largo de los milenios, siempre ha habido algún líder, santo, profeta o místico que le ha recordado a la humanidad que cuando el odio se convierte en algo normal, la única revolución verdadera comienza con la gentileza. Hoy, también lo hace la ciencia.

La mente puede influir y controlar los genes, modificando los procesos de envejecimiento e inflamación, las capacidades cognitivas, la memoria, el estado de ánimo, la ansiedad y la depresión.

Gracias a la ciencia y de acuerdo con la filosofía de las antiguas tradiciones milenarias, sabemos que no somos víctimas de nuestros genes, sino arquitectos de nuestro destino, y que podemos crear, mediante el correcto uso del silencio y el pensamiento, una realidad interior y exterior llena de armonía, optimismo, paz, felicidad, alegría y amor.

Se trata de invertir el dicho *mens sana in corpore sano* para experimentar exactamente lo contrario: *corpus sanum in mente sana*. Por otro lado, es intuitivamente sencillo darse cuenta de que, si se sigue una «dieta emocional y mental» basada en el resentimiento, la rabia, la culpa, la impotencia, la ansiedad y los pensamientos obsesivos, aunque se lleve a cabo una actividad física correcta y una dieta saludable, el cuerpo se resentirá, perdiendo su armonía y salud. Estamos empezando a entender cómo equilibrar este sistema extremadamente complejo e interdependiente en el que el funcionamiento biológico del cuerpo no está separado del equilibrio de la mente, la esfera emocional y relacional, y la vida espiritual. En este contexto, la espiritualidad no se refiere a una creencia religiosa, sino a la consciencia plena del significado, el propósito y la finalidad de la vida y de uno mismo. Una aproximación laica y universal al sentido existencial más íntimo y auténtico presente en cada uno de nosotros e inextricablemente ligado a la sacralidad y belleza del milagro de la vida.

La salud, el bienestar, la realización, la calidad de vida y de las relaciones, la comprensión del propósito de la propia existencia y la expresión de valores elevados son aspectos que se hallan estrechamente vinculados al correcto funcionamiento y la consecución de una mente perfecta, mediante la comprensión de cuáles son sus funciones reales y los estados por los que pasa: cómo aprender a regenerarla y entrenarla para afrontar positivamente el estrés; cómo activar los procesos creativos e intuitivos que generan armonía, salud y éxito en la vida, y cuáles son los instrumentos más eficaces para notar su efecto en la salud.

CORPUS SANUM IN MENTE SANA

Según la antigua sabiduría de los Upanisads védicos, la naturaleza del universo es mental. Esto significa que todo lo que observamos y definimos como real no es más que el producto de nuestra mente. En su libro *De animales a dioses*, el historiador Yuval Noah Harari escribe que el ser humano es el único animal que puede hablar de cosas que solo existen en su imaginación. Y es precisamente esta característica, la imaginación mental, la que nos diferencia de los demás animales. Conceptos e ideas como nación, pueblo, patria y religión son simples invenciones imaginarias que, a lo largo de milenios, no solo han cambiado la trayectoria del orden social y la geopolítica mundial, sino que también han tenido un profundo impacto en todo el planeta, la naturaleza y todas las demás formas de vida. Nuestra mente y su imaginación originan ideas que, cuando una masa crítica de personas las cree reales, dan forma a lo que llamamos realidad (aunque sigan siendo una ilusión mental) y son capaces de cambiar el poder y la riqueza, y de decidir el destino de pueblos enteros al influir en el resultado de guerras y revoluciones. Hasta el concepto abstracto de dinero, del que han surgido el capitalismo, el mercado, el crédito y la deuda, no es más que un producto de la imaginación. Algunas de estas abstracciones se han utilizado para crear instituciones sociales y religiosas, necesidades y carencias, para empujarnos a consumir un producto en lugar de otro. Pensad en el nacimiento de una frontera, una nación, un pueblo. El *Homo sapiens* considera reales cosas que solo están presentes en su imaginación: las elecciones, las decisiones y los comportamientos son el producto de estas creencias elevadas a la realidad. ¿Cuántas personas han muerto en guerras por creer en una idea abstracta e imaginaria o por verse obligadas a seguirla? La imaginación puede dar lugar a prosperidad o hambruna, vida o muerte, enfermedad o curación. Gracias a la ciencia moderna, sabemos que la mente puede «apagar» o «encender» los genes, lo que retrasa el envejecimiento y reduce los procesos de inflamación. La actividad de la mente no solo influye en el entorno externo y el destino del planeta, sino también en el entorno interno y la salud de nuestra máquina biológica. Así, estos dos planos están íntimamente interconectados y todo lo que nos sucede se ve influido por los procesos que tienen lugar en la mente: ideas, pensamientos, creencias, convicciones, impresiones, percepciones... Existe una correlación muy estrecha entre mente, materia, biología, entorno externo, situaciones contingentes, personas que conocemos, elecciones, decisiones y comportamiento.

Si es cierto, como proclama el conocimiento milenario de los Upanisads védicos, que el universo tal y como lo percibimos no es más que una ilusión de la mente, entonces son igualmente ciertas otras dos consideraciones: la primera es que podemos elegir libremente qué realidad crear a partir de la consciencia plena del funcionamiento de la mente, no solo en nuestro ambiente interno (pensamientos, emociones, percepciones, elecciones, decisiones, biología), sino también en el externo (situaciones, comportamiento); la segunda es que, si realmente lo deseamos, podemos observar la naturaleza de la vida sin la ilusión de la mente. ¿Qué aspecto tienen el mundo, el universo y nosotros mismos sin el filtro de la mente?

La condición imprescindible para estudiar la mente según la ciencia moderna es reducirla a eventos físicos, neuronales, electroquímicos y biológicos medibles. Pero ¿la mente coincide realmente con el cerebro y es su producto? ¿O existe una dimensión mental extracerebral?

En su libro *Homo cerebralis*, el profesor Michael Hagner considera que el mundo no se presenta a nuestra mente en su realidad, sino en lo que el cerebro «transmite» a nuestro yo al procesar la información que recibe de los órganos de los sentidos dentro de las diferentes áreas cerebrales. Según este punto de vista, la consciencia, la mente, la memoria, las emociones, la afectividad, la voluntad y el lenguaje son eventos de la actividad cerebral y nosotros no somos más que «un paquete de neuronas», como escribe el neurocientífico Francis Crick. No existe nada «sin mi cerebro», declara el Manifiesto de once neurocientíficos alemanes. Sin embargo, a pesar de la enorme cantidad de datos, la neurociencia aún no ha comprendido cómo se manifiesta la «inmaterialidad intangible» de la mente y la consciencia a partir de la materia. La cuestión principal que se desprende de estas líneas de investigación es si la mente que se estudia a sí misma es capaz de comprender cómo «la produce» el cerebro, ya que es la propia mente la que dirige la investigación. Los neurocientíficos son conscientes de las limitaciones actuales en el estudio de la mente y la consciencia y creen que el cerebro humano «nunca podrá explicar completamente sus propias operaciones» (Marsh, 2010).

Según la neurociencia, cómo surge la consciencia a partir de la actividad neuronal sigue siendo un misterio; el hecho de que exista una correspondencia explícita entre cada pensamiento y sus correlatos neurales. Ideas, estados de ánimo, valores, planificación, sentimientos: ¿reducir todo esto a eventos de la materia cerebral traducidos en mecanismos físico-químicos implica necesariamente una identidad única entre mente y cerebro? Lo cierto es que la actividad de la mente modifica el cerebro, la actividad de los genes, la biología e incluso las experiencias externas. Aunque todos poseemos los mismos sistemas cerebrales con más o menos el mismo número de neuronas, la forma en que estas se conectan es diferente en cada individuo y es también esta diversidad en la red de interconexión lo que nos hace únicos.

Si es cierto, como dice la neurociencia, que el cerebro crea el mundo en el que vivimos, ¿es posible aclarar en términos neuronales físico-químicos cuál es la naturaleza de la mente y qué significa ser «consciente»? ¿A qué mecanismos se debe la autoconsciencia? ¿La mente es de verdad un mecanismo electroquímico que tiene lugar en el cerebro? Estas cuestiones deberían abordarse mediante un enfoque transversal, mediante perspectivas diferentes y complementarias.

Con el término «mente» nos referimos habitualmente a un complejo de actividades cognitivas, de atención y mnésicas y de estados emocionales que no siempre y no necesariamente se traducen en comportamiento y acción. En la cultura occidental se estableció hace mucho tiempo la idea de que podemos distinguirnos del resto de los animales precisamente porque tenemos la capacidad exclusiva de pensar. Los seres humanos se han sentido especiales porque «solo ellos» poseen una mente.

Sobre esto, el científico y filósofo Blaise Pascal escribió: «El hombre no es más que una caña, la más frágil de la naturaleza; pero una caña que piensa. No hace falta que el universo se arme para aniquilarlo: un vapor, una gota de agua es suficiente para matarlo. Sin embargo, aunque el universo lo aplastara, el hombre seguiría siendo más noble que el que lo mata, porque sabe que está muriendo y es consciente de la superioridad que el universo tiene sobre él; el universo no sabe nada sobre eso. Toda nuestra dignidad consiste, pues, en el pensamiento».

Por el contrario, la cultura védica oriental siempre ha visto la mente como un posible obstáculo para la realización de la naturaleza íntima, auténtica e innata presente en el alma humana. Esta cultura considera que la mente es un instrumento limitado e ilusorio, y su «extinción o superación» se considera un paso fundamental para conseguir aniquilar el ego humano. El crecimiento del individuo, según esta perspectiva, pasa precisamente por comprender la verdadera naturaleza de la mente y, sobre todo, por superarla.

El ser humano tiene una enorme resistencia a la idea de formar parte de una realidad unitaria y de estar interconectado a infinitos niveles con todo lo que existe y le rodea. Esta resistencia, este sentido de separación y superioridad, se origina en la percepción y la idea de un «yo individual», de una «mente personal», de un «yo que siente, piensa y opera» separado de todo lo demás, que encuentra su máxima expresión en el libre albedrío individual. Esta distorsión perceptiva y cognitiva «egocéntrica» de la mente produjo el modelo evolutivo antropocéntrico y generó, en el pasado, la visión geocéntrica del universo.

«El ser humano forma parte de un todo llamado universo —decía Albert Einstein—. Experimenta sus pensamientos y sentimientos como algo separado del resto: una especie de ilusión óptica de la consciencia. Esta ilusión es una especie de prisión. Nuestra tarea debe ser liberarnos de esta prisión mediante la ampliación de nuestro círculo de conocimiento y comprensión para incluir a todas las criaturas vivas y a la totalidad de la naturaleza en su belleza.»

LA PERCEPCIÓN DE LA REALIDAD

Es la noche del 30 de octubre de 1938 y hay un registro en curso en los edificios de la *CBS* Radio de Nueva York. Una multitud de hombres uniformados examina cada centímetro para incautar las copias de las grabaciones de un programa que se había retransmitido poco antes. Al cabo de unos minutos, la prensa entra a lo grande, lanzándose sobre actores, supervisores y productores en busca de noticias de primera mano. Pero ¿qué sabían ellos del pánico, los suicidios, los accidentes mortales y las huidas precipitadas por las calles de todo el país?

El actor principal y creador de la obra, un hombre de veintitrés años, está sentado en un banco con aspecto abatido y resignado ante el inminente fracaso de su carrera, sin saber que las cosas le irían de un modo muy distinto, hasta dar lugar a la que sería una de sus mayores obras maestras: *Ciudadano Kane*. Este joven triste y desconsolado era Orson Welles. Pero ¿qué había pasado unas horas antes?

Como todos los domingos, se había emitido *Mercury Theatre on Air*, un programa de nicho sin patrocinadores ni publicidad. Era la víspera de Halloween y Welles siguió al pie de la letra la tradición de «truco o trato», pensando evidentemente en elegir la primera opción. Así, readaptando para la radio la novela de su homónimo H. G. Wells, *La guerra de los mundos*, trasladó el escenario de los suburbios victorianos de Londres a la zona de Nueva York y modificó la historia para que pareciera una crónica en directo del aterrizaje y ataque de los marcianos, con entrevistas a expertos, boletines oficiales, discursos de las autoridades, testigos presenciales y efectos sonoros de explosiones, sirenas y gritos de las víctimas. No hubo que esperar mucho para descubrir que la broma había salido demasiado bien. Un tercio de los seis millones de oyentes que se habían ido uniendo al programa por el boca a boca creyeron que lo que estaban escuchando era la realidad. El resultado fue impresionante: atascos provocados por las masas de ciudadanos que inundaban las calles tratando de escapar, comisarías sobrecargadas con cientos de llamadas telefónicas y una ola de pánico desenfrenada. La broma de la invasión marciana se había hecho realidad, con todos sus efectos secundarios. Los alienígenas imaginarios habían conquistado, si no la Tierra, al menos las mentes, los pensamientos y las reacciones de millones de personas.

Con demasiada frecuencia subestimamos el poder de la imaginación, y, por consiguiente, del pensamiento y la palabra, cuando es precisamente esto lo que mueve a las masas, independientemente del periodo histórico, la geografía, la clase social y el nivel de educación. La historia nos enseña que lo que de verdad importa no son las cosas en sí, sino la percepción que tenemos de ellas. Pensemos, por ejemplo, en cómo Hitler consiguió moldear la mente de millones de personas, en el poder del pensamiento de Gandhi o en cómo la publicidad influye cada día en toda la economía generando deseos sobre la base de asociaciones emocionales con productos que la mayoría de las veces no necesitamos. En un mundo cada vez más interconectado, ya no podemos evitar tomar consciencia de los mecanismos que guían y vinculan los pensamientos, las palabras y las acciones. El diluvio diario de bytes somete al cerebro humano a un volumen ingente de información, capaz de hacer saltar hasta a un potente ordenador.

Un estudio, realizado por investigadores de la Universidad de California en San Diego en 2008, estima que las personas se ven inundadas cada día con una cantidad de información que, de media, equivale a 34 GB (gigabytes), suficiente para sobrecargar un ordenador portátil en una semana. Esta cifra, que probablemente ha aumentado en los últimos años, incluye la recepción diaria por parte de los sentidos humanos de unas 100.500 palabras (23 palabras por segundo teniendo en cuenta solo medio día de vigilia). ¿Estamos biológica y mentalmente preparados para tantos estímulos? ¿Qué cambios y estrategias de adaptación provocarán? En esta era de sobrecarga informativa se añade también la cuestión cada vez más destacada de la propagación de las noticias falsas (*fake news*), de los algoritmos modificados *ad hoc* para dar importancia a una noticia en lugar de a otra y de la competencia mediática cada vez más sensacionalista. ¿Pueden estas dinámicas aumentar aún más la desconexión entre los datos «objetivos» y la realidad que percibimos? Para responder a esta pregunta, en un reciente análisis de Our World in Data, Shen y su equipo compararon cuatro importantes fuentes de datos sobre las causas de muerte en Estados Unidos —las estadísticas publicadas en la base de datos de los Centros para el Control y Prevención de Enfermedades (CDC, por sus siglas en inglés), los datos de Google Trends y los datos de dos de los periódicos internacionales más destacados— y llegaron a unos resultados asombrosos, que se muestran en el gráfico de la página siguiente.

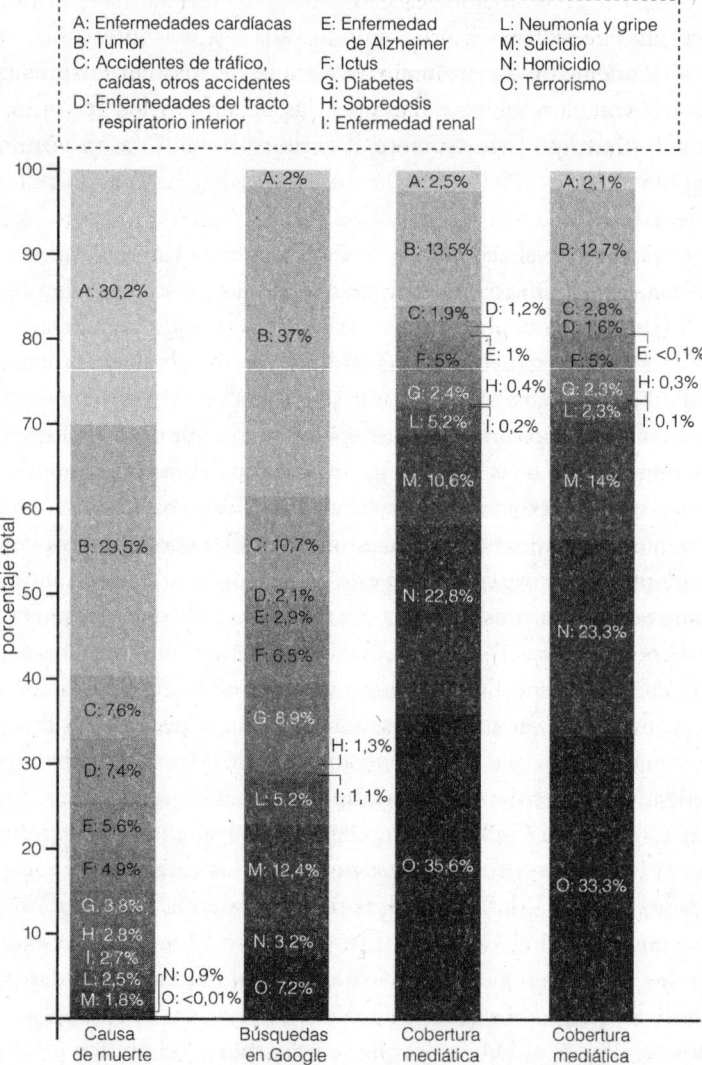

Causas de muerte en Estados Unidos (2016)

De qué mueren los estadounidenses, qué buscan en Google
y de qué hablan los medios de comunicación

A: Enfermedades cardíacas
B: Tumor
C: Accidentes de tráfico, caídas, otros accidentes
D: Enfermedades del tracto respiratorio inferior
E: Enfermedad de Alzheimer
F: Ictus
G: Diabetes
H: Sobredosis
I: Enfermedad renal
L: Neumonía y gripe
M: Suicidio
N: Homicidio
O: Terrorismo

porcentaje total

Causa de muerte
- A: 30,2%
- B: 29,5%
- C: 7,6%
- D: 7,4%
- E: 5,6%
- F: 4,9%
- G: 3,8%
- H: 2,8%
- I: 2,7%
- L: 2,5%
- M: 1,8%
- N: 0,9%
- O: <0,01%

Búsquedas en Google
- A: 2%
- B: 37%
- C: 10,7%
- D: 2,1%
- E: 2,9%
- F: 6,5%
- G: 8,9%
- L: 5,2%
- M: 12,4%
- N: 3,2%
- O: 7,2%

Cobertura mediática (New York Times)
- A: 2,5%
- B: 13,5%
- C: 1,9%
- D: 1,2%
- F: 5%
- E: 1%
- G: 2,4%
- H: 0,4%
- L: 5,2%
- I: 0,2%
- M: 10,6%
- N: 22,8%
- H: 1,3%
- I: 1,1%
- O: 35,6%

Cobertura mediática (The Guardian)
- A: 2,1%
- B: 12,7%
- C: 2,8%
- D: 1,6%
- F: 5%
- E: <0,1%
- G: 2,3%
- H: 0,3%
- L: 2,3%
- I: 0,1%
- M: 14%
- N: 23,3%
- O: 33,3%

FUENTE: Our World in Data, <https://ourworldindata.org/causes-of-death>.

- Alrededor de un tercio de las causas de muerte se derivan de enfermedades cardíacas, pero esta causa solo recibe entre el 2 y el 3 % de las búsquedas en Google y de la cobertura de los medios de comunicación.
- Poco menos de un tercio de las muertes son consecuencia del cáncer; una cifra similar se encuentra en Google (37 % de las búsquedas), pero solo recibe entre un 13 y un 14 % de cobertura mediática.
- Las mayores discrepancias son las relacionadas con las formas de muerte violenta: suicidio, homicidio y terrorismo. Las tres reciben mucha más atención en las búsquedas de Google y en la prensa que su porcentaje real. En cuanto a la cobertura mediática sobre las causas de muerte, las muertes violentas representan más de dos tercios de la cobertura en *The New York Times* y *The Guardian*, pero menos del 3 % del total de muertes en Estados Unidos.

Un resultado interesante que se desprende de este análisis es que los porcentajes de búsquedas en Google se acercan mucho más a los datos reales que el foco de atención que reciben en la prensa. Esto refleja la discrepancia entre tres elementos: la percepción creada por la prensa, la realidad de los hechos y los verdaderos intereses individuales cuando se busca la información de forma independiente y con plena libertad.

Al igual que al trabajar sobre la percepción y la mente es posible crear fobias, pánicos, ideologías y movimientos al orientar a las multitudes en una dirección determinada, también es posible reequilibrar todo el sistema y tomar decisiones conscientes. La responsabilidad que tenemos radica, en primer lugar, en ser conscientes de cómo la información que recibimos puede transformar nuestro destino, del mecanismo de reacción instintivo e inconsciente que se activa al apelar a nuestros instintos primarios de supervivencia y conservación, y de cómo desactivar estos automatismos. Educar la mente para la gentileza, la armonía y la belleza es posible si conocemos su naturaleza y funcionamiento.

Pureza, presencia e integridad

La actividad de la mente suele hallarse inmersa en un proceso vertiginoso de análisis interminable, ocupada en perseguir estímulos tanto del mundo externo como del entorno interno: un constante diálogo interior hecho de pensamientos, reflexiones, juicios, interpretaciones e impresiones que nos cansa y nos hace perder enormes cantidades de energía vital. Así pues, el primer paso hacia una mente perfecta es comprender los estados que atraviesa, tomar consciencia de sus características y, por último, ser capaz de regular su funcionamiento.

La mente de una persona común, si no se educa correctamente, tiene tendencia a la extroversión y la dispersión: dirige su atención a objetos y situaciones externas, reacciona todo el tiempo de forma inconsciente a heridas emocionales (como la traición, la injusticia o el abandono), proyecciones, miedos y ansiedades sobre el futuro o traumas pasados, pensamientos obsesivos y recurrentes, rumiación sin fin.

Una mente perfecta está purificada de estas tendencias y es íntegra: una mente meditativa educada para el silencio, la creatividad armoniosa, la intuición y, sobre todo, que está intensamente inmersa en el presente. El dalái lama escribió: «Solo hay dos días al año en los que no puedes hacer nada: uno se llama ayer, el otro se llama mañana, así que hoy es el día para amar, creer, hacer y, sobre todo, vivir». Y sigue diciendo: «Lo que me sorprende de los hombres es que pierden la salud para ganar dinero y luego pierden el dinero para recuperar la salud. Piensan tanto en el futuro que se olvidan de vivir el presente, de manera que no pueden vivir ni el presente ni el futuro. Viven como si nunca fueran a morir y mueren como si nunca hubieran vivido».

Si alguna vez habéis tenido un perro en vuestra familia o en vuestra casa, ya sabéis lo importante que es educarlo correctamente y con el enfoque adecuado. Un perro que no está educado es capaz de complicarnos la vida además de destrozar la casa: hace pipí por todas partes, no respeta los espacios, ladra sin control, no atiende a lo que le pedimos, puede ser agresivo y dar rienda suelta a sus instintos, juega donde no debe, come sin control... Estos son algunos de los posibles escenarios. Nuestra mente funciona del mismo modo. Si no la educas, te hará la vida imposible, modificando hasta tu estado de salud y la calidad de tu vida personal, relacional y laboral.

Una mente que no está educada genera sufrimiento y conflicto; se dispersa en recuerdos del pasado o en proyecciones imaginarias del futuro (tanto positivas como negativas); está influida por juicios, miedos y ansiedades; funciona siguiendo patrones cíclicos repetitivos (que hacen que se repitan los mismos errores, decisiones y situaciones); tiene pensamientos obsesivos y recurrentes; es hipercrítica e intolerante, y está llena de prejuicios. En ella habitan las preocupaciones y la sensación de superioridad o inferioridad. Podemos llamarla «mente reactiva inconsciente» porque está inconscientemente a la merced de una infinidad de estímulos, y se convierte en su producto.

Cuando la mente, a través del estilo de vida adecuado, la disciplina, los nutrientes emocionales y mentales correctos y la meditación, se convierte en un instrumento educado e integral, es capaz de concebir, crear y ver la belleza y la armonía en todas partes, incluso en el dolor y el abatimiento más profundos. La mente consciente está en armonía con el corazón y con la vida. Conoce el silencio interior y el presente. Al dejar de ser el producto de los fantasmas del pasado y los temores del futuro, capta e interactúa con la vida que fluye en el instante presente, como hacen los niños. Encuentra la inspiración en la contemplación del silencio, del vacío, del infinito. Es capaz de razonar sin dejarse influir por la lógica de la conveniencia o de las expectativas, sin ser condicionada ni reaccionar de forma involuntaria ante todos los estímulos inconscientes e instintivos. Ha sustituido el sentido de superioridad o inferioridad por la consciencia de unidad y complementariedad.

La mente perfecta es introvertida: ve el mundo e interactúa con él, pero lo hace desde dentro y no se pierde en él. Es capaz de analizar con claridad sus estados interiores y reconocerlos, y tiene asimismo la capacidad de controlar, transformar y crear su ambiente interior (estados, ideas, pensamientos, impresiones) independientemente del ambiente exterior (situaciones, relaciones, acontecimientos). Esto quiere decir que ya no es lo que ocurre en el exterior lo que influye en nuestro estado interior, sino que, por el contrario, es nuestro estado interior de claridad, inspiración, equilibrio, determinación, gentileza y amor lo que afecta e influye profundamente en el entorno exterior, hasta el punto de comprender que, efectivamente, la realidad de afuera depende completamente del estado interior. Cuanto más introspectiva es la mente y más busca en sí misma el origen del mundo, más desarrolla la consciencia de que es uno mismo el autor de la calidad de su propia vida y bienestar. En estas mentes nace un sentido nuevo y más profundo de la responsabilidad y la causalidad.

El psicólogo y filósofo estadounidense William James escribió que muchas personas creen que están pensando, pero en realidad solo están reorganizando sus prejuicios.

El proceso de armonización de la mente no consiste en controlar su actividad, sino en restablecerla completamente bloqueando sus tendencias dispersivas y devolviéndola a una condición original de pureza, claridad y consciencia plena. En este sentido, la práctica de la meditación tiene un papel fundamental.

La mente perfecta es tan pura como la de un recién nacido. Es cristalina y no está atestada de pensamientos, juicios, críticas ni decepciones. Resplandece en un estado de presente continuo y no se proyecta en un pasado que ya no existe ni en un futuro que todavía no existe. Este estado también puede observarse en los niños mientras juegan. ¿Cómo pueden estar tan profundamente inmersos en lo que está sucediendo en ese instante? ¿Cómo consiguen vivir ese estado de absoluta despreocupación en el que no existe nada aparte de ese momento? Su mente es libre. Del todo.

Los seres humanos adultos pierden la capacidad de sentir la armonía del tiempo presente: del aquí y ahora. Casi siempre vivimos proyectados en los posibles escenarios de un hipotético futuro o en los recuerdos, penas y traumas del pasado. En el momento presente, si se vive con plena consciencia, existe en cambio la experiencia de la felicidad y la perfección. La mente del adulto sustituye la maravilla y la belleza del milagro de la vida, perfecta en todas sus manifestaciones, por creaciones artificiales. Para los niños, todo es distinto. Ellos acceden de forma absolutamente natural al momento perfecto, el único posible: este instante. Cuanto más pequeño es el niño, más difícil es para su mente, todavía muy cercana a un estado de pureza e integridad, comprender lo que significa «pasado mañana», «esta noche», «una hora».

Para los niños es mucho más fácil vivir inmersos en un presente continuo, sin interrupciones, donde este instante es para siempre. Donde el pasado y el futuro no existen. Donde es posible experimentar esa felicidad existencial que es la condición natural de una mente capaz de vivir en un estado de presencia. Una mente íntegra no se proyecta hacia el pasado y el futuro, no reacciona con estímulos inconscientes y vive intensamente inmersa en un presente continuo.

EL EJERCICIO DE LOS SIETE DESPERTADORES

Un buen ejercicio para poner a prueba y mejorar el estado de presencia mental es poner siete despertadores o alarmas del móvil a lo largo del día. Cada vez que suene, el reto es pararse, respirar profundamente tres veces, entrar en contacto con el momento presente y repetir mentalmente esta frase siete veces: «Estoy totalmente aquí. Ahora». El ejercicio de los siete despertadores tiene varias funciones: la primera es entrenar la mente para que vuelva al tiempo presente, pero también mejora la claridad mental y la concentración, favorece la relajación y permite gestionar mejor el estrés.

Vivir en el flujo

El «estado de flujo» es una sensación de libertad derivada de la ausencia de pensamientos negativos y un estado particular de autoconsciencia. El psicólogo estadounidense Mihály Csíkszentmihályi teorizó en 1975 sobre el fenómeno del «estado de flujo» al observar que, en determinadas condiciones, las personas persisten en lo que hacen ignorando cualquier incomodidad o fatiga si encuentran una satisfacción inherente al acto que están realizando. El estado de flujo produce una fuerte automotivación intrínseca (autotélica), es decir, una intensa satisfacción y disfrute en lo que se realiza, independientemente del resultado final: una experiencia de inmersión completa y total en la tarea realizada. Ser capaz de entrar en el estado de flujo depende de cómo la persona percibe los retos que el entorno y las situaciones externas le presentan y de qué habilidades tiene para afrontarlos. El equilibrio entre la destreza y la percepción del desafío conducirá a la experiencia de flujo: una implicación total (conductual, cognitiva y emocional) de la persona, para un disfrute puro y completo en un estado de presencia absoluta.

Los ambientes deportivos son cada vez más conscientes de la importancia de la mente para conseguir resultados. Incluso hay quienes están convencidos de que el éxito de muchas competiciones deportivas está determinado en gran medida por el uso correcto de la mente. Una falta de atención y un momento de desconfianza pueden ser fatales para la conquista del podio. Mohamed Ali profetizó: «Si puedo concebirlo con la mente y creerlo con el corazón, entonces puedo lograrlo». Roger Federer perdió la semifinal del US Open de 2011 contra Novak Djokovic al desaprovechar dos puntos de servicio en el último set, cuando hasta entonces todo iba del mejor modo posible. A veces, sobre todo en situaciones especialmente delicadas, hasta un solo pensamiento o estado mental disfuncional, no solo en el deporte sino también en un rescate arriesgado por parte de la policía, un bombero, un médico o un enfermero, puede marcar la diferencia entre el éxito y el fracaso. Ser consciente y estar plenamente presente y en un estado de flujo en esos momentos es la clave del éxito. De ahí que cada vez más profesionales recurran a la meditación para preparar la mente y mejorar la concentración y la atención, así como para reducir el estrés y la ansiedad.

Los procesos cognitivos que implican la atención y la consciencia del presente son aspectos clave para producir una experiencia de «flujo» en los deportistas. La meditación puede crear las condiciones adecuadas para la experiencia de «flujo», ya que implica la toma de consciencia y la atención a las experiencias en el momento en que se viven, de una manera no crítica y con actitud de aceptación.

UNA MENTE INSPIRADA

Johann Wolfgang von Goethe dijo: «Un hombre debería escuchar un poco de música, leer alguna poesía y admirar un hermoso cuadro todos los días de su vida para que las preocupaciones del mundo no empañen el sentido de la belleza que Dios ha puesto en el alma humana».

Según los griegos, un poeta inspirado entraba en contacto con los pensamientos de los dioses y caía en un estado de éxtasis, en el que era transportado fuera de su mente.

La palabra *inspiración* deriva del latín «inspirare», que significa «soplar dentro» para encender un sentimiento profundo o una idea elevada en el alma de alguien. Una mente inspirada está disponible y abierta al infinito. Es precisamente este estado de disposición y apertura el que permite que sea fecundada por sentimientos de orden superior e ideas sublimes: la llama de algo infinitamente grande que nos sopla dentro y nos eleva.

¿Cuáles son los contextos, las personas y las situaciones que nos inspiran?

¿Mediante qué sensaciones podemos definir y reconocer que nos sentimos inspirados?

¿Qué significa para ti estar inspirado?

CULTIVA HÁBITOS INSPIRADORES

Haz una lista de siete cosas (experiencias, acciones, personas, situaciones) que te inspiren de verdad y conviértelas en rituales diarios.

TALENTOS INNATOS

¿Habéis oído alguna vez a Lang Lang, uno de los pianistas más famosos y virtuosos del mundo, tocar la Marcha Militar de Franz Schubert junto a Ricky Kam, un niño prodigio de cinco años? Otros pianistas prodigio como Umi Garrett, Ethan Bortnick y Alexandra Dovgan son también increíbles ejemplos de cómo el talento se manifiesta mediante inclinaciones y tendencias innatas desde la más tierna edad.

Es fascinante ahondar en cómo se explica este fenómeno en la milenaria cultura védica a través de la naturaleza de la mente. Tales inclinaciones (tendencias latentes innatas, tanto positivas como negativas), presentes en cada uno de nosotros desde el nacimiento, también pueden manifestarse y florecer repentina e inesperadamente en determinadas condiciones y momentos de la vida. Talentos, impulsos e inclinaciones destructivas, rasgos de carácter inconscientes y virtudes.

¿Será cierto el viejo refrán que dice: «Quien con un cojo va al cabo del año cojeará»? Depende. Depende, también y sobre todo, de las inclinaciones y tendencias innatas presentes en cada individuo. De hecho, las flores de loto crecen en el fango y hay miles de historias de personas que crecieron en entornos violentos y difíciles que no se contaminaron en absoluto del exterior, sino que siguieron inclinaciones e instintos innatos que de todas formas les permitieron crecer en virtud e integridad.

No son los lugares, las personas o las situaciones los responsables últimos de lo que pensamos, sentimos o hacemos, sino nosotros mismos. Si en nosotros solo hay paz, no podrá sino manifestarse la paz. Independientemente de las circunstancias externas. La intimidad de nuestros sentimientos traza constantemente la línea de nuestro destino. Todo depende de la raíz de lo que sentimos que somos, de los pensamientos más íntimos que nutrimos y de las profundas tendencias latentes que existen inconscientemente en nosotros. ¿De qué dependen estas tendencias? ¿Cómo se han formado y de dónde vienen?

En el Yoga Sutra de Patanjali, la mente se designa con el término sánscrito *manas* y se considera un «órgano sutil dotado de consciencia». A diferencia de la cultura occidental, que percibe la mente como algo abstracto, un lugar indefinido donde cobran vida nuestros pensamientos, para la cultura védica es un órgano real, como el corazón, los pulmones, el hígado y los riñones. Sin embargo, a diferencia de estos, se considera un órgano compuesto de una materia definida como «sutil», con la función de procesar y almacenar pensamientos, ideas e impresiones. Una base de datos en la que se almacena un extraordinario patrimonio de datos en estado latente. Según esta fascinante tradición, la mente, al estar compuesta de materia «sutil», sobrevive a la muerte física del individuo y lleva consigo a lo largo de las sucesivas existencias todos los recuerdos latentes (definidos por el término *samskara*) registrados en la inmensa base de datos de la memoria y presentes en estado potencial, pero listos para expresarse bajo ciertas condiciones. Y estos influirían en las inclinaciones, las tendencias profundas, el carácter y el comportamiento. Así pues, con independencia del contexto social en el que nacemos, de las influencias de padres, amigos y profesores, existe una inclinación potencial latente en cada uno de nosotros que depende en concreto de la naturaleza de nuestra mente. Por ello, las antiguas tradiciones orientales hacen gran hincapié en la salud y la purificación de la mente, y recurren a instrumentos como la contemplación, el silencio interior, la meditación y la respiración para anular las tendencias destructivas inconscientes, que se consideran la causa de nuestros sufrimientos. La pregunta clave a la que también responde el libro es la siguiente: si la ciencia moderna ha demostrado que la mente influye y controla los genes modificando los procesos de envejecimiento e inflamación, las capacidades cognitivas, la memoria, el estado de ánimo, la ansiedad y la depresión, entonces debemos preguntarnos: ¿qué influye en la mente? ¿Con qué instrumentos podemos gestionarla, purificarla y convertirla en un órgano que funcione plenamente, capaz de expresarse de forma armoniosa y de influir positivamente no solo en la biología de nuestro cuerpo, sino también en las situaciones, relaciones, elecciones y decisiones, orientando nuestro destino y convirtiéndolo en una decisión consciente?

LAS TRES CUALIDADES DE LA MENTE

Cómo tener una mente iluminada, inspirada y siempre joven
La naturaleza, según la cultura védica (*prakriti*: realidad inmanente o

naturaleza manifiesta), está caracterizada e influida por tres cualidades llamadas *gunas* (la palabra sánscrita *guna* también significa «virtud o atributo»).

Las tres *gunas* se consideran los componentes últimos de la materia y son las siguientes:

- *Tamas* (oscuridad), las pesadas fuerzas de la inercia que impiden el dinamismo.
- *Rajas* (dinamismo), que indica el componente activador de la vida.
- *Sattva* (verdad o lo que es), que indica las fuerzas que elevan e iluminan.

Cada una de estas tres cualidades es en sí misma neutra, ni positiva ni negativa. La cantidad, en exceso o en defecto, provoca equilibrios o desarmonías.

Un exceso de *tamas* genera pesadez, inercia, torpor y somnolencia, mientras que su carencia genera insomnio y dificultad para tomarse momentos de auténtico descanso y regeneración. El equilibrio de *tamas* asegura el descanso adecuado.

Un exceso de *rajas* provoca hiperactividad y dependencia del hacer, mientras que su carencia da lugar a una falta de acción concreta y de dinamismo, así como a una excesiva inmovilidad en todas las esferas de la existencia. El equilibrio de *rajas* asegura un dinamismo adecuado.

Un exceso de *sattva* podría causar una excesiva dispersión y falta de concreción y pragmatismo; no tener los pies en el suelo y tener la cabeza en las nubes. Una carencia de *sattva* podría causar falta de inspiración y ligereza, excesiva terrenalidad y venalidad. El equilibrio de *sattva* proporciona la ligereza e inspiración adecuadas.

Las tres *gunas* se encuentran en todos los aspectos de la existencia y, por tanto, también influyen en la actividad de la mente *(manas)*.

La mente tamásica: cuando predomina *tamas*, la mente está inmersa en el letargo, la indolencia, la apatía, la pesadez y la ignorancia. Los individuos tamásicos tienden a la pereza y a la inercia.

La mente rajásica: cuando predomina *rajas*, la mente se encuentra en un estado de inestabilidad, hiperactividad, deseo constante e inquietud. Los individuos rajásicos tienden a ser emocionales y pasionales, se sumergen en el hacer y buscan resultados inmediatos.

La mente sátvica: cuando predomina *sattva*, la mente se encuentra en un estado de claridad, sabiduría, pureza, virtuosidad y serenidad. En consecuencia, la presencia de individuos sátvicos eleva, aporta ligereza, paz y equilibrio, pero también y, sobre todo, inspiración.

¿QUÉ TIPO DE MENTE TIENES, SÁTVICA, RAJÁSICA O TAMÁSICA, Y EN QUÉ CIRCUNSTANCIAS?

¿Qué sensaciones de las que se enumeran en la tabla experimentas con más frecuencia durante el día?

¿A qué contextos, experiencias y personas se asocian?

Piensa en una persona, situación o acontecimiento de tu vida y en las sensaciones que te provoca. ¿Predomina la pesadez, el dinamismo o la ligereza?

Sattva	Rajas	Tamas
Equilibrio	Dinamismo	Relajación
Armonía	Frenesí	Inercia
Positividad	Energía	Inactividad
Paz	Excitación	Negatividad
Claridad	Concentración en el hacer y en el resultado	Apatía
Ligereza		Aburrimiento
Creatividad	Deseo	Pesadez
Apertura	Agitación	Pereza
Serenidad	Inquietud	Desinterés
	Ansiedad	Letargo

Imagina las tres *gunas* como tres lagos:

- El primero, *tamas*, está lleno de fango, por lo que el agua es turbia, y en el agua turbia no se ve nada. Aunque sea un día luminoso y soleado, no verás ningún reflejo. Por eso, a *tamas* también se le conoce como la *guna* oscura.
- El segundo, *rajas*, está agitado; el agua no para de moverse. Puede haber luz reflejada en la superficie del agua, pero solo aparece en breves destellos fragmentados. Podemos ver que hay luz, pero debido a la agitación del agua creemos que la luz también se mueve.
- El tercero, *sattva*, está completamente inmóvil, limpio y claro. No hay obstrucción ni agitación; el agua se convierte en un medio perfecto para que la luz brille. Por eso, esta cualidad se considera «la verdad reveladora». Cuando la mente es sátvica, vemos las cosas como realmente son.

Reequilibrar la tendencia tamásica
Si te encuentras abrumado por *tamas*, probablemente te sentirás perezoso, confuso y pesado física, mental y emocionalmente. Podría suponer un esfuerzo hacer cualquier cosa, incluso pensar. Entre los estados mentales tamásicos se encuentran el miedo, la depresión, el nihilismo, el desánimo y la desmotivación. Algunos consejos para reequilibrar el estado tamásico:

- Movimiento: reactivarse haciendo ejercicio, entrenando, dando paseos o corriendo. El movimiento del cuerpo mueve toda nuestra energía, lo que a su vez estimula un cambio en el pensamiento y los patrones emocionales. El ejercicio es probablemente la forma más rápida y eficaz de gestionar los estados tamásicos.
- Microobjetivos: la tendencia tamásica genera impotencia y de-

sánimo. Podemos invertir esta mentalidad adoptando un enfoque más proactivo hacia lo que nos preocupa. Si hay algo que no funciona en nuestra vida, decidimos de forma pragmática cómo mejorarlo y empezamos a marcarnos objetivos a corto y medio plazo. Incluso dar pequeños pasos hacia delante puede hacernos sentir mucho mejor.

- Evitar la comida basura, el alcohol y las sustancias psicoactivas: el efecto devastador que tienen sobre la mente y el cuerpo no merece el placer momentáneo (véase el recuadro «¿De qué te estás alimentando?», p. 225).

- Seleccionar los estímulos: presta atención a cómo utilizas los medios de comunicación. ¿Qué ves en la televisión todos los días? ¿Qué aparece de forma destacada en tus redes sociales? ¿Qué tipo de películas ves? Reduce o elimina cualquier cosa que contribuya a una mentalidad tamásica.

- Tiempo libre: escucha música vibrante y ligera, elige lecturas que te inspiren y motiven.

- Relaciones: fíjate en las personas con las que pasas el tiempo, reflexiona sobre el efecto que ciertas personas y relaciones tienen en tu mente y emociones, y pasa más tiempo con quienes te inspiran y estimulan.

Reequilibrar la tendencia rajásica

Si te encuentras en un estado hiperactivo, inquieto y ansioso, y tu mente está constantemente rumiando, llena de juicios y pensamientos; si no puedes parar y siempre necesitas hacer algo, y si te cuesta conciliar el sueño o no puedes dormir, las características rajásicas necesitan ser reequilibradas. Algunos consejos:

- Meditar: la meditación es probablemente la mayor actividad de reequilibrio. Es muy eficaz para calmar la mente y el cuerpo. Miles de investigaciones han demostrado claramente que reestructura el cerebro, con muchos beneficios duraderos (véase el capítulo «Medita, medita, medita», p. 228).

- Pasar tiempo en la naturaleza: incluso un breve paseo al aire libre en un bosque o en la playa puede armonizar la mente y el cuerpo. La naturaleza es extraordinariamente equilibradora y curativa (véase el capítulo «Naturaleza curativa», p. 285).

- Alimentación: reducir o eliminar el mayor número posible de estimulantes, como la cafeína. Prueba a sustituir el café por un vaso de agua con limón o una infusión.

- Ayuno tecnológico: descansa de los medios de comunicación (televisión, ordenador, redes sociales, teléfono). Desconéctate durante uno o dos días y nota cómo mejora tu estado de ánimo. Como alternativa, limita el tiempo que pasas al teléfono, en las redes sociales o con el correo electrónico.

- Seleccionar los estímulos: ten cuidado con las noticias que ves, escuchas y lees. Muchas veces, los medios de comunicación crean audiencia con noticias catastróficas, sensacionalistas y que provocan ansiedad. Selecciona conscientemente el flujo de información entrante.

- Crear una nueva lista de canciones: reduce la música que aumenta tu estado de activación y frenesí. En su lugar, da preferencia a la música que te calma y equilibra (véase el apartado «Temas recomendados» del capítulo «Música y sonido: entre la salud, el bienestar y la longevidad», p. 275).

- Descansar y dormir: aprende a relajarte de modo consciente. Puedes hacerlo mediante el instrumento más sencillo que tienes a tu disposición en todo momento: la respiración consciente. Los beneficios físicos y psicológicos son inmediatos y profundos en todo el sistema psicofísico (véase el apartado «Una estrategia para calmar la mente», p. 226).

- Relaciones: fíjate en las personas con las que pasas el tiempo, reflexiona sobre el efecto que ciertas personas y relaciones tienen en tu mente y emociones, y favorece las que te hacen sentir tranquilo y feliz.

- Disfrutar del viaje: en lugar de ver todo como una carrera desesperada, aprende a disfrutar del viaje. La gratitud es uno de los principales instrumentos que tienes para saborear cada momento (véase el capítulo «Perdón y gratitud», p. 83).

LOS CINCO ESTADOS DE LA MENTE

¿Sabes reconocer tu estado mental más frecuente?
Para llegar a desarrollar una mente iluminada hay que ser consciente de los cinco estados que atraviesa.

El primero se llama *mudha*. Está dominado por la *guna tamas* y produce un estado mental de torpor, confusión, pesadez, cansancio, apatía, duda. La sensación es la de estar embotado y se tiende a la apatía y la inercia. La mente se siente atraída por todo lo que genera pesadez y torpeza: pensemos, por ejemplo, en las horas pasadas frente al televisor o el ordenador, los alimentos grasos y ultraprocesados, las relaciones pesadas, el consumo de drogas o el abuso del alcohol.

El segundo se llama *ksipta* (pronunciado *kshipta*). Este estado es producto del predominio de la *guna rajas*, que lleva a la mente a ser inquieta, hiperactiva, totalmente extrovertida, atraída por el placer sensorial. La mente encuentra placer en la sobreestimulación, en los estados de excitación y euforia, los que dan la sensación de «ir a tope», de pisar el acelerador y sentirse «enérgico»; le atraen las formas, los colores, las relaciones y las emociones que crean un intenso placer sensorial.

El tercero es el *viksipta* (pronunciado *vikshipta*). La actividad mental empieza a recibir la influencia de la *guna sattva*, pero de manera inestable. Esta inestabilidad tiende a crear una mente distraída y superficial; la sensación es la de ser «poco concreto o estar con la cabeza en las nubes». La atención de la mente no logra focalizarse, sino que rebota superficialmente solo en lo que agrada e interesa, y evita los problemas, las responsabilidades y todo lo que pueda crear preocupación, ansiedad, aprensión y sufrimiento.

El cuarto es *ekagra*. En este estado prevalece la *guna sattva*, pero, a diferencia del anterior, es un estado equilibrado. La mente es estable, firme y capaz de permanecer concentrada, y tiene claridad, presencia y foco; es una mente dispuesta a inspirarse, a crear, nutrir y cultivar pensamientos elevados. Este estado presenta buenas condiciones para poder meditar.

El quinto y último estado se llama *niruddha*. La mente está desprovista de pensamientos, el constante diálogo interior de imágenes, ideas e impresiones se suspende y se sustituye por el silencio mental. La atención ya no contempla ningún objeto. Toda la actividad mental está inhibida. Es un estado de regeneración profunda. Este estado es el resultado de una práctica meditativa concreta.

De estos cinco estados o modalidades mentales, los tres primeros no son adecuados para la práctica de la meditación: si se intenta meditar sin regular y «domesticar» primero la mente, resultará imposible, algo inaccesible, incomprensible y frustrante. Como un perro maleducado, la mente será incapaz de controlarse y quedará a merced de instintos e impulsos, distraída por los estímulos del entorno e incapaz de responder de forma equilibrada. Por el contrario, los dos últimos estados (*ekagra* y *niruddha*) son adecuados para las prácticas meditativas.

Las tres características de la mente (*tamas*, *rajas* y *sattva*) y los cinco estados mentales derivados de ellas (*mudha*, *ksipta*, *viksipta*, *ekagra* y *niruddha*) están influidos y regulados por ocho pilares de nuestra vida:

1. Alimentación saludable.
2. Actividad física correcta y regular.
3. Relaciones sanas y felices.
4. Práctica regular de la meditación.
5. Relación armoniosa con la naturaleza.
6. Sexualidad sana y equilibrada.
7. Escuchar música adecuada.
8. Lectura de textos inspiradores.

Al final de este libro encontraréis un capítulo dedicado por completo a las directrices de una alimentación sana, un ejercicio físico adecuado y la práctica de la meditación para tres grupos de edad distintos. También encontraréis reflexiones, consejos y orientaciones en los capítulos dedicados a las relaciones sanas y felices, y a la música, así como sugerencias de lecturas inspiradoras para alimentar la mente de forma adecuada.

¿DE QUÉ TE ESTÁS ALIMENTANDO?

Alimentos tamásicos	*Alimentos rajásicos*	*Alimentos sátvicos*
Ajo	Mostaza	Fruta fresca
Margarina	Pimienta negra	Verduras frescas
Grasas hidrogenadas	Asafétida	Cereales
Chocolate con leche	Rábano picante	Legumbres
Seitán	Algas	Productos lácteos frescos procedentes de ganadería no intensiva
Tofu	Umeboshi	
Glutamato	Zanahoria	
Champiñones	Berenjena	Fruta deshidratada
Patatas	Piña	Semillas oleaginosas
Alcohol	Fructosa	
Vinagre	Castañas	Pepitas de calabaza
Alimentos refinados	Arrayán	
Alimentos procesados	Salsa de tomate	Cocciones al horno, en loza, sartén, cazuela, asador
	Salsas picantes	
	Fermentos lácticos	
	Probióticos	
	Cafeína	

La estrechísima relación entre actividad mental y respiración se ha señalado en cientos de artículos científicos. Solo hay que visitar la página de PubMed, la mayor base de datos de artículos científicos del mundo, y escribir «respiración + cerebro + meditación» para confirmar la veracidad de esta afirmación. Lo que la ciencia ha validado en los últimos tiempos ya estaba recogido y explicado en textos milenarios como los Vedas, que consideran la respiración como «la parte más densa de la mente», capaz de afectar a su actividad y a sus estados. Por lo tanto, la relajación y la calma mental pueden lograrse mediante el control de la respiración y la respiración consciente. Estas antiguas tradiciones hacen un especial hincapié en la regulación de la expiración y la retención de la respiración con los pulmones vacíos. La suspensión o retención de la respiración realizada con los pulmones vacíos (al final de la expiración) se llama *rechaka*, mientras que la retención de la respiración realizada con los pulmones llenos (al final de la inspiración) se llama *puraka*. El objetivo de esta respiración es lograr la calma de la mente, que ya no está a merced de un torbellino de pensamientos, sino que entra en un estado de claridad, concentración y focalización, lo que la hace adecuada para la práctica meditativa.

En el Yoga Sutra de Patanjali se habla exclusivamente de la retención de la respiración con los pulmones vacíos *(rechaka)* porque se quiere crear una especie de vacío mental, que se ve favorecido por el efecto fisiológico de mantener los pulmones vacíos de aire. Durante la retención de aire con los pulmones llenos *(puraka)*, el cuerpo está más cargado de energía, por lo que la mente puede focalizarse fácilmente en un determinado objeto de atención. Por objeto de atención se entiende cualquier cosa, concreta o abstracta, en la que podemos focalizar la concentración, incluidas las ideas y los pensamientos.

LA RESPIRACIÓN QUE VENCE A LA MENTE

Siéntate en una posición cómoda y relajada.

Presta atención a la respiración que entra y sale de las fosas nasales y toma plena consciencia de ella.

Realiza 21 respiraciones progresivamente más profundas, naturales, relajadas y lentas.

Pon la intención de vaciar completamente la mente en cada exhalación.

Cada tres respiraciones, vacía completamente los pulmones y retén la respiración durante al menos siete segundos. El tiempo de retención debe determinarse sobre todo mediante la escucha y el respeto a uno mismo, sin obligar. El objetivo de la práctica es la gentileza y la calma mental, no forzar.

Durante la retención del aire con los pulmones vacíos, explora y escucha el vacío que se crea.

La primera respiración después de cada retención será más profunda y amplia que las demás.

Al final de la tercera y última retención, permanece un minuto en silencio en la suspensión, en la quietud de la mente, en un estado de escucha, presencia y consciencia.

MEDITA, MEDITA, MEDITA

Daniel Lumera

La nuestra es una condición afortunada.
Somos animales con un pie en el infinito.

Daniel Lumera

Hoy en día, la meditación es una de las tendencias más fuertes en materia de salud: junto con la correcta alimentación y el ejercicio físico, se ha convertido en uno de los tres pilares del bienestar y la calidad de vida. Según los Centros para el Control y la Prevención de Enfermedades de la sanidad pública de Estados Unidos, es la práctica sanitaria que más crece en ese país, con un número de «meditadores» que se ha triplicado entre 2012 y 2017. Son datos que reflejan más de 8.000 estudios científicos sobre sus efectos, que muestran hallazgos extraordinarios en los campos de la medicina, la psicología y la neurociencia. Sin embargo, la meditación también está experimentando un periodo de mercantilización en Occidente, donde se reduce su valor en términos de conveniencia. De hecho, el foco de la atención se centra en los extraordinarios beneficios que produce: relajación, desinflamación, ralentización de los procesos de envejecimiento, reducción de la depresión y mejora del estado de ánimo y las capacidades cognitivas. Aunque pertenece a la esfera del «saber ser», la meditación se aprecia principalmente por los efectos de su práctica, por lo que ha sido relegada al ámbito del «saber hacer», como una habilidad que hay que adquirir para lograr un bienestar y una salud duraderos. Pero la meditación es mucho, mucho más que eso.

Su éxito y difusión en los últimos años se debe fundamentalmente a cuatro factores. El primero, como acabamos de ver, está relacionado con su efecto positivo en la salud y el bienestar. El segundo está relacionado con la necesidad de equilibrar el estilo de vida acelerado, ruidoso, estresante y competitivo. Las prisas, la hiperactividad y las montañas rusas emocionales exigen elementos y experiencias que aporten calma, escucha, interiorización, paz y silencio. El tercer factor se refiere a la evolución y está relacionado con la consciencia del significado, el papel y el propósito vital. El ser humano debe volver a conectarse armoniosamente con el medioambiente, con todas las demás formas de vida y con el universo, dejar de ser un explotador de recursos y de los demás seres para convertirse en parte integrante de un delicado equilibrio. En este sentido, la meditación permite elevar el nivel de consciencia y expandirla, lo que proporciona una visión mucho más amplia de la vida y de uno mismo. El cuarto factor es de naturaleza existencial: se refiere a la realización de la parte más íntima, elevada y esencial de uno mismo. Una profunda llamada a la realización de estados elevados de consciencia en los que se experimenta la naturaleza de la felicidad y se vuelve a la pureza e integridad originales.

La meditación no es simplemente una moda: su verdadera esencia posee raíces lejanas y un significado muy profundo. Hoy se medita en las empresas, las plazas, los parques, los bancos y las iglesias. En una época en la que hay más centros holísticos que sucursales bancarias, es bueno preguntarse qué es realmente la meditación.

LA REVOLUCIÓN DEL SER

Mis padres me veían sentado, meditando, a veces durante horas, y no entendían muy bien qué estaba pasando. Para la cultura del hacer y del pensar, tal vez, solo tal vez, permanecer inmóvil en el silencio y la consciencia del ser puede parecer una pérdida de tiempo útil y valioso. Pero lo que no sabían es que en mi cerebro se estaban produciendo millones de transformaciones estructurales de las que la ciencia empieza a hablar ahora, desde la capacidad de retrasar el envejecimiento, desarrollar la memoria, la concentración y la atención, desinflamar, activar y desactivar genes y regular el estado de ánimo hasta la posibilidad de modificar el ADN con el enorme impacto que todo ello tiene en la salud del cuerpo, la mente y el espíritu, y en la calidad de vida individual, relacional y social.

Las razones evolutivas para esa vocación eran enormes. No solo estaban relacionadas con el bienestar, sino también con una nueva forma de ser humanos, de sentirnos a nosotros, a la vida y la naturaleza. Lo mismo sucedió cuando la generación de los hijos de los campesinos pidió que se les permitiera estudiar. A muchos les negaron esa oportunidad y los enviaron al campo a arar porque «saber pensar no pone pan en la mesa» y se consideraba que la mejor inversión era saber hacer, trabajar el bien primario de la tierra. Sin embargo, el pensamiento resultaría ser mucho menos abstracto de lo que creían a la hora de crear y dar forma a la realidad. Y hoy ocurre más o menos lo mismo. Cada vez hay más personas que se han percatado de la importancia de saber ser. Saber hacer, saber pensar, saber ser. El valor de la consciencia pronto dará sus frutos en la vida de quienes abracen esta revolución interior. Frutos en términos de salud, bienestar, prosperidad y armonía con la vida. Todas ellas, necesidades evolutivas de fundamental importancia, no solo para poder vivir, sino sobre todo para poder sobrevivir en este planeta. La empatía, la gentileza, el perdón, la consciencia..., este es el alimento del futuro próximo.

Me veían sentado en silencio, inmóvil, a veces durante horas..., y puede que entendieran que estaba pasando del saber hacer y del saber pensar al saber ser.

UNA PALABRA, UN MUNDO

Meditar, *medicar* y *medicina* comparten la raíz etimológica *med*, que deriva del latín *mederi* y significa «curar». Así, meditar deriva del latín *meditari* (iterativo de *mederi*, «curar») y en su significado original significaba «practicar» y, posteriormente, «reflexionar», elaborar y preparar en la mente algo que pretendemos realizar: meditar una idea, meditar un plan, meditar una sorpresa, meditar una venganza, meditar un proyecto..., meditar la huida. Desde siempre, meditar ha indicado la capacidad de la mente de considerar y detenerse larga y atentamente en un objeto de atención (una idea, un tema, un texto, un problema) con el fin de investigarlo y comprenderlo bien. Por ejemplo, meditar sobre un pasaje de la Biblia no es una simple reflexión lógica o superficial, sino una escucha profunda y consciente. Este «detenerse largamente con la mente» es recogerse profundamente en uno mismo para sentir íntimamente ese objeto. En la filosofía oriental, indica un proceso de realización dirigido a la autoconsciencia, que se logra a través de un mayor dominio de las actividades mentales, con el fin de perfeccionar la capacidad de fijar la atención y la concentración en un solo pensamiento y excluir todos los demás. Esta focalización en un elemento preciso de la realidad (o en un pensamiento elevado) tiene como objetivo inicial el de detener el flujo habitual de pensamientos (diálogo de fondo). La mente se vuelve absolutamente silenciosa, serena y pacífica, y descansa en un estado natural sin actividades ni alteraciones.

Las principales tradiciones religiosas reconocen y practican la meditación, aunque de formas distintas. Los Upanisads contienen la primera referencia explícita a la meditación que ha llegado hasta nosotros: el término sánscrito con el que se indica es *dhyana* (literalmente, «visión»). Ningún otro idioma tiene una palabra con el mismo significado concreto, puesto que hace referencia a un estado del ser que no estaba identificado de un modo claro. Durante milenios no se tradujo porque no se había reconocido claramente el estado de consciencia que indica y denota. Simplemente, los otros idiomas no tenían esa palabra.

El significado que se suele dar al término *meditación* indica «concentración o atención», dos elementos que forman parte del proceso por el que se llega al «estado meditativo». Cuando caemos en esta confusión, la palabra *meditación* implica un objeto de atención: «¿En qué estás meditando?». «Medito sobre la verdad, medito sobre la belleza, medito sobre el silencio, medito sobre el presente, medito sobre Dios.»

Desde esta perspectiva, es paradójico decir simplemente: «Estoy meditando», porque la afirmación, sin haber comprendido o experimentado lo que es realmente este estado de la mente, resultaría incompleta. Pero *dhyana* no es simplemente atención, concentración o contemplación: «estar en meditación» encierra todo el significado de *dhyana*. Perdonad la aparente paradoja, pero por meditación, en este libro, no nos referimos a la palabra comúnmente entendida como meditación, sino al estado mental definido como *dhyana* en los Upanisads.

Hace dos mil años se planteó el mismo problema en China y Japón cuando Buda utilizó la palabra *jhana* para referirse a estados mentales específicos. Esa palabra era la transliteración al pali (lengua india perteneciente a la familia indoeuropea que todavía se utiliza como lengua litúrgica en el budismo theravada) del término sánscrito *dhyana*. Los monjes budistas no lograron encontrar una sola palabra que pudiera traducir este término, por lo que el *jhana* llegó a China, donde se convirtió en *chan*, y posteriormente a Japón, donde se convirtió en *zen*.

La palabra china *chan* no es más que un intento de imitar el sonido de la palabra sánscrita *dhyana* y representarla con un ideograma que funcione como fonema y no como episteme, es decir, que indique el sonido y no el significado. Literalmente, *chan* significa «altar aplanado» y «abdicar». Sin embargo, aunque este ideograma se eligió para imitar el sonido de la palabra *dhyana*, está compuesto por dos ideogramas: el primero significa «indicar, apuntar a, mostrar» y el segundo significa «solo, único, simple, singular». Por lo tanto, al separar el significado de las dos partes, resulta que el ideograma también contiene el significado de «apuntar a la simplicidad» o «apuntar al uno».

LO QUE ES Y LO QUE NO ES

Meditar no es visualizar. «Cierra los ojos e imagina que estás caminando por una playa maravillosa...» Estas imágenes mentales y el proceso de visualización no tienen nada que ver con la meditación.

Meditar no es respirar de modo consciente. La respiración que se practica para alcanzar un estado de presencia consciente no puede llamarse en ningún caso meditación. Las antiguas filosofías sapienciales consideraban la respiración consciente uno de los elementos preparatorios. Por lo tanto, la práctica de los estados de presencia consciente tampoco consiste, como se cree a menudo y erróneamente, en el estado de consciencia meditativo profundo indicado en la tradición védica. Los procesos de atención, concentración y plena consciencia de un estado de presencia se refieren a los primeros pasos que hay que dar para acceder al estado meditativo.

Meditar no consiste en un proceso de relajación. Las prácticas de relajación y liberación de la tensión y el estrés no se consideran meditación.

En Occidente, «lo medito» significa iniciar un proceso analítico reflexivo para metabolizar y procesar la información. Por tanto, meditar equivale a pensar. Nada más lejos de la experiencia meditativa real, que consiste precisamente en anular toda actividad mental (pensamientos, ideas, reflexiones, análisis, impresiones, juicios, definiciones, prejuicios, consideraciones...). Por lo tanto, meditar no es pensar, reflexionar o procesar.

Meditar no es rezar. Muchos maestros orientales han hecho hincapié en esta curiosa afirmación: «Rezar es cuando tú hablas y Dios te escucha. Meditar es cuando Dios habla y tú escuchas».

La meditación tampoco debe confundirse con una práctica *New Age* o esotérica, ya que pertenece a diversas filosofías de la sabiduría tradicional, como la vedanta, la taoísta, la budista y muchas otras. Asociarla o atribuirla a los movimientos recientes es un error común y grosero.

También es común escuchar expresiones como: «Se puso a meditar y empezó a canalizar...». Debemos terminar con ciertos mitos de una vez por todas. Meditar no consiste en canalizar nada. No se recibe ningún tipo de información, mensaje ni imagen. En el estado de consciencia meditativo se agotan todos los fenómenos visuales y perceptivos. No consiste de ningún modo en ver algo concreto, en experimentar emociones o sensaciones particulares (como la alegría o la sensación de unión o expansión), no consiste en experimentar fenómenos visuales como luces, colores, visiones... Nada de esto es meditar.

Llegados a este punto, seguramente muchos os estaréis preguntando: «Entonces, ¿en qué consiste la meditación?».

La meditación es un estado de consciencia que se realiza cuando solo permanece en la mente la pura consciencia de ser, sin formas, definiciones, nombres, juicios ni niveles de identificación. Solo un océano puro e indistinto de consciencia. Este estado se consigue a través de cuatro pasos distintos y sencillos de realizar con la guía de una persona experimentada, disciplina y un estilo de vida correcto. Está al alcance de todos.

Cuatro sencillos pasos

¿Cómo se llega al estado de meditación?

Como hemos dicho, la mente debe pasar por cuatro etapas distintas y concretas para llegar al estado meditativo: atención focalizada, concentración sostenida, contemplación profunda y, por último, meditación.

Atención focalizada

Aprender a focalizar la atención es el primer paso. Normalmente, nuestra atención está dispersa o no está acostumbrada a concentrarse en un solo objeto sin distraerse. Existen infinidad de atracciones y estímulos (tanto internos como externos) que mantienen a la mente ocupada en un constante diálogo interior. Imaginemos un visor que sirva para enfocar un único objeto de atención, que puede ser interno o externo. Podría ser, por ejemplo, la imagen del sol, el punto entre las cejas que está en la raíz de la nariz, o también una idea, una imagen, el vacío, el silencio.

La elección del objeto de atención debe ser algo que nos inspire, que nos traiga a la mente impresiones de paz, serenidad, fuerza, bienestar o claridad. No importa si es concreto o abstracto. Lo fundamental, una vez identificado con precisión, es centrar la atención totalmente en él sin desviarla nunca. En la mente no debe haber nada que no sea el objeto de atención elegido. Cuando la atención está totalmente focalizada en él de forma prolongada, entonces entramos en la etapa de concentración sostenida.

Concentración sostenida

La concentración sostenida tiene tres características: es estable, intensa y absoluta. No prevé esfuerzo, sino presencia; de lo contrario, generaría tensión y fatiga. Es un estado de intencionalidad y voluntad que contiene una forma concreta de intensidad: somos activos al sostenerlo, pero no lo forzamos de ningún modo. Por el contrario, estamos completamente relajados, presentes y a gusto en esta dimensión de concentración.

En el estado de concentración sostenida hay un equilibrio perfecto entre el componente eléctrico y el magnético.

Las características eléctricas son determinación, voluntad, concentración y proactividad.

Las características magnéticas son disponibilidad, confianza, saber abandonarse y dejarse llevar.

Cuando este equilibrio alcanza la madurez y se prolonga y mantiene sin esfuerzo en el tiempo, entramos de forma natural en la etapa de contemplación profunda.

Contemplación profunda

Esta etapa se caracteriza por tres elementos: silencio mental, ausencia de definición y ausencia de juicio. Observar una puesta de sol o contemplar una puesta de sol son dos cosas completamente distintas. En la observación hay interpretación y definición, y puede haber juicio: «Mira esa puesta de sol tan hermosa, mira qué colores tan bonitos».

En cambio, en la contemplación se observa a través de un estado de silencio mental: sin pensamientos, consideraciones, prejuicios ni juicios. La mente se vuelve como la de un niño que observa por primera vez lo que tiene delante sin poder relacionarlo con algo conocido: un estado de asombro y no definición. No se atribuyen nombres ni etiquetas. La mente vuelve a un estado original de pureza. Contemplar es observar a través del silencio de la mente, sin definición, dejando que las cosas sean libres de ser. Sin límites mentales y, sobre todo, sin la pretensión de saber nada sobre lo que se observa. Se miran así los enamorados, que se dejan libres, el uno al otro, de ser infinitas cosas. Los ojos del amor contemplan sin juzgar, por eso son capaces de ver el infinito en todas partes. Los ojos de un bebé en una cuna. Detengámonos con más atención en esa mirada. Ahí es donde encontraremos los secretos de la contemplación. Si contemplásemos siempre el mundo, la mente viviría en un estado de perpetuo asombro y entusiasmo.

Cuando la contemplación profunda es sostenida y prolongada, entramos naturalmente en la etapa meditativa.

Estado de meditación

En esta etapa alcanzamos un estado de calma y ligereza en el que la respiración se vuelve muy profunda. Ya no se tiene la sensación de «estar meditando» y se hace evidente algo que antes se nos escapaba, pero que siempre ha estado ahí: una sensación de integridad, de pureza diamantina, un preludio de una sensación única, como si el alma sonriera. Hay que aprender a dejarse llevar por ese estado y rendirse a él.

El estado meditativo contiene todos los ingredientes de las etapas anteriores: la concentración de la atención focalizada; la absoluta presencia de la etapa de concentración sostenida; el silencio, y la ausencia de definición y de juicio de la contemplación profunda.

Pero si es cierto que el todo es más que la suma de las partes, entonces este estado contendrá un ingrediente secreto adicional: la consciencia plena. ¿Consciencia de qué? Es un estado de pura consciencia de ser, sin nombres, definiciones ni límites. Simplemente, consciencia de ser. En este estado de pleno potencial existencial sin formas ni atributos, solo brilla en la mente la consciencia pura de ser, que trae consigo ligereza, felicidad y alegría por el simple hecho de existir. Es una condición natural del ser que normalmente queda oscurecida por una infinidad de actividades mentales.

El estado meditativo nos permite conectar con la inteligencia intrínseca que gobierna el universo, y con ello nos armoniza. Nos devuelve a la condición de un niño pequeño que no necesita definirse para poder ser, inmerso como está en un estado de maravilla, de percepción del milagro de la vida.

Nos permite estar fuera, en el mundo, sin dejar de estar centrados y firmes en el interior. Es un poderoso instrumento para escucharse a uno mismo y activar esa inteligencia primordial que es capaz de guiarnos y orientarnos sabiamente.

En su análisis comparativo de los estudios científicos sobre la meditación, publicado en el *International Journal of Psychotherapy* en 2000, Pérez Albéniz y Holmes identificaron los siguientes componentes comunes a todos los métodos de meditación:

1. Relajación.
2. Concentración.
3. Estado alterado de consciencia.
4. Suspensión de los procesos de pensamiento lógico y racional.
5. Presencia de una actitud de autoconsciencia y autoobservación.

LAS CUATRO ETAPAS DE LA MEDITACIÓN

	Etapas	Palabras clave de la actitud correcta
1	Atención	Focalización y ausencia de dispersión
2	Concentración	Atención sostenida, absoluta y prolongada
3	Contemplación	Observación a través del silencio, ausencia de definición y juicio
4	Meditación	Pura consciencia del ser

MEDITACIÓN EN EL CATOLICISMO Y EL ISLAM

En el catolicismo, la meditación suele entenderse como una forma de oración interior estrechamente vinculada a pensar en Dios y reflexionar sobre su palabra. Normalmente, comienza con la invocación al Espíritu Santo, para que traiga luz, y continúa con la lectura o contemplación de un episodio de las Sagradas Escrituras, profundizando en su significado, reflexionando sobre una palabra o concepto clave y pidiendo a Dios la gracia de vivir el misterio contemplado; luego se toma la determinación de realizar un gesto concreto para transformar en acción caritativa el mensaje recibido, y se concluye con una acción de gracias al Señor.

En el islam, el concepto de meditación se expresa con los términos árabes *tafakkur* y *dhikr*. En la práctica mística del islam, el *dhikr* Alá, la invocación del nombre de Dios, se utiliza para alcanzar el estado de meditación. El *dhikr* como método espiritual de concentración fue desarrollado por la corriente mística de los sufíes. Esta práctica, desarrollada en el mundo islámico en los siglos IX y X, consiste en la repetición de uno de los noventa y nueve nombres de Alá o de fórmulas sagradas bajo la dirección de un maestro, llamado en árabe *shaykh* o *murshid* («guía»).

POR QUÉ ES TAN IMPORTANTE APRENDER A MEDITAR CON REGULARIDAD

La primera razón es la salud psicofísica.

Los efectos de la práctica meditativa tienen un profundo impacto en tres niveles principales: biológico, mental y emocional. Los principales estudios científicos, que se tratarán de forma exhaustiva en el próximo capítulo, demuestran que meditar con regularidad, incluso durante periodos cortos (tres meses de práctica constante), actúa sobre los genes retrasando el envejecimiento y reduciendo la inflamación.

Otro beneficio importante es la mejora del estado de ánimo y la contribución al tratamiento de la ansiedad y la depresión. En un estudio realizado por investigadores de la Universidad Johns Hopkins de Baltimore, tras estudiar cerca de 19.000 programas de meditación y seleccionar los 47 que estaban mejor diseñados, en los que participaron más de 3.500 personas, los investigadores concluyeron que estos programas ayudan a reducir el dolor y a mejorar la depresión y la ansiedad, y afirmaron que hay pruebas lo suficientemente válidas para recomendar la meditación en la práctica clínica, ya sea como tratamiento principal o complementario para las personas que sufren ansiedad, depresión o dolor crónico. De hecho, además de reducir el riesgo de depresión (y ayudar en el tratamiento), meditar tiene un efecto positivo en la química del cerebro, ya que frena la liberación de citocina, una sustancia química inflamatoria que altera el estado de ánimo y, con el tiempo, puede llevar a la depresión.

También hay un gran número de investigaciones sobre la concentración, la capacidad de trabajar bajo estrés y la memoria. Un estudio muy interesante realizado por investigadores de la Universidad de Carolina del Norte demostró que, hasta con solo veinte minutos diarios de meditación, los estudiantes fueron capaces de mejorar su rendimiento en las pruebas de capacidad cognitiva, y en algunos casos rindieron hasta diez veces más que el grupo que no meditaba. También se observaron resultados similares en la realización de tareas que requerían el procesamiento de información y que estaban diseñadas para inducir el estrés de un plazo de entrega inminente. El experimento demostró que los meditadores tenían una corteza prefrontal más gruesa y concluyó que la meditación podría compensar la pérdida de capacidad cognitiva que conlleva la vejez. La práctica de la meditación a largo plazo también aumenta la densidad de la materia gris en áreas del cerebro asociadas al aprendizaje, la memoria, la autoconsciencia, la compasión y la introspección. Por último, según la Asociación Estadounidense de Psicología, las personas que practican la meditación, aunque solo sea unos minutos al día, presentan un mayor sentido de conexión social y positividad hacia los demás, tanto a nivel explícito como implícito. Dichos resultados sugieren que esta sencilla práctica puede ayudar a aumentar las emociones sociales positivas y a disminuir el aislamiento social.

Los extraordinarios resultados de la ciencia moderna confirman la experiencia de millones de practicantes: que la meditación mantiene la mente y el cuerpo sanos, ayuda a prevenir enfermedades y a desarrollar relaciones más significativas, y mejora el rendimiento prácticamente en cualquier actividad.

La segunda razón atañe a la calidad de vida y las capacidades individuales.

Estamos inmersos en una cultura que celebra como valores fundamentales de la vida el saber hacer, el tener y el parecer. El éxito, la felicidad y el bienestar están indisolublemente unidos a estos tres aspectos. Resultado: la competencia y la consecución de objetivos cada vez más ambiciosos a costa de todo y de todos. La mayoría de la gente sacrifica la salud, el bienestar y la calidad de vida a estas tres deidades modernas: hacer, tener, parecer.

En el enfoque competitivo y consumista de la vida, la tendencia es el «usar y tirar»: comida de usar y tirar, emociones de usar y tirar, relaciones de usar y tirar. El estado de euforia constante, el instinto animal o el torpor físico y mental son anestésicos muy eficaces.

El antídoto consiste en reequilibrarse redescubriendo el saber ser. Y para saber ser hay que liberarse de todas las superestructuras que generan presión y estrés. Desnudarse y liberarse de las máscaras, los falsos deseos, las necesidades que no son nuestras, las cargas relacionales, el dolor y las heridas. Desnudos, como cuando nacimos. Y puros. Presentes y despiertos ante el milagro de la vida.

La belleza intrínseca de la vida está presente por doquier. Pero para tener unos ojos capaces de verla es necesario preparar la mente de manera que sea tan pura como la de un niño.

También hay que saber escuchar. Escuchar y acoger lo que, en este momento, existe en nosotros. Sin más superestructuras mentales, definiciones, nombres, atributos, juicios, expectativas. Escuchar de este modo significa rendirse a la vida en su forma más integral. Tener el valor de escuchar la vida en su pureza original. Esto es posible siempre que la mente y el cuerpo estén debidamente preparados para ello.

La meditación es un elemento equilibrador de las prisas y el torbellino provocados por el hacer-tener-parecer compulsivo y desconectado de la expresión de valores auténticos y elevados. Meditar ralentiza y detiene esta vorágine, y nos lleva a escuchar de verdad lo que existe, en primer lugar, dentro de nosotros.

La meditación nos lleva a reconocer, celebrar y despertar el milagro de la vida en nosotros, al percibirla en su esencia original. Reconocer los deseos auténticos de uno mismo es un proceso que pasa necesariamente por escucharse. Para poder escuchar al otro también tenemos que pasar por escucharnos a nosotros mismos. Si te pongo la mano en el brazo, para poder oírme tendrás que escucharte. Escucharse a uno mismo para poder escuchar al otro, que se convierte en un medio para escucharse realmente y no perderse en una ilusión perceptiva. De este modo, el mundo, las relaciones y las emociones serán caminos maestros para estar siempre presente en uno mismo. En sintonía y en contacto. Mientras que para la mayoría de las personas las relaciones no son más que tapones y anestésicos para sus propias inseguridades, miedos, soledades y frustraciones, en la escucha meditativa todo este torbellino mental y emocional cesa de manifestarse. Desaparecen gradualmente todos los impulsos inconscientes que habitan la mente y nos dominan sin dejarnos escuchar lo que realmente necesitamos. Se trata de aprender a escuchar un nuevo sentido de identidad, libre de los esquemas que la mente ha creado para satisfacer necesidades que, en realidad, no nos pertenecen. La necesidad de consumir compulsivamente es, por ejemplo, incapacidad de escucharse y seguirse a uno mismo. La escucha que se produce en la meditación conduce a una sensación de plenitud, integridad y felicidad en uno mismo, por el simple hecho de existir. Reconocerse en la belleza, la maravilla y el privilegio de existir, en esta forma, en este lugar y en este momento. Ahora. Simplemente existir. Y elegir y decidir a partir de esta sensación de integridad, felicidad y plenitud, sin dejarse arrastrar por los miedos, las carencias, las frustraciones. La consciencia de uno mismo que florece mediante la práctica de la meditación nos lleva a invertir el paradigma de «elijo y decido para ser feliz» por «soy feliz, consciente y libre, y por tanto elijo y decido». La meditación, si se practica y comprende en profundidad, nos lleva a apreciar la importancia del saber ser sobre el saber parecer, hacer y tener.

Desacelerar, escucharnos, reconocernos, seguirnos y realizarnos. Meditar nos concede todos estos dones. Cuando se transforma la vida en un acto consciente, todo es meditación. La vida misma es meditación. Hasta el hacer se convierte en meditación, en contacto profundo con lo sagrado: comer, caminar y respirar se convierten en meditación. La práctica de la meditación, en cambio, es un acto puntual, un ritual de celebración, como la tarta con las velas: celebras tu cumpleaños al menos una vez al día. La decisión se renueva todos los días. Es la tierra en la que plantamos y cultivamos semillas, virtudes y valores.

La tercera razón se refiere a las posibilidades perceptivas y la comprensión de nuevas formas de conocimiento, más evolucionadas y refinadas que las comunes.

La práctica meditativa y la meditación como estado de consciencia desarrollan, mediante la constancia, la perseverancia y la paciencia, un tipo de conocimiento muy especial llamado «conocimiento por identificación» o «absorción cognitiva» (en sánscrito, el término utilizado para este estado de consciencia es *samadhi*), en el que la mente adopta las características y la forma de lo que se quiere conocer y se convierte en ello en términos perceptivos y cognitivos. El fenómeno del «conocimiento por identificación» no consiste simplemente en imaginar que uno se convierte en lo que la mente observa, sino que es algo mucho más íntimo y refinado: en la absorción cognitiva, la meditación *(dhyana)* alcanza tal madurez y profundidad que desaparece totalmente la impresión de estar separado de las cosas. La distinción entre sujeto que percibe, objeto percibido y la relación entre ellos se disuelve. «Ser lo que se quiere conocer» es la forma más elevada de conocimiento y al mismo tiempo una necesidad evolutiva de suma importancia para que el ser humano tenga una oportunidad de sobrevivir en este planeta. La solución a los estragos que estamos presenciando en relación con la explotación de la naturaleza y de otras formas de vida por parte de los seres humanos pasa por una revolución interior que transforme, en primer lugar, la idea, la experiencia y el sentido de identidad que tenemos de nosotros, lo que nos permite expresar un nuevo nivel de consciencia y conocimiento basado en el saber ser.

Las antiguas tradiciones sapienciales orientales védicas comprendieron tan a fondo la naturaleza de la mente que profundizaron y dominaron por completo esta forma de «conocimiento por identificación» y disfrutaron de todos los beneficios de salud, calidad de vida y evolución que se derivan de ella.

¿En qué consiste el «conocimiento por identificación»? ¿Es una experiencia accesible a todo el mundo o hay que meditar durante largos años y tener características y cualidades concretas? ¿Requiere la elección radical de un estilo de vida o con poco esfuerzo cualquiera puede llegar a experimentarla?

La buena noticia es que esta forma de conocimiento es natural, sencilla y está al alcance de todos. ¿Cuál es la película más emocionante que habéis visto en el cine? A todos nos ha pasado alguna vez: estamos viendo una película, y nos metemos tanto en ella que se nos olvida que tenemos un cuerpo, que estamos sentados en una sala de cine asistiendo a una proyección, que somos una identidad separada de lo que estamos viendo. Este fenómeno de identificación total se produce poco a poco: nos vamos metiendo lentamente hasta convertirnos en la película que estamos viendo, que cobra vida a través de nosotros.

La atención tiene un papel decisivo en este «conocimiento por identificación». Cuando nos sentimos verdaderamente atraídos por algo que absorbe totalmente nuestra atención, esta se convierte en concentración focalizada: una forma de concentración exclusiva que anula cualquier otro objeto de atención en la mente. Cuando este tipo de concentración se prolonga y alcanza un grado de intensidad suficiente y sostenido, se convierte en contemplación. La contemplación no es simplemente observar, sino mirar a través del silencio de la mente, sin ningún juicio ni definición. La mente se vuelve receptiva por completo, deja de analizar los contenidos que observa y entra en una etapa de escucha silenciosa donde se suspenden las reflexiones, las consideraciones y el pensamiento crítico. Vivimos lo que ocurre inmersos en el presente como si fuera real. Nos olvidamos por completo del cuerpo, de nuestro yo histórico, de nuestra personalidad, de dónde estamos, y excluimos de nuestra experiencia cognitiva y perceptiva todo lo que no sea lo que ocurre en la película. Y lo que ocurre en la película se convierte en algo envolvente, totalizador y más real. Sentimos lo que sienten los protagonistas. La historia es tan nuestra que entra en nosotros. Cuando la contemplación también se vuelve intensa y sostenida, se produce un fenómeno que forma parte del estado de consciencia meditativo, al que se refiere el término *samadhi* (literalmente, «unión entre el perceptor y lo percibido»). En este estado de consciencia, hemos entrado de lleno en la película, y tomamos conocimiento directo de ella por identificación: la historia de la proyección vive a través de nosotros, de nuestras emociones, percepciones y estados de ánimo. Pero, a diferencia de antes, ya no hay ningún nivel de separación perceptiva: nos hemos convertido en esa historia. Y en virtud de esto, la conocemos íntimamente, porque en realidad somos nosotros quienes estamos experimentando a través de ese nivel profundo de identificación. Convertirse en lo que se quiere conocer. No se trata de imaginación, sino de un verdadero fenómeno de identificación íntima que permite la naturaleza de nuestra mente y el uso de la atención. Pero, para que se produzca este fenómeno, tenemos que estar tan profundamente implicados y atraídos por el objeto de atención que estemos completamente «absortos» en él.

Lo mismo ocurre al leer un libro. Llegamos a un punto de implicación en el que nos metemos de lleno en la historia. Nos convertimos en esa historia y olvidamos lo que antes representaba nuestro nivel de identidad: un cuerpo, una historia, una personalidad, la percepción del mundo exterior. Estos fenómenos perceptivos y cognitivos son absolutamente normales; representan una forma de conocimiento infinitamente más satisfactoria y profunda que la que utilizamos habitualmente. Dos amantes especialmente apasionados también habrán podido constatar que en los momentos cumbre de la fusión se anula la percepción entre el amado y el amante para dejar espacio solo al amor. Cualquier cosa que nos atraiga puede ser experimentada con este nivel de intimidad. Si este tipo de experiencia perceptiva, con la misma intensidad cognitiva, tuviera como objeto de atención el infinito, la alegría, el amor, la paz, la luz, la felicidad, la vacuidad, podríamos nutrirnos de experiencias infinitamente más satisfactorias que las percepciones ordinarias a las que estamos acostumbrados. Es sintomático el hecho de que, en cambio, lo que más nos interesa sean las series y programas de televisión.

La meditación, cuando se practica con seriedad y con una buena guía, purifica la mente y la lleva a un estado de perfección mediante la experiencia repetida del *samadhi*.

Si estas formas de conocimiento desarrolladas a través de la meditación y las experiencias refinadas, elevadas y extremadamente satisfactorias que resultan de ella se difundieran y se introdujeran en el sistema educativo institucional, es muy probable que el fenómeno de la adicción a las drogas se redujera drásticamente y muchos problemas relacionados con la salud, la calidad de vida y las relaciones mejoraran notablemente.

El ser humano insatisfecho con sus experiencias cognitivas y perceptivas vive en un estado constante de frustración, que intenta equilibrar mediante experiencias compensatorias, con sucedáneos y recursos externos como las drogas, las relaciones adictivas y la sexualidad distorsionada. La satisfacción y el equilibrio nunca podrán alcanzarse plenamente mediante la búsqueda de la satisfacción en el plano del hacer-tener-parecer si antes no se realiza un trabajo de consciencia en la esfera del saber ser.

EL *SAMADHI*

Desde un punto de vista técnico, hay dos tipos principales de *samadhi*, que se refieren a dos condiciones mentales concretas.

La primera se llama *samprajnata*. Se logra cuando la mente está en el estado de *ekagra* e implica un proceso de atención y concentración totalmente focalizado en un determinado objeto (concreto o abstracto), con la exclusión de todas las demás fuentes de atención, pensamiento e ideas. El proceso culmina en el conocimiento por identificación: se llega a un momento en que la mente asume total y literalmente las características y la forma del objeto contemplado. Desaparece por completo la percepción de un sujeto que percibe y un objeto percibido.

La palabra *samprajnata* se compone de *jna*, que significa «conocimiento», y *pra*, «superior», y designa un conocimiento superior al derivado de los niveles ordinarios de percepción. La mente se vacía de los infinitos pensamientos, ideas, impresiones y movimientos que la habitan normalmente y resplandece en la consciencia de ese único objeto de atención, al regenerarse y volver a un estado de simplicidad y esencialidad. La claridad que resulta de esto activa las fuerzas sátvicas y nos lleva a experiencias de consciencia y felicidad existencial muy intensas.

Pasando rápidamente de la consciencia a la ciencia, en los estudios científicos, este tipo de proceso meditativo en el que se requiere focalizar voluntariamente la atención en un elemento elegido (por ejemplo, la respiración, un sonido, una idea, un punto del cuerpo) se ha denominado «meditación de atención focalizada» (FAM, Focused Attention Meditation). Se ha visto que, en los deportes de habilidades cerradas, como el tiro con arco, el golf, la gimnasia, etc., el ambiente de la acción permanece relativamente estable y confiable en el tiempo, por lo que se requiere una atención sostenida en una secuencia predeterminada de acciones; por esta razón, quienes los practican se benefician sobre todo de la meditación de tipo FAM. Las investigaciones llevadas a cabo con golfistas y tiradores han señalado que, después de solo de cuatro semanas, la meditación es capaz de reducir el estrés previo a la competición, como demuestran los niveles más bajos de cortisol (hormona del estrés), al tiempo que mejora la precisión de tiro de los deportistas.

La segunda se llama *asamprajnata*. Se refiere al estado de *niruddha* e implica la inhibición y cese total de toda la actividad mental; no hay ningún objeto de atención, pensamiento, idea, reflexión, razonamiento ni impresión. Solo queda un estado de pura presencia y consciencia de ser más allá de todo nombre, forma e identificación.

La ciencia ha estudiado este tipo de proceso meditativo, utilizando el acrónimo OMM (Open Monitoring Meditation, es decir, meditación de monitorización abierta), para evaluar las experiencias momento a momento sin tener que centrarse en una condición concreta. Los estudios realizados en este ámbito han demostrado que, en todos los deportes de habilidades abiertas, como los deportes de equipo, los deportes de combate y los deportes en los que el ambiente externo cambia constantemente, los deportistas se benefician del entrenamiento meditativo de modo OMM.

La cuarta razón, y la más importante, tiene que ver con la evolución y la supervivencia del ser humano en este planeta.

La difusión de la meditación a nivel planetario tiene importantes razones sociales, evolutivas y de supervivencia del ser humano. Los estados meditativos profundos y auténticos tienen efectos secundarios en la salud, el bienestar y la calidad de vida a muchos niveles. Con todo, estos aspectos no son más que manifestaciones secundarias de estados de consciencia cada vez más refinados y de una consciencia de uno mismo y de la vida cada vez más elevada. Cuando la mente se sumerge de verdad en un estado meditativo, es capaz de comprender la vida de una manera completamente distinta a la de los estados de consciencia ordinarios y más superficiales. El término más correcto para describir lo que ocurre es «intimidad»: de este tipo de conocimiento surge un sentimiento de intimidad innata con toda la creación, que nos permite reconocer la naturaleza esencial común a todo lo que nos rodea. De ello se deriva una profunda consciencia de interconexión, reciprocidad e interdependencia que genera empatía, respeto y un nuevo sentido de pertenencia. Nos hacemos íntimos con la vida y con nosotros mismos, como nunca lo habíamos hecho.

La experiencia del «conocimiento por identificación» anula el sentido de separación constante que el ser humano experimenta por defecto en su sistema perceptivo y cognitivo. Esta fractura perceptiva nutre un sentimiento de aislamiento y separación sobre el que hemos construido nuestro sentido de identidad. Nos sentimos separados de los demás, de la vida, de las cosas que nos pasan y que vemos. Hemos perdido el contacto con la esencia común a toda la creación. Pero podemos volver a experimentarlo a través de «ser lo que se quiere conocer».

El estado de *samadhi* es simplemente la capacidad de entrar en comunión íntima con la vida, en su forma más pura y universal. Experimentar pragmáticamente en uno mismo la unidad fundamental e indisoluble de la vida; conocer en nuestro corazón la íntima esencia común a todas las formas de vida y manifestaciones de la creación. Entrar en comunión con la vida y ser realmente capaz de reconocer su unidad esencial en todo. No es un concepto o una idea mental, sino una experiencia intrínseca a nuestra naturaleza. De esta experiencia interior surge un nuevo sentido de respeto: nos encontramos a nosotros mismos en todo. Esa unidad indisoluble que resplandece por todas partes. La meditación, si se practica correctamente, nos da nuevos ojos para ver la existencia como nunca la hemos podido ver y entender.

Entonces, ¿por qué es tan importante la práctica meditativa en el proceso de transformación de la sociedad y las comunidades? Porque nos pone en contacto con esa esencia que luego reconocemos en todo: cuanto más ahondamos, más se expande nuestra consciencia: supera el sentido de separación e incluye a los demás y a la naturaleza. Es necesario hacer un trabajo profundo sobre uno mismo: cuando dejamos de ser extraños para nosotros, el extraño que nos parece ver en el mundo exterior deja de serlo. De ahí la importancia para un nuevo sentido de la justicia, de la colectividad, de la educación, de la inclusión.

Conseguimos ser mucho más conscientes de los niveles de interconexión e interdependencia que existen en todo el universo. Florece en nosotros un sentimiento de felicidad existencial por el simple hecho de existir conscientemente en el milagro de la vida y poder sentirlo y vivirlo en su forma esencial dentro de nosotros. Se manifiesta un sentido natural de comunión, felicidad y respeto por todas las formas de vida y por la naturaleza. De este estado nace también un nuevo sentido de la responsabilidad, que incluye todo lo que existe y es capaz de transformar al ser humano, que pasa de ser explotador de otros seres y de los recursos del planeta con fines egoístas a convertirse en garante de la preservación del equilibrio y la belleza de la creación. Ser cada vez más consciente de los niveles de interconexión e interdependencia de los sistemas que regulan la vida, tanto los del ambiente interior como los del exterior, es una necesidad evolutiva fundamental para poder sobrevivir en equilibrio en el planeta y con las otras formas de vida. De la intimidad de nuestro sentir surgen ideas, pensamientos, impresiones y convicciones que se transformarán en elecciones, decisiones y comportamientos que a su vez darán lugar a situaciones y relaciones. Nuestro destino se crea a partir de la intimidad con nosotros y de nuestro nivel de consciencia. Y puede convertirse en una decisión.

LA CIENCIA DE LA MEDITACIÓN

Immaculata De Vivo

> Raras son las personas que usan la mente, pocas las que usan el corazón y únicas las que usan ambos.
>
> RITA LEVI-MONTALCINI

El interés de la ciencia por la meditación, y en especial por los estudios genéticos sobre el ADN y su «modificabilidad», se ha incrementado notablemente en los últimos años debido a los alentadores resultados que surgieron ya en los primeros estudios. En 2019, esta interesante vertiente de investigación fue analizada por un equipo dirigido por Elissa Epel, de la Universidad de California en San Francisco, que observó y comparó diecinueve estudios distintos sobre la correlación entre meditación y longitud de los telómeros. Aun observando diferentes grupos de personas y técnicas meditativas diversas, estos estudios identificaron la eficacia protectora de dichas prácticas, capaces de influir en los mecanismos del estrés, tanto en episodios agudos como en sus manifestaciones crónicas. Sabemos que el estrés es uno de los factores más activos en la aceleración del desgaste de los telómeros, mediante la acción del cortisol y otras hormonas vinculadas a la respuesta de lucha o huida. Según los estudios, la meditación parece influir en los procesos que subyacen a la respuesta al estrés agudo: disminuye la intensidad de las reacciones que lo producen y al parecer es capaz de proporcionar instrumentos para mitigar la gravedad de la respuesta al estrés cuando no se atenúa en su origen. Esta acción antiestrés se refleja en una mayor longitud de los telómeros en quienes practican la meditación que en quienes no.

Una confirmación procede de un estudio realizado por mi laboratorio en la Facultad de Medicina de Harvard sobre los mecanismos de longevidad de un tipo concreto de meditación, la Loving-Kindness Meditation (LKM), una práctica derivada de la tradición budista que se basa en la idea de gentileza desinteresada y una actitud de acogida hacia los demás. Nuestra muestra estaba formada por personas expertas en esta práctica, a la que se dedicaban en sesiones diarias desde hacía al menos cuatro años y en varios retiros de al menos tres días de duración. Observamos que sus telómeros eran más largos que los de un grupo de control que nunca había hecho meditación, señal de una acción protectora que ayuda a mantener la estabilidad del ADN.

Es interesante señalar que los beneficios de la meditación no solo se encontraron en sujetos expertos que la practicaban habitualmente, sino también en los principiantes. En 2019, un estudio en el que colaboraron varias universidades estadounidenses observó los procesos de envejecimiento celular en una población de 142 personas de entre treinta y cinco y sesenta y cuatro años que se dedicaron por primera vez a diferentes tipos de meditación. El estudio solo duró seis semanas, pero bastó para que los científicos notaran una diferencia entre los efectos de los distintos tipos de meditación: la Loving-Kindness Meditation se relacionó con una mayor protección de los telómeros, en línea con nuestros hallazgos en Harvard, mientras que la Mindfulness Meditation (MM) resultó ser menos eficaz.

De especial interés para los investigadores ha sido el análisis del estado de salud de los sujetos que realizan retiros meditativos, experiencias de «inmersión total» cuyos efectos sobre los telómeros se han analizado con resultados significativos. En 2018 se publicó un estudio realizado por varias universidades californianas sobre las correlaciones entre estas experiencias intensivas y los procesos de acortamiento de los telómeros. El grupo observado participó en un retiro de un mes dedicado a prácticas de Insight Meditation y su ADN se comparó con el de un grupo de control formado por personas con perfiles similares en cuanto a edad, salud y estilo de vida. Tras la observación de los telómeros, al final de la experiencia se halló una diferencia significativa en cuanto a longitud, lo que sugiere que los retiros de meditación pueden ser un poderoso instrumento para promover la longevidad de las células.

En general, la práctica de alguna forma de meditación, incluso durante periodos cortos de tiempo, se ha asociado a indicadores de buena salud física y mental. Un estudio de la Universidad del Sur de Illinois sobre una muestra de estudiantes de Farmacia observó los efectos que una rutina de meditación diaria de diez minutos mediante una aplicación concreta puede ejercer sobre ciertos indicadores de bienestar mental. Se comprobó que los sujetos que siguieron este programa de cuatro semanas mostraron, en las pruebas posteriores, una mayor consciencia interior y menores niveles de estrés percibido. La eficacia de la Mindfulness Meditation en la población observada fue prácticamente uniforme y tuvo como objeto de estudio a una muestra significativa, ya que se trataba de sujetos inmersos en un entorno académico especialmente exigente y, por tanto, sometidos a un estrés constante.

Este mecanismo también se observó en otro estudio realizado en 2009 por varios institutos de investigación de Atlanta (Estados Unidos) en el que se analizó un tipo concreto de meditación que promueve la compasión, en un intento de comprender cómo afecta a la respuesta al estrés. La muestra, formada por 61 adultos con buena salud, se dividió en dos grupos, uno de los cuales siguió un curso de Compassion Meditation durante seis semanas y el otro sirvió de grupo de control. Tras el curso, ambos grupos fueron sometidos a situaciones de estrés inducido y se comprobó que los que habían seguido el programa de meditación respondían mejor a los estímulos negativos, lo que sugiere que la Compassion Meditation puede reducir la reactividad al estrés.

Si bien continúa en fase de estudio, ya ofrece resultados muy significativos la correlación entre meditación y prevención de enfermedades crónicas, como las neurológicas. Como un artificiero que desactiva un artefacto a punto de explotar, la meditación contribuye de forma científicamente probada a reducir los niveles de estrés al interferir en el mecanismo bioquímico de la respuesta aguda o crónica, un factor que influye, por ejemplo, en el desarrollo de la enfermedad de Alzheimer. Esta enfermedad neurodegenerativa se caracteriza por un deterioro progresivo de las conexiones cerebrales, lo que provoca una importante pérdida de memoria, en especial de la memoria a corto plazo; dificultad para formular palabras y frases, y comprender mensajes verbales; e incapacidad de decodificar información, por ejemplo, identificar el lugar en el que se está, la identidad de las personas, incluso las más queridas, o el nombre y la función de los objetos cotidianos, con los que resulta difícil interactuar (por ejemplo, vestirse). La enfermedad tiene sin duda un componente genético, pero en su manifestación y desarrollo entran en juego factores ambientales sobre los que es posible intervenir con vistas a la prevención.

Un artículo de 2015 publicado en *Journal of Alzheimer Disease* por el investigador estadounidense Dharma Singh Khalsa comparó los resultados de varios estudios sobre el tema y se centró sobre todo en los efectos de la Kirtan Kriya, una técnica meditativa sencilla y de fácil acceso que solo requiere doce minutos al día. Los resultados son muy alentadores: su práctica se ha utilizado con éxito para incrementar la memoria en estudios sobre personas que sufren deterioro cognitivo o se encuentran gravemente estresadas, por lo que se consideran en riesgo de padecer la enfermedad de Alzheimer. Ha demostrado ser útil para mejorar el sueño, reducir los niveles de depresión y ansiedad, disminuir la respuesta inflamatoria y potenciar la respuesta inmunitaria, además de normalizar los mecanismos de la insulina. Desde el nivel biológico hasta el psicológico, la Kirtan Kriya se ha asociado a una mejora del bienestar interior, lo que supone un factor importante para mantener las funciones cognitivas y prevenir la enfermedad de Alzheimer. El efecto beneficioso de esta técnica meditativa parece potenciarse cuando se incluye en un programa de ejercicios físicos, estimulación mental, socialización y ajustes de la dieta.

También se han obtenido importantes resultados en las investigaciones sobre los efectos de la meditación en el tratamiento de diversos trastornos de origen psicológico, como el síndrome del intestino irritable, la psoriasis, la fibromialgia, la ansiedad, el trastorno de estrés postraumático y la depresión. A mediados de la década de 1990 solo había un estudio disponible sobre este tema; diez años después, ya se habían publicado once, y entre 2013 y 2015 pasaron a ser 216, señal del creciente interés de la ciencia por la meditación y, en general, por el desarrollo de la consciencia y su interacción con la salud y la enfermedad.

MEDITACIÓN Y CEREBRO

La neurociencia, en concreto, ha tratado de comprender los mecanismos que activa la meditación en nuestro cerebro mediante la observación de las zonas implicadas y el tipo de respuesta que se puede detectar. Gaëlle Desbordes, neurocientífica de Harvard, comenzó a estudiar los efectos de la meditación en el cerebro a partir de su experiencia personal. Tras acercarse a la meditación para aliviar el estrés de la vida profesional y académica, Desbordes experimentó profundos beneficios de esta nueva vía interior y decidió seguir estudiando el tema desde su perspectiva académica: para poder proponer estas técnicas al público como una forma de terapia, es necesario demostrar científicamente sus beneficios. Un instrumento clave en su investigación fue la resonancia magnética funcional (RMf), una técnica que no se limita a «fotografiar» el cerebro, sino que registra su actividad durante la exploración. Así se puede observar la reactividad de las distintas zonas en función de los estímulos a los que se someten. Desbordes observó la actividad cerebral de varios sujetos, pero no mientras meditaban, sino cuando estaban ocupados en su rutina diaria. La observación continuó durante un periodo de dos meses en el que los sujetos participaron en el entrenamiento meditativo. Al comparar los resultados de las RMf recogidos a lo largo del estudio, Desbordes detectó que los patrones de activación de las distintas áreas cerebrales habían cambiado, sobre todo en la amígdala, la región que se encarga de las emociones. Mientras que al principio del estudio, la amígdala se estimulaba especialmente ante imágenes con fuerte contenido emocional, al final de la observación esta actividad se había atenuado, lo que probablemente señala la capacidad de la meditación para mitigar el estrés emocional. Lo más llamativo de los estudios de Desbordes es que los cambios inducidos en el cerebro por la meditación son estables y se detectan aun cuando la persona no está meditando, sino realizando otras actividades. Animada por los resultados tan significativos de este estudio de 2012, Desbordes decidió continuar su investigación y centrarse en los efectos de la meditación en el tratamiento de la depresión. Estos y otros estudios han demostrado que las intervenciones basadas en técnicas de aumento de la consciencia (en inglés, *mindfulness*) son eficaces para aliviar los síntomas depresivos y reducir las recaídas. También se han registrado resultados alentadores en el tratamiento de otros trastornos psiquiátricos, como la ansiedad, el trastorno bipolar, los trastornos alimentarios y el abuso de sustancias.

La capacidad de la meditación para cambiar las estructuras cerebrales ha sido asimismo objeto de estudio por parte de Sara Lazar, neurocientífica de Harvard y una de las primeras estudiosas que ha investigado este tipo de correlación. Al igual que Desbordes, Lazar también se interesó por los aspectos científicos de las prácticas de consciencia plena *(mindfulness)* a partir de su propia experiencia. Su aproximación a la meditación fue bastante casual: mientras se entrenaba para participar en el maratón de Boston, sufrió una lesión, y su fisioterapeuta le sugirió que dejara de entrenar durante un tiempo y que solo hiciera estiramientos. Lazar optó entonces por apuntarse a un curso de yoga, que ella solo entendía como una forma de actividad física. Durante las clases, el profesor explicaba a sus alumnos que el yoga les permitiría aumentar su sentido de la compasión y abrir el corazón a los demás, pero Lazar era muy escéptica y no estaba interesada en estos aspectos, solo en los ejercicios de estiramiento. Sin embargo, con el paso del tiempo empezó a notar que se sentía más tranquila y concentrada y que era capaz de manejar mejor las situaciones difíciles. Su empatía hacia los demás había aumentado, se sentía más abierta hacia la gente y era capaz de ver las cosas desde un nuevo punto de vista. Precisamente en aquella época terminó su doctorado en Biología Molecular y, a raíz de la experiencia que estaba viviendo, eligió las interacciones entre la meditación y el cerebro como tema de sus estudios posdoctorales. En la actualidad, Lazar da clase en la Facultad de Medicina de Harvard y lleva a cabo investigaciones en el Hospital General de Massachusetts (Boston), donde ha realizado estudios pioneros.

Sus primeras investigaciones se centraron en la observación de las estructuras cerebrales de personas que practicaban la meditación desde hacía mucho tiempo, en comparación con un grupo de control. Los meditadores tenían más materia gris en el lóbulo de la ínsula, zona del cerebro que regula la consciencia de los estados físicos internos, y en las áreas de percepción sensorial, especialmente la auditiva. Esto se debe a que la meditación «entrena» la capacidad de percibir el propio cuerpo y amplía las capacidades sensoriales al concentrarse en la respiración, los sonidos y la experiencia del momento presente. También se ha observado más materia gris en la corteza frontal, vinculada a funciones como la memoria y la toma de decisiones. Sabemos que, con el avance de la edad, la corteza se reduce, lo que afecta a la capacidad de resolver problemas o recordar. Pero precisamente al analizar esta región se descubrió que los meditadores de cincuenta años tenían la misma cantidad de materia gris que las personas de veinticinco. Llegados a este punto, la cuestión que quedaba por dilucidar era si estos sujetos tenían mayor cantidad de materia gris incluso antes de emprender la meditación.

Por ello, se inició un nuevo estudio para comparar las imágenes de las estructuras cerebrales de un grupo de principiantes, que se observaron antes y después de un curso de meditación basado en técnicas de reducción del estrés mediante la consciencia plena. En tan solo ocho semanas se observó un engrosamiento en cuatro zonas diferentes del cerebro: la corteza cingulada posterior, implicada en las actividades de deambulación mental, en las que la mente pasa libremente de un pensamiento a otro, en la gestión de la atención y en la autopercepción; el hipocampo izquierdo, que regula el aprendizaje, la cognición, la memoria y la respuesta emocional; la unión temporoparietal, asociada a la capacidad de evaluar las cosas en perspectiva, así como a la compasión y la empatía, y el puente de Varolio, una zona que produce una gran cantidad de neurotransmisores. En cambio, la amígdala, que regula la respuesta de lucha o huida y, por tanto, las reacciones de estrés y ansiedad, se redujo. Por lo tanto, está claro que la meditación o, en términos generales, los ejercicios de consciencia plena, practicados incluso brevemente, son capaces de moldear ciertas áreas del cerebro, fortalecer las que gobiernan la autopercepción y las emociones, así como las actitudes positivas hacia los demás, e inhibir las que activan las respuestas negativas al estrés.

A la luz de sus décadas de estudios sobre el tema, Lazar aconseja considerar la meditación un entrenamiento que provoca en el cerebro algo muy parecido a lo que el ejercicio induce en el cuerpo. No solo modifica el órgano sobre el que actúa (el cerebro), sino que también aporta beneficios para la salud, nos ayuda a gestionar mejor el estrés y favorece la longevidad. La meditación, como el ejercicio físico, no puede curarlo todo, pero sin duda puede utilizarse como complemento de otros tipos de terapia, tanto psicológica como farmacológica. Muchas instituciones hospitalarias están empezando a adoptar la meditación como complemento a los tratamientos. Por poner un ejemplo, en el Dana-Farber Cancer Institute de Boston se imparten, desde hace tiempo, cursos de meditación para personas que reciben tratamiento oncológico con el fin de mejorar el estado emocional de los pacientes y favorecer la eficacia de los tratamientos. No será el arma definitiva contra la enfermedad, pero es un instrumento más que puede ayudar. Como suele ocurrir, es una práctica que generalmente ha dado buenos resultados, pero no siempre. Hay un componente individual que en algunos casos condiciona el resultado de estas intervenciones o mitiga su eficacia, es inevitable. A veces, los tratamientos farmacológicos también encuentran limitaciones de este tipo, pero, a diferencia de los fármacos, los ejercicios de consciencia plena no tienen efectos secundarios. Tratar de mejorar nuestra calidad de vida mediante estas prácticas puede ser una opción sensata incluso en ausencia de enfermedad, como estrategia de bienestar contra las ansiedades y los malestares de la vida cotidiana. No es necesario dedicar una hora al día para obtener algún beneficio: los estudios realizados hasta la fecha han observado resultados claros incluso en el caso de practicar la meditación tan solo unos minutos al día.

Este efecto se descubrió gracias a un estudio realizado en 2017 por la Universidad de Seúl (Corea del Sur) sobre una técnica concreta conocida como Gratitude Meditation, es decir, un tipo de meditación basada en la gratitud. La investigación, en la que se observaron parámetros como la frecuencia cardíaca y la actividad cerebral, demostró que solo cinco minutos al día, durante un mes, de meditación basada en la gratitud permitían a los sujetos gestionar mejor el estrés, controlar las emociones, fomentar la motivación y aumentar su nivel de satisfacción con la vida, gracias a un mecanismo de disminución de la frecuencia cardíaca y de activación de las áreas dedicadas a las emociones positivas.

Los efectos beneficiosos de las prácticas de consciencia plena persisten a largo plazo porque, como hemos visto, cambian la plasticidad del cerebro. No solo aumentan la materia gris en las zonas adecuadas, sino que también estrechan la red de conexiones neuronales. Una investigación de 2012, llevada a cabo por el departamento de Psicología de la Universidad Emory de Atlanta (Estados Unidos), demostró que los sujetos con más experiencia en meditación mostraban una mayor conectividad en las redes neuronales relacionadas con la atención, que se vinculan directamente con el desarrollo de habilidades cognitivas como mantener la atención y no dejarse llevar por las distracciones. Esta conectividad «alterada» también se encuentra en momentos de descanso no relacionados con la meditación, lo que indica que el sujeto adquiere este tipo de habilidades cognitivas y las transfiere a la vida cotidiana.

Tipo de meditación	Efectos en la salud
Loving-Kindness Meditation (LKM)	Alivia la rabia, la frustración, el resentimiento y los conflictos interpersonales.
	Protege los telómeros; reduce la depresión, la ansiedad y el estrés, y alivia los síntomas del TEPT.
Mindfulness Meditation	Reduce la rumiación y las emociones negativas; mejora la satisfacción en las relaciones, y atenúa las respuestas emocionales impulsivas.
	Mejora la concentración y la memoria; disminuye la presión arterial; reduce el estrés, y alivia los síntomas del trastorno bipolar, la depresión, la ansiedad y los trastornos alimentarios.
Consciencia de la respiración	Favorece el control de las emociones y reduce la ansiedad.
	Mejora la concentración y la memoria.
Yoga Kundalini	Aumenta la fuerza física, reduce el dolor y favorece la salud mental.
Meditación zen	Tiene efectos similares a la Mindfulness Meditation, pero requiere más práctica.
Gratitude Meditation	Aumenta los niveles de bienestar general, combate la depresión, mejora las relaciones con los demás y ayuda a regular el sueño.

Entre los principales promotores del Mindfulness en Occidente se encuentra Jon Kabat-Zinn, biólogo estadounidense que en 1979 creó un programa de reducción del estrés basado en la meditación que con el tiempo han adoptado empresas e instituciones privadas y públicas de todo el mundo. Desde entonces se han desarrollado muchas técnicas nuevas y ha aumentado la consciencia general de la meditación, apoyada por una gran cantidad de investigaciones científicas que confirman sus efectos beneficiosos. Los cursos de consciencia plena y relajación se ofrecen en multitud de contextos diferentes, desde empresas multinacionales hasta equipos deportivos, escuelas, universidades, prisiones y hospitales. Incluso el ejército estadounidense ha adoptado un programa de este tipo para aumentar la capacidad de los militares de gestionar el estrés derivado de sus actividades. En un número creciente de investigaciones científicas dedicadas a los efectos de estas prácticas meditativas se han encontrado beneficios significativos en la salud física y mental de los participantes, tanto en situaciones de buena salud, con un aumento del bienestar y la calidad de vida, como en situaciones de enfermedad, en las que la meditación, al disminuir el estrés y mejorar la gestión emocional, ha ofrecido un importante apoyo a la eficacia de las terapias.

MÚSICA Y SONIDO: ENTRE LA SALUD, EL BIENESTAR Y LA LONGEVIDAD

Daniel Lumera en colaboración con Emiliano Toso*

> Si el mundo acabara mañana, ¿qué harías?
> Dejaría la música puesta...
>
> ANÓNIMO

PÁRATE A ESCUCHAR EL SONIDO DE LA VIDA

Washington D. C., hora punta, en la estación de metro una fría mañana de enero.

Pasan miles de personas. Un hombre se pone a tocar el violín. En unos cuarenta y cinco minutos interpreta seis piezas de Johann Sebastian Bach. Algunos se paran a escucharlo un momento, otros pasan de largo. A los pocos minutos llega la primera recompensa: una mujer deja caer un dólar al pasar a toda prisa por delante de la caja que está en el suelo. No se detiene. También hay quienes escuchan un momento fugaz y luego se van; no quieren retrasar su agenda. En esos cuarenta y cinco minutos, solo seis personas se detienen a escuchar. El mayor interés lo muestran los niños, a los que sus padres invariablemente alejan de allí con prisas. El músico obtiene 32 dólares, donaciones de una veintena de transeúntes. Al final de la actuación, recoge el dinero, cierra el instrumento y se va. Sin aplausos. Sin reconocimiento.

Este fue un famoso experimento social que organizó el *Washington Post* sobre la percepción, el gusto y las prioridades de la gente. El violi-

---

* Doctor en biología celular y músico compositor en 432Hz.

nista, de incógnito, era Joshua Bell, uno de los mejores músicos del mundo. Tocó con un violín valorado en 3,5 millones de dólares algunas de las piezas más complejas y maravillosas jamás escritas en la historia de la música. Solo dos días antes, se habían agotado las entradas para un concierto que dio en el Symphony Hall de Boston. Los que tuvieron el privilegio de escucharle en aquella ocasión pagaron unos 100 dólares por un asiento en el patio de butacas. Esta historia abre muchos interrogantes sobre nuestra capacidad de reconocer el talento y la belleza en un entorno y un tiempo inesperados y descontextualizados. ¿Cómo es posible que, entre miles de personas, casi nadie encontrara un momento para detenerse a escuchar la mejor música jamás escrita, interpretada por uno de los mejores músicos ¿vivos? ¿De verdad la vida es algo que sucede mientras estamos ocupados haciendo otras cosas? Cuánta belleza nos perdemos si no somos capaces de atender al milagro de la vida mientras fluye. Hay que pararse y saber escuchar. En primer lugar, saber escucharse a uno mismo. Ahora. En este instante.

De eso se trata. ¿Qué nos estamos perdiendo en este instante? La sinfonía de la vida está ocurriendo ahora. El espectáculo está en escena. Y es un acto único.

PÁRATE A ESCUCHAR...

El sonido de la naturaleza en un bosque. Durante 15 minutos en silencio.
El sonido de la lluvia al caer. Durante 15 minutos en silencio.
El canto de los pájaros en un árbol. Durante 15 minutos en silencio.
El sonido de un río que fluye. Durante 15 minutos en silencio.
El sonido de la resaca del mar. Durante 15 minutos en silencio.
El sonido de las olas. Durante 15 minutos en silencio.
El sonido del viento. Durante 15 minutos en silencio.
El sonido del silencio. Durante 15 minutos.

¿Cuántos pueden decir que recuerdan el primer sonido que escucharon? El latido de nuestro pequeño corazón que comienza a latir en el vientre de nuestra madre. Ese ritmo fue el primer mantra que oímos. Lo oímos unos nueve meses, en sintonía con los latidos del corazón de nuestra madre. Las investigaciones más recientes en los campos de la neurofisiología y la biología molecular demuestran que el entorno sonoro en el que estamos inmersos desde la vida intrauterina y a lo largo de toda nuestra existencia puede tener efectos en la salud, la longevidad y los procesos de autocuración, al influir en las hormonas, las enzimas, los biomarcadores, las emociones y el estado mental, lo que afecta al equilibrio y el bienestar del sistema psicofísico. No solo podemos percibir el sonido a través del oído, sino que también podemos captarlo e interpretarlo a través de la piel y difundirlo a todas las células a través del elemento líquido. El organismo se forma en el agua primordial del líquido amniótico y conserva este elemento como componente principal a lo largo de su existencia: los líquidos orgánicos funcionan como instrumento de resonancia para las ondas sonoras que se propagan por el cuerpo. Ludwig Van Beethoven pudo expresar su extraordinario talento musical incluso después de perder la audición porque era capaz de oír y reconocer los sonidos a través del cuerpo.

MEDITAR SOBRE EL SONIDO Y EL RITMO
DE LOS LATIDOS DEL CORAZÓN

Experiencia de escucha en pareja.

Apoya la oreja en el pecho de la otra persona, a la altura del corazón. Mientras oyes los latidos de su corazón, abrázala. Reconoce en ese latido los primeros sonidos que tu oído oyó: tu pequeño corazón y los latidos de tu madre. Quédate escuchando ese sonido, ese ritmo y lo que evoca en ti durante cinco minutos. A continuación, mira a esa persona a los ojos, dale las gracias e intercambiad los papeles.

EFECTO MOZART

Efecto Mozart es el nombre divulgativo de la investigación titulada *Music and spatial task performance* publicada por los físicos Gordon Shaw, Frances Rauscher y Catherine Ky en la prestigiosa revista científica *Nature* en 1993. Según la investigación, escuchar la *Sonata en re mayor para dos pianos* de Wolfgang Amadeus Mozart (KV 448) induce un aumento temporal de las capacidades cognitivas.

Un grupo de 36 estudiantes fue sometido a una prueba de razonamiento espacial abstracto después de experimentar una de las siguientes tres condiciones de escucha: *Sonata en Re mayor de Mozart*, instrucciones verbales de relajación o silencio.

Tras escuchar a Mozart, los resultados mostraron una mejora temporal de hasta quince minutos en el razonamiento espacial (medido en las subtareas de razonamiento espacial de la escala de inteligencia de Stanford-Binet). El efecto Mozart se limita a tareas espacio-temporales que implican imaginación mental y ordenamiento temporal.

EFECTOS DEL SONIDO Y LA MÚSICA EN LAS CÉLULAS DEL CUERPO

Se han descubierto instrumentos musicales que tienen 40.000 años, creados antes de los albores de las civilizaciones. La música surge de la necesidad de participar en la comunidad, de una mayor agregación, para comprender la interrelación de los fenómenos del universo y el lugar del ser humano en él, pero también de marcar ritualmente los diferentes acontecimientos de la vida. La música da vida a pensamientos y emociones demasiado elevados e intensos como para ser expresados por lenguajes rudimentarios corrientes.

Actualmente, la ciencia demuestra hasta qué punto la música puede mejorar el bienestar humano al transmitir no solo emociones, sino también información celular.

Su poder deriva precisamente del hecho de que la música, sobre todo cuando se crea con ciertas características (estructura, afinación e intención) y se escucha a bajo volumen, actúa sobre el ser humano de forma inmediata y en múltiples niveles: desde el físico, el biológico, el afectivo y el cognitivo hasta el espiritual.

¿Cuáles son los efectos de la música en nuestro cuerpo?

Nivel clínico

La música se puede utilizar para lograr un equilibrio físico y fisiológico gracias a sus efectos sobre el ritmo cardíaco, la frecuencia respiratoria, la sudoración, la temperatura corporal, la conductancia de la piel, la tensión muscular y otras respuestas del sistema nervioso autónomo.

Escuchar música reduce el dolor, la ansiedad y el estrés. Todo organismo vivo busca mantener la homeostasis, y el estrés puede definirse como una respuesta neuroquímica a la pérdida de equilibrio y estabilidad, que impulsa al organismo a realizar actividades capaces de restablecerlos; por ello, la música se incluye entre las actividades que reducen el estrés y tienen un gran poder protector contra la enfermedad.

Se ha demostrado que escuchar música relajante (ritmo lento, entonación baja y ausencia de palabras) reduce los niveles de estrés y ansiedad en sujetos sanos, en pacientes que reciben tratamientos invasivos, como cirugía, colonoscopia, intervenciones dentales y operaciones pediátricas, así como en pacientes con problemas cardíacos. Son interesantes los estudios sobre cómo la música permite reducir las dosis de anestesia al final de la cirugía y contribuir a la recuperación del paciente.

Nivel bioquímico

En la McGill University de Montreal se estudia cómo la música puede cambiar la bioquímica del organismo. Se ha demostrado que escuchar música influye en la salud mediante tres vías: el placer, el estrés y el sistema inmunitario. En los laboratorios del profesor Levitin se estudia cómo estas vías de acción de la música están reguladas por cambios químicos en hormonas como la dopamina y los opioides, el cortisol, la serotonina y la oxitocina. La dinámica neuroquímica que estimula la vía musical es similar a la que se activa con la comida o el sexo. Existen sistemas de tecnología de neuroimagen (como PET y fMRI) que pueden detectar con precisión en qué zonas del cerebro se producen estas dinámicas y compararlas con situaciones que estimulan el placer con dinámicas muy parecidas.

Todos hemos experimentado, por lo menos una vez, cómo la música puede motivarnos, al hacer que estemos más atentos y focalizados en un objetivo. Pensemos en el papel de la música en la creación de un cuadro, en la escritura de un libro, en cualquier actividad en la que participen la creatividad, la inspiración y el silencio.

En muchos hospitales, los cirujanos y el personal sanitario piden que se escuche un determinado tipo de música en el quirófano durante las operaciones; de hecho, se ha demostrado que esta práctica mejora la atención y la colaboración, al tiempo que reduce los niveles de estrés tanto de los profesionales como de los pacientes. Estudios fascinantes demuestran científicamente que escuchar música durante la cirugía o el parto puede actuar sobre la percepción del dolor y, en consecuencia, permite reducir la dosis de analgésicos. Todo parece indicar que escuchar música actúa sobre la misma región del cerebro (núcleo accumbens) que la morfina. Se ha observado que dos marcadores del eje hipotálamo-hipófisis-suprarrenal (las hormonas betaendorfina y cortisol) disminuyen al escuchar música relajante. En cambio, se ha observado que con música estimulante aumentan los niveles plasmáticos de cortisol, corticotropina (ACTH), prolactina y norepinefrina. Esto demuestra que escuchar música puede regular importantes circuitos hormonales del organismo y cambiar la forma en que respondemos al estrés, las emociones y el dolor.

Nivel genético

Un estudio reciente publicado por la Universidad de Helsinki demostró que escuchar veinte minutos de música clásica induce la expresión de genes que regulan la producción de dopamina, la neurotransmisión y la función sináptica, el aprendizaje, la memoria y el conocimiento.

Estos estudios de biología molecular demuestran que escuchar música puede generar cambios profundos en la expresión de nuestro patrimonio genético. Pensad que algunos de estos genes también están implicados en el aprendizaje de nuevas canciones y en el don llamado «oído absoluto», y son muy similares a los que regulan el canto en las aves. Se ha detectado asimismo que, mientras se escucha música, se produce una disminución de la expresión de otros genes que causan apoptosis (muerte celular) o están implicados en el desarrollo de enfermedades neurodegenerativas.

Esto respalda los resultados ya comprobados en el pasado que atestiguaban la eficacia terapéutica de escuchar música en pacientes que padecían las enfermedades de Alzheimer o de Parkinson.

Nivel inmunitario

Varios estudios han demostrado los efectos que produce el estilo de vida en el sistema inmunitario, el estrés y los marcadores de inflamación. El estado de ánimo, las emociones positivas y la sonrisa pueden reducir los efectos perjudiciales del estrés tanto en el sistema inmunitario primario (innato) como en el secundario (adaptativo), y ya se han publicado algunos resultados concretos sobre cómo escuchar música mejora la función inmunitaria; estos estudios indican un aumento de la actividad de las células asesinas naturales (NK, *natural killer*), linfocitos del sistema inmunitario innato, responsables de la defensa del cuerpo humano contra los tumores y las infecciones con propiedades antiinflamatorias, así como un aumento del perfil de citocinas, que actúan como señales de comunicación entre las células del sistema inmunitario y entre estas y los distintos órganos y tejidos. Pero eso no es todo: se ha descubierto que la música es más eficaz para reducir la ansiedad antes de la cirugía que la administración de fármacos. Por último, se ha demostrado que la música tiene un efecto que favorece la producción de oxitocina, la hormona del amor, la felicidad y la satisfacción.

Nivel biofísico

Nuestras células se renuevan constantemente, y el sonido, especialmente el producido por la música acústica, es capaz de hablar no solo al oído y al alma, sino también a la biología de las células. Escuchar ciertos tipos de música, como la clásica, hace que las ratas que se han sometido a un trasplante sobrevivan dos meses más. Por el contrario, los sonidos fuertes y desagradables aceleran la muerte.

Las respuestas biológicas de nuestro cuerpo al sonido pueden medirse a nivel bioquímico, molecular e incluso atómico. Los ritmos respiratorio, cerebral y cardíaco están profundamente relacionados con las emociones que vivimos, los pensamientos y el estado psicoespiritual.

Son muchas las publicaciones que señalan la conexión entre la mente, las emociones y los ritmos del cerebro y el corazón, y resaltan cómo el ritmo musical puede influir en la información biológica que rige una gran variedad de funciones directamente relacionadas con la salud y el bienestar.

Se ha demostrado que la música está estrechamente relacionada con la biología de los seres vivos, lo que puede ayudar a la ciencia a desentrañar sus misterios.

Lenguaje 432 Hz

Históricamente se ha prestado mucha atención a las frecuencias de la música. La frecuencia del sonido es el número de ciclos por segundo de la onda sonora. Se mide en hercios (Hz) y aumenta con el número de ciclos por segundo.

Los sonidos de alta frecuencia, como la sirena de la policía, tienen una frecuencia de miles de ciclos por segundo. Los sonidos de baja frecuencia, como el de un trueno lejano o una tuba, tienen una frecuencia de unos pocos ciclos por segundo.

Al igual que ocurrió con el dogma central de la biología molecular, según el cual el flujo de información genética es unidireccional, en el campo de la música se tomó una decisión fundamental (entre 1936 y 1955) al decidir qué tonos debían tener todos los instrumentos musicales. Esta convención fue un paso importante que hizo posible que músicos de diferentes países pudieran tocar juntos.

Podríamos imaginar cada frecuencia como un idioma: al igual que dos personas necesitan utilizar el mismo idioma para comunicarse, los instrumentos musicales también necesitan estar afinados en la misma frecuencia para poder dialogar entre ellos.

En el sistema musical estándar universalmente reconocido, la nota la de la octava central (la nota que se toma como referencia para afinar un instrumento) corresponde a 440 Hz. En consecuencia, las demás notas de ese instrumento tendrán frecuencias bien definidas en determinados intervalos. Esta afinación se eligió tras años de discusiones, y las razones parecen estar fundadas en la posibilidad de integrar todos los tipos de instrumentos que componen una orquesta, la brillantez de la música producida y la facilidad de construcción de los instrumentos.

Pero ¿habéis oído alguna vez un piano afinado a 432 Hz? Esto, además de bajar el tono normal en 8 Hz, requiere varios días de trabajo por parte del afinador. Los beneficios de este tipo de música en el cerebro y la posibilidad de una mayor resonancia en el cuerpo, las células y el planeta han sido reconocidos sobre una base científica. Tocar un instrumento a 432 Hz genera armónicos (frecuencias relacionadas con la nota emitida por el instrumento) que resuenan eficazmente en la doble hélice del ADN (frecuencia de replicación), la máxima función del cerebro (sincronización bihemisférica) y el latido fundamental del planeta (la frecuencia del sonido producido por el planeta Tierra, conocida como resonancia Schumann). En la práctica, se produce un lenguaje que está mucho más en armonía con el de la naturaleza y el universo.

El tono de 432 Hz también hace que las ondas cerebrales vibren a una frecuencia de 8 Hz (octavas inferiores de do a 256 Hz), es decir, con ondas alfa/theta, un estado mental más meditativo.

La diferencia detectada a nivel mental entre una melodía tocada a 440 Hz o a 432 Hz es casi imperceptible, pero con una escucha más profunda y consciente queda claro que la segunda afinación (432 Hz) genera con más facilidad emociones de gentileza, cooperación, gratitud, paz y relajación que el brillo y la carga de la primera (440 Hz), que es más atractiva e idónea para un anuncio o el uso por parte de tropas militares.

En la época moderna, de retorno a la meditación y a las prácticas más relacionadas con la búsqueda de la consciencia y la salud, se está redescubriendo la afinación a 432 Hz.

Los aspectos más importantes que se deben tener en cuenta para aprovechar el gran valor de la música en un entorno sanitario y educativo son, sin duda, la estructura de las piezas interpretadas (ritmo, melodía, tempo), la afinación (432 Hz frente a 440 Hz) y la intención del intérprete. Este último es siempre el componente más difícil de medir, pero tiene un papel muy importante en la expresión de la partitura mediante el instrumento, un aspecto que a menudo se descuida en la educación musical de los conservatorios.

SONIDOS, PALABRAS Y MÚSICA

> La música no está en las notas,
> la música está entre las notas.
>
> WOLFGANG AMADEUS MOZART

«Los sufíes nos aconsejan hablar únicamente cuando nuestras palabras han logrado cruzar tres puertas. En la primera puerta nos preguntamos: ¿son ciertas estas palabras? Si lo son, las dejamos pasar; si no lo son, las mandamos atrás. En la segunda puerta nos preguntamos: ¿son necesarias? Si lo son, las dejamos pasar; si no lo son, las mandamos atrás. En la última puerta, nos preguntamos: ¿son gentiles? Si lo son, las dejamos pasar; si no lo son, las mandamos atrás», escribió Eknath Easwaran, traductor de textos sagrados indios y maestro espiritual que vivió entre Kerala y América en el siglo pasado (1910-1999).

Tan importante puede ser el efecto de una palabra gentil como devastador puede ser el de una palabra que contenga odio, envidia, mentira o ignorancia. La importancia de la palabra era bien conocida, desde la Antigüedad, por muchas de las órdenes monásticas orientales. Entre sus normas más habituales encontramos algunas dedicadas precisamente a estos aspectos, como: «Respeta el silencio, habla solo cuando sea estrictamente necesario y pronuncia palabras de verdad» o «Habla de tus compañeros solo si están presentes». Estas indicaciones triviales son muy difíciles de aplicar, precisamente porque requieren una escucha y consciencia constantes. Sin embargo, seguirlas aumenta enormemente la armonía y el respeto en los grupos y entre las personas, lo que permite una comunicación más eficaz y menos conflictiva.

La importancia de la música, las palabras y los sonidos se subestima a menudo porque no somos conscientes de su enorme impacto terapéutico. La influencia de las palabras y, en general, de las frecuencias, sobre nuestra realidad biológica, emocional, mental y los estados de consciencia, puede convertirse en un poderoso instrumento de bienestar y salud, pero, si se utilizan mal y de forma inconsciente, también pueden crear grandes desequilibrios psicofísicos y generar situaciones de sufrimiento y dolor.

La música, las palabras y los sonidos pueden cambiar la bioquímica del organismo. Por eso hay que entender la importancia de utilizar la gentileza en las palabras.

MANAS TRAYATI: LOS SONIDOS QUE LIBERAN LA MENTE

Desde un punto de vista etimológico, la palabra sánscrita mantra se compone de la raíz *man*, que significa «mente» (pensamiento, pensar) y el sufijo *tra*, «que libera». Por tanto, es posible interpretar el término mantra como «pensamiento que libera» o «pensamiento que libera la mente».

Los mantras tienen su origen en los Vedas, a partir de los cuales se difundieron y pasaron a formar parte de las prácticas de culturas como el brahmanismo, el budismo, el hinduismo y el sijismo. Los mantras pueden recitarse en voz alta, susurrarse o solo repetirse mental e interiormente. En sánscrito, la entonación y el acto de enunciar un mantra se denomina *uccara* y su repetición ritual se designa con el término *japa*, que significa «murmurar»: el *japa mantra* es, pues, la repetición de estos particulares sonidos que tienen la función de liberar la mente y elevar la consciencia. Los mantras hacen que la mente pueda focalizarse por completo en un único pensamiento (abstracto o concreto, personal o impersonal), liberarse de todos los demás y entrar así en contacto íntimo con sus características más profundas y esenciales. Son instrumentos para mejorar la salud y el equilibrio psicofísico en la vida cotidiana.

Los mantras se dividen en dos grandes categorías: los personales y los impersonales. Los primeros se refieren al aspecto personal de la divinidad: según esta tradición, Dios está presente en todos los aspectos del mundo fenoménico, es decir, en toda la creación, pero también se ha manifestado en la Tierra en diversas formas concretas. Cada religión lo ha identificado y personalizado mediante una figura determinada: para los cristianos, se manifestó hace dos mil años como Jesucristo; para los hindúes, hace tres mil años en la figura de Sri Krishna; para los budistas, en la forma del Buda de la compasión; para el islam, a través del profeta Mahoma.

Estos mantras se refieren, por tanto, al aspecto personal de la divinidad, mientras que otros celebran su aspecto impersonal: el Absoluto, la Fuente, el Origen, el Infinito, la Realidad Última, la Verdad Suprema, etc. En el hinduismo, este aspecto impersonal se indica con el término Brahman. La elección entre unos y otros se hace a partir de las características de la propia mente y su inclinación hacia el aspecto personal o impersonal.

El uso de sonidos y mantras para alcanzar un estado de autorrealización está relacionado con la teoría vibratoria que subyace a la creación del universo, que fue expuesta por los sabios indios hace milenios y ha sido retomada últimamente por la física moderna (incluida la rama cuántica). Según esta teoría, todo el mundo fenoménico está formado por vibraciones. El físico nuclear y músico indio Vemu Mukunda ha combinado sus estudios científicos con la milenaria tradición musical de la India, ha investigado las respuestas físicas y psíquicas a los sonidos y ha llegado a la fascinante conclusión de que «todo ser vivo es un sonido».

En los Vedas, como en la Biblia («en el principio era el Verbo»), el sonido es la fuente primaria de la que surgió el universo. El sonido «Om», llamado *pranava* (de *pra*, «primero», y *nava*, de *na*, «sonido»), se considera la vibración primordial del universo, presente en todo lo creado. Los antiguos sabios descubrieron que ciertos sonidos tienen el poder de hacernos entrar en armonía con nosotros mismos y con el cosmos, liberar la mente y proporcionar sentimientos de paz y regeneración.

Hay muchas investigaciones que destacan los aspectos psicobiológicos de los mantras. En la Universidad La Sapienza de Roma, un estudio sobre psicofisiología clínica, realizado por Alessandro Gelli, Michele Cavallo y Vito Ferri, demostró que el efecto de los mantras puede cambiar según el tipo de recitación: en voz alta, susurrada o mental. La diferente recitación de un mantra puede provocar efectos psicofisiológicos y bioquímicos diferentes. Si el mantra se pronuncia en un susurro y se combina con una respiración lenta y abdominal, reduce la carga de trabajo del miocardio y disminuye los valores de la presión arterial, tanto sistólica como diastólica. Por lo tanto, podría ser útil para una persona con problemas cardiovasculares como angina de pecho o hipertensión. En cambio, repetirlo en voz alta combinándolo con una respiración profunda y completa eleva los valores de la presión arterial y es útil en personas deprimidas, introvertidas e hipotensas.

Por consiguiente, el tipo de repetición y respiración deben variar según el estado mental de la persona.

EL SONIDO DEL SILENCIO

El maestro del templo Kennin era Mokurai, Trueno Silencioso. Tenía un pequeño protegido llamado Toyo, un niño de apenas doce años. Toyo vio que los discípulos mayores iban todas las mañanas y todas las tardes a la habitación del maestro para ser instruidos en el sanzen... y él también quería practicarlo.

—Espera un poco —dijo Mokurai—. Eres demasiado joven.

Pero el niño insistió, y al final el profesor accedió.

Aquella noche, el pequeño Toyo se presentó a la hora indicada en la puerta de la habitación de sanzen de Mokurai. Tocó el gong para anunciar su llegada, hizo tres reverencias respetuosas antes de entrar y luego fue a sentarse en respetuoso silencio ante el maestro.

—Cuando bates las palmas, puedes oír el sonido de ambas manos —dijo Mokurai—. Ahora muéstrame el sonido de una sola mano.

Toyo hizo una reverencia y se fue a su habitación a reflexionar sobre el problema. Desde la ventana se oía la música de las geishas. «¡Ah, ya lo sé!», se dijo.

La tarde siguiente, cuando el maestro le pidió que le mostrara el sonido de una sola mano, Toyo comenzó a tocar la música de las geishas.

—No, no —dijo Mokurai—. Eso no es. Ese no es el sonido de una sola mano. No lo has entendido [...].

Toyo se fue a un lugar tranquilo y siguió meditando [...].

«Ya lo tengo.» [...]

—Ese no es el sonido de una sola mano. Sigue intentándolo.

Toyo seguía meditando sobre el sonido de una sola mano, pero todo era en vano.

Más de diez veces se presentó ante Mokurai con distintos sonidos. Pero ninguno era correcto. Se pasó casi un año preguntándose cuál podría ser el sonido de una sola mano.

Hasta que por fin el pequeño Toyo entró en la verdadera meditación y superó todos los sonidos.

«No pude reunir nada más —explicó más tarde—, y así llegué al sonido sin sonido.» (Saviani, 1998.)

TEMAS RECOMENDADOS:
LISTA DE REPRODUCCIÓN DE DANIEL LUMERA

1. Armand Amar, «Poem of the Atoms».
2. Jean-Guihen Queyras, «J. S. Bach Cello Suite No. 1 in G major».
3. J. S. Bach, «Magnificat BWV 243».
4. Ennio Morricone, «Gabriel's Oboe».
5. George Harrison, «While My Guitar Gently Weeps».
6. Lotte Kestner, «Halo» (de The Bluebird of Happiness).
7. The Yuval Ron Ensemble, «Tudra» (de Under the Olive Tree).
8. Deuter, «Seashell» (de Garden of the Gods).
9. Emiliano Toso, «Perdono» (de The Dance of Life at 432 Hz).
10. Sacred Sound Choir, «Mahamrityunjaya Mantra» (de Mantra for Healing - Ancient Chant for Healing & Peace).

LA CIENCIA DE LA MÚSICA

Immaculata De Vivo

> La música puede llegar directamente al
> corazón, no necesita mediación.
>
> OLIVER SACKS

LA MÚSICA ES MEDICINA

Para los antiguos griegos, el dios Febo, apodo de Apolo, era la deidad protectora tanto de la música como de las artes médicas. Quizá, en su gran sabiduría, ese pueblo antiguo ya había observado que estas dos disciplinas estaban relacionadas entre sí. La música influye en el estado de ánimo, cura la melancolía, tiene un poder casi mágico sobre las emociones, y el cuerpo la percibe como algo parecido a una medicina. Porque, en cierto modo, lo es.

Los científicos y los médicos ya pueden decirnos, basándose en pruebas sólidas, que la música es capaz de mejorar las redes neuronales, bajar la presión arterial y la frecuencia cardíaca, reducir la concentración de hormonas del estrés y los indicadores de inflamación en la sangre, proporcionar alivio del dolor y ayudar a mitigar las consecuencias de infartos e ictus. Y estas son solo un puñado de explicaciones puramente biológicas, incapaces de resumir el magnífico complejo de efectos positivos y regenerativos que la música es capaz de ejercer en nuestras vidas y en nuestro mundo. Los filósofos y los poetas han afirmado a su manera lo que la ciencia confirmó mucho después. Robert Browning dijo: «El que escucha música siente que su soledad se puebla», y efectivamente los médicos han relacionado el aislamiento social con un mayor riesgo de enfermedades cardiovasculares. Tolstoi escribió: «La música es la taquigrafía de la emoción», y los psicólogos aconsejan que liberemos nuestros sentimientos más profundos. Shakespeare dijo: «Si la música es el alimento del amor, seguid tocando», y los científicos recomiendan los sentimientos positivos como cura para muchos males. Y aun antes que todos los demás, se dice que Platón afirmó: «La música es una ley moral. Da un alma al universo, alas al pensamiento, un impulso a la imaginación, un encanto a la tristeza, un empuje a la alegría y vida a todas las cosas».

MÚSICA CONTRA EL ESTRÉS, LA ANSIEDAD Y LA DEPRESIÓN

No hay nada sorprendente en afirmar que la música calma los nervios y reduce el estrés. Lo experimentamos casi todos los días o, en cualquier caso, siempre que tenemos la oportunidad de escuchar música que nos gusta. Lo que podemos añadir a esta experiencia de primera mano es la explicación científica de los mecanismos que se activan y hacen posible este efecto calmante tal y como demuestran varios estudios clínicos.

Sabemos que el cortisol es una de las hormonas responsables de las reacciones al estrés. Junto con otras hormonas, activa la respuesta de lucha o huida, que a largo plazo puede volverse crónica y perjudicial para la salud. Por este motivo, los científicos han querido investigar el papel de la música en la reducción de los niveles de cortisol para entender a través de qué mecanismos se expresa el efecto calmante que todos experimentamos cuando la escuchamos. Un estudio francocanadiense investigó en concreto los efectos de la música y el silencio en sujetos sometidos a una prueba especialmente estresante con el fin de comprender cuál de las dos condiciones afectaba más a los niveles de cortisol. Los investigadores tomaron una población de estudiantes que se estaban preparando para varias pruebas y controlaron la presencia de la hormona en la saliva con muestras periódicas. Tras un acontecimiento estresante, en presencia de música los niveles de cortisol dejaron de aumentar, mientras que en condiciones de silencio siguieron aumentando durante los treinta minutos siguientes.

Este resultado ha sido confirmado por diferentes estudios, entre ellos uno realizado en Alemania en 2015 en el que se observó que las personas que pasaban tiempo escuchando música con la intención concreta de relajarse lograban un mayor beneficio, con una disminución más marcada de los niveles de cortisol.

La musicoterapia también se ha utilizado con éxito en el tratamiento de la depresión y actualmente son numerosos los estudios que apoyan su eficacia. En la investigación llevada a cabo por un equipo finlandés se analizó la eficacia de este tipo de intervención en comparación con la de las psicoterapias que normalmente ofrecen los protocolos sanitarios. Al final de un periodo de observación de seis meses, los pacientes que habían participado en cursos de musicoterapia en combinación con el tratamiento estándar mostraron signos significativos de mejora tanto en los síntomas de depresión como de ansiedad, en comparación con los pacientes que solo siguieron el protocolo estándar.

Un análisis de 2009 de cinco estudios diferentes encontró asimismo un efecto positivo de la música para mejorar el descanso regular en personas con trastornos del sueño.

Música amiga del corazón

El que más se beneficia de los efectos calmantes de la música es el sistema cardiovascular, que es el que más se resiente por el estrés. Lo confirman varios estudios, recopilados en un informe en 2012, que demostraron que las personas que habían seguido tratamientos de musicoterapia tenían niveles de presión arterial y frecuencia cardíaca significativamente más bajos que las que no lo habían hecho. El efecto también se ha constatado con éxito en la población de edad avanzada, como demuestra una investigación realizada en Hong Kong en sujetos de sesenta y tres a noventa y tres años con niveles de presión arterial muy similares. Divididos en dos grupos, los sujetos del primero escucharon una selección de música durante veinticinco minutos al día, todos los días durante cuatro semanas, mientras que el grupo de control no lo hizo. La presión arterial se midió al inicio del experimento y dos veces por semana durante el estudio, y al finalizar resultó ser más baja en el primer grupo que en el segundo.

Singular pero igualmente interesante es un estudio de 2016 de la Universidad de Bochum (Alemania), que analizó si los distintos géneros musicales pueden tener diferentes efectos sobre la salud del corazón. Los investigadores compararon los indicadores de la presión arterial y la frecuencia cardíaca al escuchar piezas musicales de Mozart y Strauss frente a la escucha de canciones de ABBA. Resultó que las composiciones de música clásica tuvieron un efecto beneficioso en ambos valores, mientras que la música del grupo sueco no tuvo ningún efecto. Sin embargo, se ha demostrado que ambos géneros musicales reducen los niveles de cortisol, lo que conduce a la hipótesis de que la música en general tiene efectos calmantes, independientemente del género. En concreto, los investigadores descubrieron que la pieza musical que dio los mejores resultados a la hora de reducir la presión arterial y el ritmo cardíaco fue la famosa *Sinfonía n.º 40 en sol menor K550* de Mozart.

La música es una estrategia eficaz de protección de la salud, no solo en términos de prevención, sino también como apoyo al tratamiento tras un episodio patológico. Una investigación llevada a cabo en Wisconsin siguió el caso de 45 pacientes que sufrieron un infarto en las 72 horas anteriores e ingresaron en cuidados intensivos en una condición clínica estable. A algunos se les hizo escuchar música clásica durante veinte minutos, durante los cuales se monitorizaron sus funciones, mientras que los demás continuaron con el protocolo normal del hospital. Se observó que, desde que empezaron a escuchar la música, los pacientes experimentaron una disminución de la frecuencia cardíaca, la respiración y la necesidad de oxígeno, pero no de la presión arterial. Este efecto duró hasta un mínimo de una hora después de haber escuchado la música.

Desde hace tiempo se ha llegado a la conclusión de que la música también tiene efectos calmantes contra el dolor. Un análisis realizado en 2016 en Corea del Sur para arrojar luz acerca del estado de la investigación sobre el tema examinó nada menos que 97 estudios diferentes realizados desde mediados de la década de 1990 hasta 2014. Una cantidad de datos lo suficientemente grande y significativa como para poder sacar conclusiones científicamente sólidas. Estos estudios demostraron que el uso de la música como instrumento terapéutico para pacientes con dolor era capaz de reducir la percepción subjetiva del dolor, tanto en episodios agudos como en situaciones de dolor crónico, como las que experimentan los pacientes oncológicos.

La evidencia científica ha llevado a la adopción de programas de musicoterapia en los centros de tratamiento del cáncer como estrategia de apoyo a los tratamientos quirúrgicos y farmacológicos. Al reducir los niveles de estrés y ansiedad, la música puede ayudar a los pacientes a afrontar mejor el proceso del tratamiento, al contrarrestar el efecto nocivo de las numerosas emociones negativas que despierta la enfermedad, como la rabia, el miedo, la tristeza y, a veces, incluso la culpa y la vergüenza. Existen diferentes formas de introducir la música en los protocolos hospitalarios, como las técnicas de musicoterapia interactiva, en las que los pacientes y sus familiares participan en grupos en los que se tocan instrumentos, se improvisan melodías o se canta, o las técnicas pasivas en las que se escuchan canciones grabadas o interpretadas en directo. A veces, la música se acompaña de actividades artísticas, como el dibujo y la pintura, en una sinergia de diferentes estímulos destinada a mejorar el estado de ánimo y el bienestar del paciente y su familia. Este protocolo también suele utilizarse después de los tratamientos como apoyo a la rehabilitación, cuyo éxito se ve reforzado por los efectos beneficiosos de la música.

Se ha demostrado científicamente que la música tiene un gran número de propiedades beneficiosas, que se han encontrado en estudios muy diferentes en poblaciones con características muy distintas. En cuanto a la salud de las personas mayores, por ejemplo, la música se ha correlacionado no solo con mejores indicadores de eficiencia cardiovascular, sino también con una mejor coordinación de los movimientos, lo que puede prevenir caídas y fracturas accidentales. Un estudio realizado en Suiza en 2011 siguió durante doce meses a una población de 134 hombres y 65 mujeres mayores de sesenta y cinco años con alto riesgo de caídas. Durante los primeros seis meses, un grupo siguió un programa de diversos ejercicios que debían realizarse con música acompañada de un piano, mientras que el resto de los sujetos actuaron como grupo de control. Durante los seis meses siguientes, el segundo grupo siguió el mismo programa que el primero, cuyos miembros permanecieron únicamente en observación. Se pudo comprobar que la actividad basada en la música mejoró las habilidades de equilibrio y movimiento de los participantes, redujo el riesgo de caídas y mejoró el paso y la andadura. Los beneficios se mantuvieron estables incluso seis meses después de la finalización del programa.

La mayoría de los estudios realizados hasta ahora se han centrado en los efectos de la música sobre la salud en situaciones de escucha individual, normalmente a través de auriculares o cascos. Sin embargo, hay un estudio muy interesante, de hace algunos años, pero significativo, que analiza el efecto que produce en la mortalidad la asistencia a eventos culturales como conciertos o representaciones teatrales. Este estudio, realizado en Suecia en 1996 sobre una muestra de nada menos que 12.982 personas, descubrió que la asistencia a eventos culturales tenía un efecto sorprendentemente poderoso sobre la salud: en general, los que habían asistido a conciertos o al teatro pocas veces o no lo habían hecho nunca tenían 1,57 veces más probabilidades de morir en el transcurso de la investigación que los que iban a menudo. Los asistentes ocasionales tenían un riesgo intermedio entre los dos extremos. La cifra no se vio afectada por otros factores, como las diferencias de ingresos, redes sociales o educación, por lo que el análisis de los investigadores se centró en el papel de la música en la estimulación de diversas áreas del cerebro, con consecuencias en los niveles hormonales y el sistema inmunitario. Al tratarse de un solo estudio, sus resultados deben tomarse con cautela, pero el tamaño de la muestra permite plantear una hipótesis de correlación, que deberá ser confirmada mediante investigaciones futuras.

LA MÚSICA Y EL CEREBRO

Todo lo bueno y agradable que la música es capaz de hacer por nosotros pasa necesariamente por el cerebro, el órgano que más se beneficia de esta acción positiva. Los estudios sobre el tema son muy amplios y provienen de todo el mundo, con altos niveles de fiabilidad científica. Pero, para este análisis, tengo la oportunidad y el placer de hablar del trabajo de un investigador en concreto, Gottfried Schlaug, profesor de Neurología en la Facultad de Medicina de Harvard, donde también trabajo yo, y director del Music and Neuroimaging Laboratory (laboratorio de música y neuroimagen) y del Stroke Recovery Laboratory (laboratorio de recuperación de accidentes cerebrovasculares), así como un querido amigo y vecino. Sus estudios avanzadísimos sobre el poder de la música para transformar nuestro cerebro han sido a menudo el centro de nuestras charlas informales durante las cenas en casa con nuestras familias, donde he podido aprender muchos aspectos de este fascinante tema.

Schlaug lleva muchos años trabajando en terapias que utilizan la música para tratar la recuperación de las funciones cerebrales tras un ictus. La mayoría de los afectados sufren algún tipo de alteración en la esfera del habla, que va desde una ligera dificultad hasta la afasia total, es decir, la incapacidad de utilizar el lenguaje correctamente. La medicina ha observado desde hace mucho tiempo que las personas con este problema, aunque ya no pueden hablar normalmente, son capaces de cantar o articular sonidos con un patrón melódico. Esto se debe a que el área responsable del habla y el lenguaje se encuentra en la mitad izquierda del cerebro, mientras que el área que se ocupa de la modulación de los sonidos se encuentra en la mitad derecha. Además, el hemisferio derecho tiene la capacidad de transformar su estructura para compensar cualquier déficit en el lado izquierdo. Gracias a esta combinación, cuando un ictus daña el área del habla, se puede aprovechar la capacidad del lado derecho para compensar la función perdida. Estimulando al paciente por medio de terapias podemos ayudarle a utilizar la música, basada en la modulación del sonido, para formar palabras y frases y recuperar poco a poco la capacidad de expresarse. Hasta ahora, los resultados obtenidos por el equipo de Schlaug han sido sorprendentes. Un ejemplo entre muchos es el caso de un paciente de cincuenta y siete años que había sufrido una gran lesión en el hemisferio izquierdo del cerebro y ya no podía hablar. Tras cuatro años de logopedia no había conseguido ninguna mejora, mientras que después de setenta y cinco sesiones de musicoterapia basada en el canto era capaz de decir la dirección de su casa con fluidez y expresar necesidades básicas, lo que ayudaba a su familia a proporcionarle una mejor atención. Lo extraordinario de estas técnicas es que no requieren un especialista, sino que pueden ser administradas por familiares o amigos convenientemente formados, siempre que se apliquen de un modo regular e intensivo. Cambiar la estructura del cerebro es posible, si bien los pacientes que padecen ictus suelen tener entre cincuenta y noventa años, un grupo de edad en el que la plasticidad del cerebro es menor y, por tanto, requiere mucha perseverancia.

Al estudiar el efecto de la música en el cerebro, Schlaug también se interesó por las características concretas que posee el cerebro de un músico en comparación con el de otra persona que no lo sea. Mediante técnicas de escáner cerebral se observó que, en el cerebro de un músico, las áreas encargadas del movimiento, la escucha y la visión espacial son más ricas en materia gris. Esto se debe a que tocar un instrumento, sobre todo si se aprende desde la infancia, entrena una serie de habilidades complejas que se relacionan con estas áreas, como traducir las notas musicales percibidas visualmente en órdenes motoras al tiempo que se controla con el oído la salida del sonido. Existe sin duda una predisposición innata, visible en las resonancias magnéticas, pero también hay un proceso innegable de adaptación estructural a través del ejercicio que refuerza esas capacidades.

Por tanto, parece que la música influye profundamente en el cerebro, ya sea cuando aprendemos a tocar un instrumento como cuando escuchamos una canción o cantamos, y que incluso nos ayuda a recuperar el habla cuando la enfermedad nos priva de ella. Por otra parte, existe una hipótesis bien fundada según la cual la música es anterior al propio lenguaje. Charles Darwin escribió que el canto evolucionó antes que el habla en la especie humana. Al igual que en el caso de las aves, el canto puede haber jugado un papel a la hora de favorecer el apareamiento. Algunos científicos están convencidos de ello, otros no tanto, pero no deja de ser una hipótesis muy sugerente, que nos hace sentir más cerca de la que quizá sea la única expresión humana que gusta a todos sin distinción.

TEMAS RECOMENDADOS:
LISTA DE REPRODUCCIÓN DE IMMACULATA DE VIVO

1. Serguéi Rajmáninov, «Concierto para piano y orquesta en do menor n.º 2 op. 18».
2. Queen, «Bohemian Rhapsody».
3. Camille Saint-Saëns, «El carnaval de los animales».
4. Aretha Franklin, «Respect».
5. Aaron Copland, «Appalachian Spring».
6. Alison Krauss, «Down to The River».
7. Gustav Mahler, «Sinfonía n.º 4 en sol mayor».
8. Florence + The Machine, «Dog Days Are Over».
9. Giuseppe Verdi, «Aida».
10. Simon and Garfunkel, «The Sound of Silence».

NATURALEZA CURATIVA

Daniel Lumera

LAS SIETE SEMILLAS DE LA INTERCONEXIÓN

- Cuanto mayor sea la consciencia de interconexión en el ser humano, mayores serán las posibilidades de evolución armónica y de supervivencia.

- Existe una estrecha relación entre el ambiente interior y el ambiente exterior. La realidad se crea en la intimidad de nuestro sentir, de nuestras percepciones y de nuestra mente.

- Lo que percibimos como mundo interior y mundo exterior se influyen mutuamente de forma biunívoca mediante una relación de estrecha interdependencia. La armonía y el equilibrio de uno no pueden prescindir del otro.

- El mayor reto del ser humano es la superación de su propio ego: un sentido de separación que nos hace creer en la ilusión de que no estamos íntimamente interconectados.

- Del bienestar del otro depende nuestro bienestar; de mis acciones depende también la vida de nuestros seres queridos, de toda la comunidad y de todos los seres. De tu nivel de consciencia depende tu destino y el de todos. Estamos todos interconectados.

- A partir de la consciencia del impacto que tienen nuestros sentimientos, pensamientos y emociones interiores en el mundo es de donde debe comenzar una nueva revolución. Una revolución interior que puede cambiar realmente el sentido de la identidad individual y colectiva, y el papel del ser humano en este planeta. Una revolución gentil de la consciencia.

- El valor de la gentileza, como principio social indispensable e imprescindible, debe ser la base de toda relación entre los seres, para relacionarse de la manera más útil, fraterna y elevada posible.

> Las cosas están unidas por lazos invisibles,
> no se puede arrancar una flor sin molestar
> a una estrella.
>
> GALILEO GALILEI

El profesor de Ecología entró en el aula para la primera clase universitaria de los nuevos alumnos. Nos miró en silencio durante unos segundos y luego dijo lentamente: «Los insectos son la base estructural y funcional de la mayoría de los ecosistemas del planeta. Si mañana por la mañana se extinguieran de pronto las abejas, en menos de cincuenta años nos enfrentaríamos a la extinción global. Por el contrario, si mañana por la mañana se extinguieran de pronto los seres humanos, en menos de cincuenta años volvería a florecer la vida en la Tierra». No fue una clase como tantas otras. El hombre, movido por su ego, se considera autorizado a disponer del planeta, de las criaturas y de los recursos que lo habitan exclusivamente en función de sus necesidades, sin respeto por los demás seres vivos ni por la naturaleza (y eso que lo alimenta) ni consciencia del íntimo y esencial nivel de interconexión e interdependencia presente entre todas las formas de vida. En siglos pasados, la ciencia y la religión han compartido, más o menos conscientemente, un modelo evolutivo antropocéntrico, en el que el hombre es el centro del universo y de la creación. Sí, el «hombre» (el *Homo sapiens* de sexo masculino), que no solo se siente «dueño» de los seres no humanos y de la naturaleza, sino también de sus congéneres que de algún modo son «diferentes» por género, censo e incluso cultura.

EL VOTO FEMENINO

En la Italia de 1945, dividida entre el Norte todavía bajo la ocupación alemana y el Sur liberado, el Decreto Legislativo de Lugartenencia n.º 23 de 2 de febrero de 1945, emitido por el Gobierno presidido por Ivanoe Bonomi, reconoció por fin el derecho al voto de las mujeres. El 10 de marzo de 1946 se celebraron las primeras elecciones administrativas con participación femenina y entre el 2 y el 3 de junio de 1946 se celebró el referéndum para elegir entre monarquía y república, en el que los italianos y las italianas votaron por primera vez con sufragio universal. En Estados Unidos, uno de los países que se consideran más libres y avanzados, se habla de sufragio inclusivo para las mujeres desde 1920 (Decimonovena Enmienda de la Constitución), pero con impuestos electorales y pruebas de alfabetización que limitaban mucho el alcance de la decisión. No fue hasta 1965 y 1966, con la Ley de Derecho al Voto, cuando se suprimió el requisito de un nivel mínimo de alfabetización y el pago de un impuesto para poder votar. Las últimas discriminaciones que se oponían al ejercicio libre y pleno del sufragio universal no desaparecieron en Estados Unidos hasta la década de 1970. En Francia, en 1946; en Gran Bretaña, en 1928; en Rusia, en 1917; en Alemania, en 1919. Generalmente, se considera que 1893 es la fecha en la que el primer estado del mundo, Nueva Zelanda, introdujo el sufragio universal y concedió a las mujeres el derecho al voto.

Este es un ejemplo inequívoco de hasta qué punto ha sido lenta, dolorosa y contradictoria la evolución de las relaciones entre los componentes del género humano a lo largo de los siglos, que ha estado constantemente marcada por la afirmación de un orden social en el que las leyes y los comportamientos estaban dictados por una norma imperante: las relaciones de poder.

No es difícil medir el nivel de consciencia en el que se encuentra el ser humano: basta con ver cómo a lo largo del tiempo ha tratado, y sigue tratando, a sus semejantes. El antropocentrismo es hijo de la arraigada creencia del *sapiens* de ser el amo y el centro de toda la creación, así como la mejor de las especies vivas del planeta.

El modelo evolutivo antropocéntrico se basa también en la interpretación errónea del pensamiento darwiniano según el cual «sobrevive el que mejor se adapta», entendido como el ser más capaz de adaptarse a las condiciones y situaciones (lugar, entorno y relaciones) en las que vive, y que en cambio se ha interpretado como «el más fuerte», lo cual justifica, en una sociedad competitiva y no empática, incluso la violencia como medio natural y «legítimo» de prevalecer y hacer valer los instintos o, indiferentemente, las razones.

El *Homo sapiens* tiende a pararse «fuera» de la puerta que abre el templo que está «dentro» de cada individuo. Ahí está el verdadero epicentro, el lugar donde lo físico y lo espiritual se encuentran y se funden. Solo a partir de aquí comienzan realmente las evoluciones y revoluciones.

El paradigma de que solo el más fuerte es el más apto para la supervivencia ha generado y alimentado durante siglos un sistema —entendido como visión del mundo y organización social— que ha conducido al planeta por el camino de una rápida, y ya no tan remota, autodestrucción. En la ciencia, casi todas las voces están de acuerdo: el modelo antropocéntrico y las ideologías y doctrinas asociadas a él no pueden tener futuro. La alternativa es un modelo evolutivo biocéntrico: el hombre ya no está en el centro del universo, sino la vida misma, en toda su maravillosa complejidad. No es un sistema piramidal con el hombre en la cúspide, sino una esfera vital en la que las fuerzas evolutivas se basan en la cooperación, la interconexión y la interdependencia. El universo, y dentro de él el planeta Tierra, es un único ser vivo regido por mecanismos en equilibrio, donde todo está conectado con todo y todo lo que genera cambios repercute en todo el sistema.

Lo que nos ha traído hasta aquí

El 26 de febrero de 2016, la Plataforma IPBES (plataforma intergubernamental científico-normativa sobre biodiversidad y servicios de los ecosistemas) publicó un informe titulado *Assessment Report on Pollinators, Pollination and Food Production* [Nuestros alimentos dependen de los insectos polinizadores que están amenazados]. Además de las abejas y las mariposas, entre los insectos polinizadores se encuentran también las hormigas, los sírfidos, las avispas, los abejorros, los mosquitos macho y los escarabajos. El informe está totalmente dedicado al declive de la biodiversidad de los insectos polinizadores y fue elaborado por 124 miembros de gobiernos que colaboraron con más de dos mil científicos de todo el mundo. Los resultados hablan por sí mismos. Hay 20.077 especies diferentes de insectos polinizadores y el 90 % de las flores silvestres dependen de ellos. El 75 % de la producción de alimentos depende de los insectos polinizadores y tiene un valor de 577.000 millones de dólares. En la naturaleza, los polinizadores desempeñan un papel vital como servicio de regulación del ecosistema. (La reproducción del 87,5 % de las plantas silvestres con flor del planeta, unas 308.000 especies, depende de la polinización animal.) El 16 % de estos insectos está en peligro de extinción; entre ellos, el 40 % de las abejas y mariposas. En Europa, el 9,2 % de las especies de abejas se encuentra actualmente en peligro de extinción (UICN, 2015). El 70 % de la polinización de todas las especies vegetales vivas del planeta lo garantizan las abejas domésticas y silvestres, que aportan alrededor del 35 % de la producción mundial de alimentos.

Es evidente. El planeta y los seres humanos en concreto se hallan en estrecha dependencia con la vida de insectos minúsculos. Sin ellos, muchas especies de plantas se extinguirían y los costes de mantener los niveles actuales de productividad mediante la polinización artificial serían altísimos, insostenibles. Y eso no es todo: en los últimos cincuenta años, la producción agrícola ha aumentado alrededor de un 30 % gracias a la contribución de los insectos polinizadores, mientras que la intervención humana y las técnicas agrícolas modernas han hecho disminuir la biodiversidad de las variedades cultivadas en un 70 %. Son números que certifican los trastornos que se están produciendo desde hace varias décadas y que apuntan a un futuro inquietante. Todas las especies vivas están interconectadas entre sí mediante un grado de relación más o menos visible. Alterar el medioambiente y la biodiversidad, lo que afecta a la existencia de algunas especies, tiene consecuencias devastadoras para todas las demás y para el planeta en su conjunto. Las repercusiones que esto podría tener para los ecosistemas en los próximos años son gravísimas.

La ciencia, cada vez con menos excepciones, sostiene que, si no hay una intervención rápida, pronto nos enfrentaremos al sexto evento de extinción global. La única manera de evitarlo es cambiar el modelo actual de producción de alimentos para que la mayoría de los insectos no lleguen a la extinción en pocas décadas.

Los datos y las posiciones científicas son claros. De aquí debe surgir una nueva consciencia, que no solo debería implicar un cambio exterior, sino sobre todo una revolución interior.

¿Cuál es la raíz del problema?

Los innumerables desastres que el ser humano ha provocado desde que apareció en la Tierra tienen su origen en su ego, lo que podríamos llamar el «ego *sapiens*». Las tradiciones y culturas sapienciales milenarias (sobre todo, la corriente védica, el budismo y el cristianismo) han tratado de superar la percepción interna que lleva a los individuos —y a menudo también a las comunidades y los pueblos— a sentirse superiores y separados de las cosas, de la vida, de los demás, de la naturaleza, y a considerarse los amos del mundo, cuyos recursos saquean como depredadores en lugar de aprovecharlos con sabiduría, respeto y amor.

¿Cómo podemos dejar de ser explotadores, violadores y abusadores de otras formas de vida y de la naturaleza y convertirnos en garantes conscientes de su belleza y equilibrio? Las tradiciones sapienciales milenarias nos ofrecen abordajes y métodos que ahora cuentan con la validación de sectores cada vez más amplios de la ciencia moderna y que explican cómo funciona realmente la mente humana; cómo liberarla de la escoria y las ilusiones perceptivas; cómo purificarla y elevarla, y lo importante que son la gentileza, el amor, el silencio, la meditación, la empatía, la generosidad y la compasión, que son valores presentes en la propia naturaleza del ser humano (de ahí la definición más adecuada de humanidad).

Se puede empezar por tomar consciencia de la relevancia decisiva del nivel de interconexión e interdependencia que vivimos: el vínculo, aparentemente invisible e imperceptible, entre el ambiente interior y el exterior. Pero ¿es realmente tan importante ser conscientes de que el mundo que vemos fuera y lo que ocurre en él está enraizado en el mundo que llevamos dentro? «Sé el cambio que quieres ver en el mundo» es un llamamiento del mahatma Gandhi para que seamos conscientes de que todo cambio empieza siempre y en primer lugar dentro de uno mismo. Una revolución de las consciencias.

¿Adónde nos llevan el pasado, el presente y el futuro del *Homo sapiens*? La tecnología, la conquista de la Luna, la Venus de Milo, la Estatua de la Libertad, el puente de Brooklyn, las grandes obras arquitectónicas, el descubrimiento del átomo, el bosón de Higgs, los dibujos de Leonardo, la Quinta Sinfonía de Beethoven, las pirámides, los inventos, la teoría de la relatividad y la física cuántica, otros innumerables descubrimientos geniales y la creatividad del intelecto... Si nos extinguiéramos mañana, ¿qué quedaría de todas esas huellas dejadas en la historia evolutiva de la humanidad por la inteligencia, la intuición y la razón? Nada. El tiempo borraría todo rastro de nuestra presencia en el planeta.

Junto a esas huellas memorables, y casi siempre en nombre de la inmensa proyección de su ego, el ser humano ha construido y a la vez destruido (no solo con guerras insensatas), y ha quedado en general prisionero de la mezquindad y la fragilidad, al engañarse a sí mismo con que puede doblegar para su provecho todas las demás formas de vida del planeta sin consecuencias. Ahora que el daño causado al mundo por la deflagración del ego del ser humano está a punto de ser irreversible es el momento de romper la barrera que mantiene cautivo al *Homo sapiens* y separa lo que está «dentro» de él de lo que está «fuera». Partiendo de un punto de vista neutral y desde una perspectiva amplia que incluye tanto las maravillas como los horrores más remotos y recientes, las imágenes de cómo el hombre ha distorsionado el medioambiente y su forma de vivir se hacen cada vez más claras, lo que devuelve a una urgente actualidad el famoso llamamiento de Gandhi: «Sé el cambio que quieres ver en el mundo».

Cuatro enseñanzas milenarias

Parece que el impulso del ego humano es una de las causas de nuestra incapacidad para captar el valor de la interconexión. Tenemos una tendencia, como especie, a ser exclusivistas y absolutistas en todos los campos del conocimiento, incluida la ciencia, y a atribuir a un único descubrimiento el poder sobre todos, o casi todos, nuestros problemas. De hecho, durante muchos años hemos creído que nuestro destino estaba escrito en los genes heredados de nuestra familia. Hemos llegado a creer, y a invertir una enorme cantidad de tiempo y dinero, que podíamos encontrar todas las respuestas a nuestro futuro en el ADN: cuándo enfermaríamos y de qué tipo de enfermedad, quiénes y a qué edad perderían el pelo, y algunos hasta esperaban encontrar la fecha y hora de su muerte. Si bien el ADN puede resultar dañado por causas ambientales (virus, radiaciones, contaminación, mutágenos), se pensaba que no estaba en nuestra mano modificarlo. La creencia generalizada de que el destino estaba escrito en los genes sin posibilidad de incidir en él fue desmentida por la revolución de la epigenética, cuando se empezó a descubrir que los genes, millones de interruptores estructurados en secuencias específicas, también podían activarse, desactivarse o modificarse mediante la alimentación, el ejercicio y la meditación. Lo mismo ocurre en la neurociencia: se cree que el cerebro lo es todo y que todo, incluida la mente y la consciencia, es el producto exclusivo de un cúmulo de neuronas. Pero ¿estamos seguros de que es así? ¿Somos realmente un puñado de neuronas o la ciencia llegará pronto a demostrar que existe algo más?

El formidable cerebro humano, del que estamos tan orgullosos, ha sido el autor no solo de la *Mona Lisa* y el Empire State Building, sino también de una serie interminable de peligros que en cualquier momento podrían acabar con toda la vida del planeta. Los desastres provocados por el hombre están poniendo en peligro la supervivencia de nuestra especie y de otras. Aunque las grandes extinciones normalmente se han producido por acontecimientos apocalípticos con una frecuencia de millones de años, ahora el que desencadenaría el apocalipsis sería el propio *Homo sapiens*. Reflexionemos. Un cuchillo puede usarse tanto para cortar una tarta como para apuñalar a una persona. El cuchillo es en sí mismo un elemento neutro. Lo que marca la diferencia es cómo decidimos usarlo. La división del átomo ha producido poderosas fuentes de energía, pero también millones de muertes. Nuestra consciencia marca la diferencia. Por eso la tecnología no será la solución a nuestros problemas de supervivencia, sino el nivel de consciencia con que se utiliza esa tecnología.

Esta es la primera enseñanza de las antiguas tradiciones sapienciales: antes que cualquier otra cosa, tratad de elevar vuestro nivel de consciencia. La armonía y la supervivencia dependen del nivel de consciencia. Todo lo demás es una consecuencia: el uso de la tecnología y los descubrimientos científicos, la relación con el medioambiente, la ética y la moral, las transformaciones en la agricultura, la relación con el medioambiente y las personas, la política, la transformación social, la salud y la calidad de vida.

A partir de estas consideraciones queda claro que hay un trabajo interior urgente que debemos hacer como especie y redefinir la percepción de nosotros mismos, de nuestro papel e importancia, a la luz de una nueva consciencia de interconexión, interdependencia y de los modelos evolutivos. Si queremos limpiar el mundo, cada uno tiene que empezar por ordenar su habitación.

La raíz de nuestro impacto sobre el medioambiente y la calidad de vida es, sin duda, interna: empieza en la intimidad de la mente.

Hemos visto cómo la acción sobre una sola especie, incluso una tan aparentemente insignificante como las abejas, puede alterar radicalmente, no solo el medioambiente, sino también los recursos fundamentales para la supervivencia de la especie humana, además de afectar negativamente a la economía mundial. Las acciones inconscientes pueden tener consecuencias inesperadas. De la comprensión de la interconexión y de los factores clave que la regulan depende nuestro destino y la supervivencia en el planeta. Somos profunda e inconscientemente responsables de una infinidad de efectos y cambios ambientales, sociales y mentales. Un ligero aumento de la temperatura media anual en Europa supone muchos kilómetros de desertización en África, con el consiguiente flujo migratorio de las poblaciones locales que se verían obligadas a abandonar las zonas resecas, lo que a su vez tendría consecuencias en grandes territorios europeos con un efecto búmeran.

UBUNTU

«En África hay un concepto que se conoce como *ubuntu*, el sentido profundo de ser humanos solo mediante la humanidad de los demás; si logramos algo en el mundo, será gracias al trabajo y los logros de los demás», dijo Nelson Mandela.

Ubuntu es la creencia en un vínculo universal de intercambio que une a toda la humanidad.

Es una regla de vida basada en la compasión y el respeto a los demás.

Refiriéndose al *ubuntu* se suele decir: *Umuntu ngumuntu ngabantu* (soy lo que soy en virtud de lo que somos todos).

Todo está interconectado. De nuestro nivel de consciencia interior depende la comprensión de los factores clave que generan el equilibrio en los sistemas complejos. Por tanto, extendamos también el nivel de responsabilidad a nuestro mundo interior, a la intimidad de lo que vivimos cada día, inconsciente o conscientemente. A los miedos, la ansiedad, el rencor, el odio, la tristeza, la rabia, la impotencia, la culpa, la exaltación, la frustración, los pensamientos obsesivos, las heridas emocionales y los traumas relacionados con la traición, el abandono, la injusticia. Desde este ambiente interior invisible estamos envenenando constantemente el mundo, a nosotros mismos y a los demás, tanto a las personas que creemos odiar como a las que amamos. Imaginad que estáis en un momento de ligereza y felicidad, sentados en una habitación. Y que una persona con una profunda depresión entra en ella y se sienta a vuestro lado en silencio. Es probable que al cabo de unos minutos vuestro estado de ánimo disminuya. Sin interacción aparente. ¿Qué ha pasado? Estamos tan centrados en el aspecto visible de la vida que olvidamos la importancia fundamental de lo que no es visible. Muchos eligen a su pareja basándose en el sentido estético y la belleza física. Pero cuando se adentran en esa relación, tienen que enfrentarse a todo lo invisible que marca la diferencia: mundos emocionales y mentales, estados de ánimo, carácter, heridas psíquicas, instintos y pulsiones. Esta es la segunda gran lección que nos han transmitido las antiguas tradiciones sapienciales: en la vida, lo que más importa a la larga no es el aspecto visible de las cosas, sino el invisible.

Si tenéis un gato en casa, observad cuántas veces al día se limpia. Bastantes. Normalmente, después de comer o en momentos especiales y rituales, los animales se limpian el cuerpo. Tanto los seres humanos como los animales tenemos el instinto, convertido en hábito, de mantener una higiene corporal constante y lavarnos todos (o casi todos) los días. Una estrategia para la salud y la prevención de enfermedades. Pero al igual que hacemos con el cuerpo físico, también deberíamos, como «especie inteligente», preocuparnos a diario por la higiene emocional, mental y de consciencia. Existen muchos instrumentos para mantener limpio nuestro mundo interior y cultivar experiencias superiores de consciencia. El agua de la gratitud, el jabón de la gentileza, la esponja de la empatía y la compasión, el gel de baño del amor. Así como está científicamente demostrado que la abstención periódica de alimentos es importante para la salud y la longevidad, el ayuno mental mediante el silencio regenera la mente y la hace clara, límpida y creativa. De la misma manera que en el plano físico es necesario eliminar los residuos y las toxinas para purificarnos de las impurezas, el perdón nos permite liberarnos y aliviarnos de los dolores, los rencores y las toxinas emocionales que guardamos en la mente. Cuando miramos a un ser humano, debemos ser conscientes de que, incluso en el plano físico, lo que realmente importa está oculto a la vista: de hecho, casi todos los órganos fundamentales son invisibles a simple vista. Pensemos en las ondas de radio, los rayos X, las resonancias magnéticas, los TAC, internet. Lo invisible influye y gobierna lo visible.

Si habéis estado en Indonesia y habéis visitado Bali, seguro que os habrán fascinado los arrozales dispuestos en terrazas, declarados Patrimonio de la Humanidad por la UNESCO. El sistema de riego utilizado en estos campos de arroz se llama *subak* y tiene orígenes antiguos; de hecho, se desarrolló en el siglo IX. Para los balineses, el *subak* no se limita a proporcionar agua a las raíces de la planta, sino que constituye un complejo y refinado ecosistema. El *subak* es un ejemplo de red basada en la interconexión consciente. No es solo un ejemplo eficaz de buena administración del bien común y responsabilidad compartida (así como un sistema económico democrático), sino algo mucho, mucho más profundo.

La consciencia de interconexión se expresa mediante el concepto filosófico *Tri Hita Karana*, es decir, Tres *(Tri)*, Felicidad/Bienestar *(Hita)*, Causa/Origen *(Karana)*. La filosofía balinesa sostiene que tres cosas son el origen y la causa de la felicidad y el bienestar:

1. *Parahyangan*, la relación armónica entre el ser humano y el infinito.
2. *Pawongan*, la relación armónica entre el ser humano y su prójimo.
3. *Palemahan*, la relación armónica entre el ser humano y la naturaleza (el medioambiente).

Uno de los aspectos más fascinantes es que el poder sobre la gestión del bien común se confía a la persona que posee el terreno más bajo. Esto se debe a una razón muy sencilla: si no se ocupa de la irrigación adecuada de las tierras más altas, el agua no llegará correctamente a sus tierras. El bien común coincide con el bien personal. Si el jefe de estas cooperativas no vela por el bienestar de los demás, tampoco velará por el suyo. Esta dimensión de la responsabilidad personal permite una gestión del poder puesta a disposición del bien común y del bienestar de la comunidad, lo que produce un beneficio real en toda la estructura social. La consciencia de la interconexión nos lleva a darnos cuenta de que nuestra felicidad y bienestar dependen de la felicidad y el bienestar de los demás. El *subak* es un antiguo ejemplo de éxito en la gestión del bien común. Se sostiene gracias a la consciencia de ciertos elementos fundamentales: interconexión, interdependencia, armonía en las relaciones, respeto a la naturaleza y respeto entre el ser humano y el cosmos. Toda la cultura balinesa está impregnada de espiritualidad y este último elemento celebra en el *subak* la dimensión de lo sagrado, del significado y el propósito de las cosas y las actividades humanas en relación con el cosmos y la existencia. El respeto al don de la vida y su milagro. Estos elementos, armonizados entre sí, permiten a todos los miembros del *subak* crear las condiciones necesarias para producir arroz incluso en una sociedad fuertemente dividida en castas.

Reflexionemos ahora sobre cuál ha sido el elemento común que ha determinado el éxito de las empresas que más se han desarrollado en la última década. Es, sin duda, la interconexión. Facebook es el mayor productor de contenidos del mundo, pero no produce ningún contenido: hace que lo produzca la gente, a la que interconecta a través de la red. Amazon y eBay son los mayores vendedores de productos del mundo, pero en realidad no venden ningún producto: interconectan a los vendedores y facilitan la distribución generalizada.

La necesidad de una consciencia global de interconexión como elemento evolutivo esencial para la comprensión de la vida y para la supervivencia debe superar además otro reto: crear un puente de conexión clara y armoniosa entre el ambiente exterior e interior, el mundo exterior y el mundo interior, y superar esa separación que siempre ha fracturado y dividido a los seres humanos y que es la causa de todas las distorsiones a las que estamos asistiendo. De nuestro mundo interior depende nuestra percepción del mundo exterior; del funcionamiento interno de nuestra mente depende la forma en que vemos el mundo y nos comportamos en él. La tercera enseñanza de las antiguas tradiciones sapienciales es esta: todo tiene una raíz interior. El principal problema del ser humano es su ego desmesurado. Si el *Homo sapiens* tiene de verdad la intención de evolucionar en este planeta, debe superar esta condición egoísta crónica. La revolución de las consciencias es, aun antes que la revolución verde, agrícola y política, un paso fundamental que todavía no se ha producido a escala mundial a través de una masa crítica de individuos. Todas las revoluciones que hemos conocido hasta ahora han sido reactivas: han sido, por ejemplo, la consecuencia de una dictadura, abusos, imposiciones y violencia; motivadas por la rabia, el dolor, la rebelión y el deseo de venganza y justicia. Pero ¿cuánta sangre se ha derramado en nombre de estos ideales de libertad, justicia, igualdad y fraternidad? ¿Acaso no se ha convertido el comunismo en una dictadura? ¿No cayeron muchas cabezas durante la Revolución francesa en nombre de la fraternidad? ¿Y en nombre de Dios y del amor no surgieron las cruzadas?

Una revolución de la consciencia no tiene nada que ver con las revoluciones reactivas que acabamos de mencionar. Porque es ante todo una revolución interior en la que uno se reconcilia consigo mismo, en la que el interior y el exterior hacen las paces, en la que se comprende la propia responsabilidad y el impacto que tienen las emociones y pensamientos en el destino colectivo, en la que se renuncia al odio y la violencia en primer lugar hacia uno mismo, en la que se aprende a escucharse y a oír los anhelos más profundos, en la que se reconoce el propio papel en el mundo y en la que la armonía y la belleza se manifiestan como una elección libre. Independientemente de las condiciones externas. Sin importar lo que ocurra en el exterior. La elección de amar sigue siendo siempre una opción de libertad. ¿Cómo, si no, podrían haber visto los santos el amor de Dios entre los enfermos que sufren y cómo, si no, podría haber perdonado Nelson Mandela a sus torturadores y haberlos llamado a gobernar con él después de veintisiete años de cárcel? Y de este modo liberarse a sí mismo y al mundo entero de esa raíz de odio que se extinguió por la decisión de un individuo de no responder al odio con más odio. Y a partir de esta elección íntima, mediante un comportamiento coherente, influir en el mundo entero. ¿Os dais cuenta de cómo hasta el más insignificante de los pensamientos, en el más aparentemente insignificante de los individuos, puede marcar la diferencia para todos? La revolución de las consciencias es proactiva: no reacciona ante un estado existente de las cosas o una situación que no gusta, no se alimenta del odio, del rechazo, de la competitividad. No crea enemigos ni lucha a través de la rabia. No hay nada de reactivo. Es proactiva porque es hija de la consciencia. Nace y florece a través de la gentileza, con determinación, fuerza y armonía. A través de los que han madurado en el silencio del corazón una visión completamente nueva del sentido de la vida y de su papel en ella. Por eso no quiere cambiar el mundo, sino celebrar lo que ha comprendido de sí misma. Compartirlo con otros como un don.

La interconexión y la consciencia son elementos evolutivos y de supervivencia de importancia fundamental. Cuanto más conscientes somos de la importancia de la interconexión, más se reduce el ego del *sapiens*, que de amo del mundo y especie más evolucionada pasa a ser una humilde pieza (quizá de las menos importantes y más peligrosas) de un complejo y maravilloso sistema biocéntrico cuyo núcleo es la vida, en sus infinitas manifestaciones. El ser humano es ciertamente capaz de cosas extraordinarias. Tiene, ante todo, la capacidad de amar, perdonar y ser gentil consigo mismo y con los demás seres. ¿Cómo lograr un cambio que exprese estas virtudes? A través de la cuarta gran enseñanza de las antiguas tradiciones milenarias: expande tu consciencia e incluye todo en ella. Cambia desde tu sentido de identidad más profundo.

EFECTO PANORÁMICO, EL EFECTO DE LA VISIÓN DE CONJUNTO

«¡Oh, Dios mío! ¡Mira allí! La Tierra está saliendo», exclamó el astronauta William Anders antes de tomar la *Earthrise* [Salida de la Tierra], una de las fotografías más famosas de la historia, el 24 de diciembre de 1968 durante la Apolo 8, la primera misión en la órbita lunar.

Ver la Tierra tal y como es —curvada, radiantemente azul, inmensamente pequeña y frágil, flotando en un espacio negro y sin profundidad—, experimentar de primera mano ese profundo sentimiento de unidad y perder toda sensación de separación entre naciones, países, etnias, seres humanos y seres vivos es una experiencia impresionante que no se puede olvidar.

De la Tierra a la Luna y de vuelta, en una instantánea que ha transformado para siempre la experiencia cognitiva, perceptiva y emocional de todos los astronautas, y les ha dado a ellos y al mundo entero una nueva perspectiva de la humanidad: el efecto de la visión de conjunto (efecto panorámico).

Este efecto, teorizado por primera vez en 1987 por el escritor Frank White mientras observaba la Tierra desde la ventanilla de un avión, está recibiendo cada vez más atención por parte de científicos, psicólogos e investigadores de todo el mundo debido al profundo impacto que produce. Se trata de un cambio cognitivo radical causado por la visión de nuestro planeta por primera vez desde una gran distancia y a la repentina constatación de que todos formamos parte del mismo sistema, sin más diferencias ni fronteras. La Tierra aparece como un diminuto punto azul inmerso en un universo sin límites, un maravilloso organismo que respira, un sistema unitario, interconectado y al mismo tiempo extremadamente frágil.

Expandir la visión y las percepciones hasta llegar a una sensación extática de unidad con todas las formas de vida, con el planeta y el universo entero, más allá de la historia personal, los deseos, las necesidades, las pequeñas preocupaciones, en plena consciencia de una unión global. Reconocerse ya no solo por el nombre, la función, el trabajo, el estatus social, el género o la especie, sino sentir y estar presente en el milagro de «estar vivo en este instante». Permitirse el lujo de sentirse maravillado por ser expresión de una única Vida, de un «estar juntos». ¿Cómo sería tomar una decisión desde esta perspectiva? ¿Qué cambiaría ahora en vuestra vida? ¿Cómo elegiríais vivir?

La buena noticia es que no hace falta ir al espacio para experimentar este cambio de perspectiva. Cuando los astronautas y los científicos buscaron en la literatura existente rastros de este efecto, descubrieron que había sido descrito por primera vez miles de años antes por las antiguas tradiciones sapienciales como uno de los estados de consciencia que pueden experimentarse en la meditación: el *savikalpa samadhi*, un estado de fusión total con la consciencia cósmica en el que la ilusión de separación se anula en un deslumbrante sentido de unidad que transforma radicalmente la idea de uno mismo, de los demás y del mundo. Desde esta perspectiva es desde donde se despliega la clave de nuestra supervivencia. Tenemos que empezar a actuar como una sola especie que comparte el mismo destino. No sobreviviremos si no lo hacemos.

La ciencia también ha demostrado que nuestro ADN nos conecta entre nosotros y con la vida en nuestro planeta como una única familia que abarca las plantas, los animales, las aves, los insectos, los hongos y hasta las bacterias. Es el momento de asumir una nueva responsabilidad como inquilinos de este frágil y maravilloso planeta que podemos llamar hogar.

UN ÚNICO ORGANISMO VIVO

> Ver el mundo en un grano de arena y un paraíso en una flor silvestre.
>
> WILLIAM BLAKE

Cabello al viento, pies descalzos y salir corriendo a una velocidad vertiginosa por un prado, entre árboles y flores, con esa amplia sonrisa típica de los niños, mientras mamá grita que no nos alejemos demasiado. Esta es una imagen tan familiar que cuesta creer que unos años después sea tan fácil olvidar la alegría de la naturaleza. Sin embargo, no solo los adultos de hoy en día están cada vez más desconectados de ella, sino que también los niños disfrutan cada vez menos de lo que ha sido su campo de juegos natural desde tiempos inmemoriales.

La televisión, la tecnología, los videojuegos, las ciudades cada vez más grises y menos humanas, el sedentarismo, la comida basura, todo parece contribuir a alejarnos de nuestra naturaleza. Tanto es así que ha sido necesaria la intervención de la ciencia para recordarnos lo que todos sabemos intuitivamente: el contacto con la naturaleza sana, reduce el estrés, la rabia, el miedo, es una cura para la ansiedad y la depresión, estimula las emociones positivas, reaviva la vitalidad y da sentido a la vida, reduce la presión arterial, el ritmo cardíaco, la tensión muscular y, según algunas investigaciones, incluso la mortalidad.

Poner una planta en las habitaciones de los hospitales, las oficinas o las aulas basta para reducir significativamente el estrés y la ansiedad. Una investigación llevada a cabo por Bo-Yi Yang, de la Escuela de Salud Pública de la Universidad Sun Yat-sen de Cantón (China), sobre 59.754 niños y adolescentes demostró que una pequeña zona verde a menos de quinientos metros de un colegio o guardería reduce significativamente los síntomas del trastorno por déficit de atención al mejorar la capacidad atencional.

En una época en la que aumenta el sentimiento de soledad, sigue siendo la naturaleza la que nos ayuda: el tiempo que pasamos en la naturaleza nos vuelve a conectar con los demás y con el mundo que nos rodea. Un estudio de la Universidad de Illinois señala que quienes viven en zonas con árboles y espacios verdes a su alrededor tienden a conocer a más gente, a desarrollar fuertes sentimientos de unidad con sus vecinos, a ser más propensos a ayudarse y apoyarse mutuamente y a experimentar mayores sentimientos de pertenencia que quienes viven en edificios alejados de los árboles y la naturaleza. Además de este mayor sentimiento de comunidad, se reduce el riesgo de delincuencia callejera, disminuye la violencia y la agresividad domésticas y aumenta la capacidad de afrontar las exigencias y los problemas de la vida. Basta con mirar una fotografía de la naturaleza para que una resonancia magnética detecte la activación de áreas relacionadas con la empatía y el amor; en cambio, al mirar una fotografía urbana son las áreas asociadas al miedo y la ansiedad las que se activan.

Pero ¿era realmente necesario que la ciencia interviniera para recordarnos algo tan evidente? En las últimas décadas hemos invertido cantidades desorbitadas de dinero, tiempo y recursos en nuevas tecnologías, nuevos fármacos y nuevas terapias contra todas las formas de trastornos mentales y no mentales, cuando a nuestro lado tenemos uno de los remedios más potentes, baratos y naturales que existen: la naturaleza. «Nuestra» naturaleza. Hemos destruido inmensos espacios naturales para construir ciudades cada vez más inhumanas y explotar los recursos del planeta en nombre de un «bienestar» que está llevando a millones de personas a morir de enfermedades relacionadas con el estrés, al olvidar que es precisamente nuestra conexión con la Tierra lo que nos mantiene sanos. ¿No habrá llegado la hora de pararnos un momento y preguntarnos qué estamos haciendo?

LO EXTRANJERO SE HA HECHO VIRUS
PARA ENSEÑARNOS EMPATÍA, GENTILEZA Y AMOR

En el fondo, todos sabíamos que teníamos que parar. Y no podía ser de otra manera, si lo pensamos bien. Tuvo que ser la madre naturaleza la que nos devolviera a una condición de escucha, la que nos detuviera para permitirnos escuchar lo que realmente ocurría a nuestro alrededor. No nos pararon los bosques en llamas de Australia y Brasil, no nos pararon las imágenes de los glaciares que se derretían, no nos pararon los gritos de dolor de los animales... Sencillamente, no estábamos escuchando. Vivimos desconectados del ritmo y los ciclos de la naturaleza. Y nuestra madre común nos lo está recordando. Porque este virus es enfermedad y curación al mismo tiempo. Ahora son nuestros pulmones los que arden. Ahora podemos empezar a notar de verdad que el aire ya no era respirable. Contaminado por nuestro ego desmesurado.

La mayor lección de este periodo
es quizá haber entendido de forma masiva
la importancia de la interconexión
y la interdependencia entre todas las formas de vida,
y de ella surgirá, esperemos,
un nuevo sentido de la responsabilidad.

El último informe del WWF habla del efecto búmeran de la destrucción de los ecosistemas. La deforestación debida a la necesidad de extraer madera, crear nuevas zonas de pastoreo y espacio para nuevas construcciones ha roto y violado un equilibrio importantísimo para nuestra salvaguarda. De hecho, los bosques son los guardianes de una biodiversidad que sirve de protección a los seres humanos: la coexistencia de tantas especies animales diferentes crea un «efecto de dilución» para los virus, que se bloquean y debilitan antes de llegar a los seres humanos. Existe, por tanto, una relación muy estrecha entre las acciones del ser humano que provocan la pérdida de la biodiversidad, el cambio climático y las alteraciones de los hábitats naturales con la propagación de las zoonosis, es decir, las enfermedades de origen animal, como el ébola, el SARS, el MERS, el sida... y la covid-19. Ante esta constatación, culpar a China, a los extranjeros, al gobierno o a las élites es inútil, porque la causa está en la inconsciencia de toda la raza humana. Este virus es enfermedad y curación al mismo tiempo. Trae consigo dolor, separación, pérdida y alejamiento, pero también nos permite (si somos capaces) madurar un nuevo y más profundo sentido de responsabilidad, reciprocidad, cooperación, empatía, respeto y amor..., de gentileza.

Esa gentileza que, como principio social indispensable e ineludible, debe estar en la base de cualquier relación entre los seres para relacionarse de la manera más útil, fraterna y elevada posible. La semilla de la gentileza genuina, al igual que la flor de loto, tiene el poder de crecer y florecer incluso en el fango. Bastaría muy poco, bastaría un poco de maravilla. Darnos cuenta de que estamos rodeados de un milagro constante. Concederse tiempo para estar en silencio y escuchar. Oír y escuchar. Concederse el privilegio de encontrar un tiempo libre para mirar al cielo. El milagro de la madre naturaleza.

La gentileza nos hace respirar. Recordar.
Que las flores siguen creciendo por todas partes.
Que en esta tierra estamos juntos.

Porque hay distancias que nos acercan y soledades que nos unen. Estamos aprendiendo que de la vida y el bienestar de los demás dependen nuestra vida y nuestro bienestar; que de mi destino y mis acciones depende también el destino de las personas que amamos y de toda la comunidad; que el interés personal debe pasar a un segundo plano frente a la necesidad colectiva. Es un paso evolutivo importante. Teníamos que parar para poder escuchar... Y entender. Cuando nos paramos a escuchar, oímos todo lo que sucede, fuera y dentro de nosotros. Rabia, impotencia, frustración, ansiedad, desesperación, miedo..., pero también empatía, compasión, amor, gratitud, gentileza, silencio. Todo. Dentro de nosotros está la vida entera, que esperaba a ser escuchada y acogida para poder volver a los ritmos naturales y cultivar esos valores tan importantes para la supervivencia de este planeta y en este planeta.

Por eso también estamos tomando consciencia de otro nivel de interconexión muy importante, el que existe entre el ambiente interior y el exterior: la íntima relación que existe entre nuestros pensamientos, impresiones, ideas, emociones y lo que ocurre en el mundo exterior. Estamos comprendiendo ahora, poco a poco, el impacto de nuestro mundo interior en la realidad y en el diseño de nuestro destino individual, social y colectivo.

> Un planeta mejor es un sueño
> que comienza a hacerse realidad
> cuando cada uno de nosotros decide mejorar.
> Sé el cambio que quieres ver en el mundo.
>
> MAHATMA GANDHI

Cuando nuestro ambiente interior está contaminado por la rabia, la separación, la soledad, el conflicto, la competencia, la frustración, la ansiedad y el odio, el entorno exterior refleja esa condición. Antes de limpiar el mundo, tenemos que empezar por ordenar nuestra habitación. La ciencia ya ha demostrado en muchas ocasiones el poder de nuestra mente sobre nuestros genes y la biología del organismo, basta con unos minutos de meditación para «apagar» los genes vinculados a los procesos de inflamación y muerte celular, para regular nuestro estado de ánimo e inhibir la producción de citocinas y otras sustancias químicas que pueden ser perjudiciales para nuestra salud y para transformar el cerebro mediante el desarrollo de nuevas capacidades cognitivas.

Y es a partir de la toma de consciencia del impacto que nuestros sentimientos, pensamientos y emociones tienen en el mundo desde donde debería comenzar una nueva revolución. Una revolución interior que pueda cambiar realmente el sentido de identidad individual y colectivo, y el papel de los seres humanos en este planeta. Si nos paramos a pensarlo, ni siquiera nuestra identidad biológica nos pertenece: en nuestro cuerpo, el número de bacterias y virus es enormemente superior al de nuestras células. De hecho, somos una colonia de organismos que cooperan; es más, deberíamos reflexionar sobre el hecho de que quizá seamos nosotros los huéspedes de esta colonia. Lo mismo ocurre en el macroorganismo de este planeta, donde el virus parece ser el ser humano y su comportamiento.

No hay nada separado: a la intimidad de nuestros pensamientos está vinculado el destino de todos. Para la calidad de nuestro mundo interior invisible, cada uno debe hacer su parte. Por eso, ahora no sirve de nada quejarse, buscar un culpable, crear un enemigo contra el que desahogarse y luchar, criticar, odiar, enfadarse. Eso sería una contaminación más en un ecosistema interior colectivo e individual que ya está muy perjudicado.

> Este es el momento de ayudar,
> de poner nuestro talento
> a disposición del bien común,
> y si no es mucho pedir...,
> de amar y amarse.

Por eso lo extranjero se ha hecho virus. Para nada sirven los muros y puertos cerrados, porque lo extranjero está dentro de nosotros. Solo así podíamos darnos cuenta de lo ajenos que somos a nosotros mismos. La guerra que veíamos fuera, a veces lejana, siempre ha estado dentro de nosotros, en la intimidad de nuestra biología y de los instintos primarios de supervivencia. Pero, al observarnos bien, surge una pregunta: ¿quién es el virus del sistema? ¿Quién es el extranjero? ¿El planeta tratando de reequilibrarse o los *sapiens* envenenándolo al explotar salvajemente sus recursos y a otros seres? Por eso el virus se ha hecho extranjero. Un extranjero que está dentro de nosotros.

La raíz del problema
está en nuestro nivel de consciencia.

Vivimos profundamente desconectados, de nosotros mismos, de los demás y de la naturaleza. Y esta fractura perceptiva ha provocado distorsiones importantes: hemos sido la causa de desastres naturales, de los cambios climáticos, de la explotación salvaje de los recursos, del sufrimiento de casi todas las demás especies del planeta. El *Homo sapiens* no mata para sobrevivir, sino para satisfacer su ego, la necesidad de dominar, de satisfacer su sed de poder, por gusto y placer. La madre naturaleza tiene infinitos mecanismos de reequilibrio para que las especies se den cuenta de que solo tienen dos opciones: ser descartadas o evolucionar. Y este es uno de esos momentos en los que debemos tomar consciencia de lo que no pudimos ver. Todos somos responsables y estamos obligados a decidir cuál será nuestro destino.

Nos hemos alejado tanto
de la armonía natural sencillamente
porque estamos lejos de nosotros mismos.

¿Será esta la manifestación de esa lejanía física a la que nos aferramos en estos tiempos? ¿Necesitábamos este virus para detener la alterada y furiosa carrera del hacer, del crecer a costa de todo en nombre de la economía y el desarrollo? ¿Necesitábamos este virus como medida drástica contra el cambio climático, la contaminación y los desastres medioambientales? ¿Necesitábamos este virus para empatizar con los discriminados, los excluidos, los rechazados, los que huyen y no son acogidos, los que son tratados como apestados, como un extranjero que no es bienvenido? ¿Necesitábamos este virus para ofrecernos la posibilidad de experimentar el tiempo y su valor de una manera distinta, sin dar por sentado un abrazo, un apretón de manos, la posibilidad de ver y sostener a las personas que queremos? ¿Necesitábamos este virus para redescubrir la unidad, la solidaridad, la fuerza de nuestros corazones cuando se unen en la vida? ¿De verdad teníamos que llegar a tanto?

Ahora podemos empezar a reconstruir
desde la intimidad del corazón.

Podemos hacerlo con un sentido y un significado distintos de la vida y de nosotros mismos, con una nueva empatía, con un nuevo sentido de la responsabilidad, con una consciencia diferente de los instintos primarios que nos dominan y nos empujan a un egoísmo desenfrenado.

> Podemos, si queremos, vivir con gentileza.
> Podemos resucitar y renacer a la vida.
> Esto es lo que la madre naturaleza nos está pidiendo.
> Respondamos con amor a esta llamada.

La herencia invisible

No hace tanto tiempo que la ciencia estaba convencida de que toda nuestra vida, nuestro carácter y nuestra personalidad eran el resultado de un determinismo genético inmutable. Luego llegó la epigenética y nos demostró que, gracias a la alimentación, la meditación y el estilo de vida, podemos ejercer un profundo efecto en nuestro ADN, al activar o desactivar genes concretos. Y eso no es todo, algunas investigaciones recientes también han descubierto que lo que ocurre en nuestras vidas y, especialmente, nuestras reacciones, tiene un profundo efecto en nuestros hijos y en los hijos de nuestros hijos. Un estudio de la Universidad de Zúrich ha descubierto que lo que experimentamos como traumas en nuestra vida puede transmitirse hasta la tercera generación. El secreto de esta herencia reside en el microARN, moléculas genéticas que regulan el funcionamiento de las células, los órganos y los tejidos, y que se ven alteradas por el trauma, que se transmite a la descendencia a través de los gametos.

Estudios similares realizados con víctimas del Holocausto han descubierto que sus hijos presentan la misma modificación genética debida al trauma de sus padres, aunque ellos no lo experimentaran, y lo mismo ocurre con los hijos de quienes vivieron la segunda guerra mundial. Incluso se descubrió que los hijos de los soldados capturados por los enemigos morían, como media, más jóvenes que aquellos cuyos padres escapaban del cautiverio, a pesar de haber nacido después de la guerra y no haber vivido el horror. Estos estudios revelan que, en el ADN de los hijos de los supervivientes, seres humanos sometidos a sufrimientos atroces, a torturas físicas y psicológicas, hay rastros del trauma sufrido por sus padres antes de la concepción.

Esta es la responsabilidad que tenemos con nosotros mismos, con nuestros hijos, con los hijos de nuestros hijos y con el mundo entero, y no es más que el principio de lo que sabíamos intuitivamente y de lo que ahora la ciencia está empezando a demostrar con datos. A partir de estos descubrimientos se ha dado un paso aún más significativo. Aunque es cierto que los ratones, cuando aprenden a temer las bayas rojas porque las asocian con descargas eléctricas, dan a luz crías que tienen miedo a las bayas incluso sin saber nada de las descargas, o que los cachorros de gatos traumatizados presentan hipoglucemia y trastornos metabólicos, también es cierto que esos mismos cachorros puestos en condiciones ambientales y sociales «positivas» pueden desactivar el cambio que corresponde al trauma, lo que no solo cambia su vida, sino también interrumpe la transmisión hereditaria del trauma a su descendencia.

Las implicaciones de estos descubrimientos revolucionan la idea de responsabilidad transgeneracional (individual, social y colectiva), y la amplían al mundo interior.

¿Qué estamos dejándoles a nuestros hijos? ¿Somos conscientes de lo que realmente estamos legando a este planeta? Más allá del dinero, una casa y una cuenta bancaria, ¿cuál es la riqueza que realmente transmitimos a nuestros hijos y nietos? ¿Una vida escrita con palabras de dolor, incomprensión, torpeza, fracasos y heridas o una vida sin traumas ni condicionamientos, feliz y abierta a las infinitas posibilidades que puede deparar el futuro?

Los instrumentos para realizar un trabajo de transformación interior no faltan. Tenemos una posibilidad: elegir ser valientes y resolver las cuestiones interiores pendientes para que no sean nuestros hijos y nietos quienes paguen por nuestra ignorancia.

La decisión depende de cada uno.

Efecto mariposa

«¿El batir de alas de una mariposa en Brasil puede provocar un tornado en Texas?» Este fue el título de una conferencia que dio el matemático Edward Lorenz en 1972. Conocido como el «efecto mariposa», de ahí la famosa película, este fenómeno es la base de la teoría del caos, según la cual variaciones mínimas en las condiciones iniciales de un sistema provocarían enormes variaciones a largo plazo en el comportamiento de este.

El ejemplo de Lorenz se refería al ámbito climático: basta con el batir de alas de una mariposa para que se produzcan reacciones en cadena (moléculas desplazadas que chocan con otras moléculas, que a su vez chocan con otras moléculas) que pueden generar un huracán. Esta teoría explica la imprevisibilidad meteorológica, pues, aunque se hagan las predicciones más exactas, la más mínima variación puede alterar todo el sistema. De hecho, el clima es un ejemplo clásico de sistema caótico.

Las implicaciones del efecto mariposa también se han estudiado recientemente en el cerebro humano. La idea de los investigadores era provocar una pequeña «perturbación» en el cerebro, el equivalente neuronal al batir de alas de una mariposa, y observar si esta interferencia crecía hasta afectar a todo el cerebro o si se extinguía rápidamente. El resultado del experimento demostró que bastaba un pequeño impulso adicional para iniciar una cadena de impulsos posteriores que afectaban gradualmente a millones de neuronas. Desde esta perspectiva, imaginad la importancia que tiene cada uno de los pensamientos, emociones, acciones y alimentos en nuestra vida. ¿Cuáles son los impulsos que estamos transmitiendo al cerebro? ¿Con qué pensamientos nos alimentamos cada día? ¿Con qué emociones? ¿Nos estamos alimentando de miedo, ansiedad, codicia y rabia o de gentileza, compasión y amor?

La realidad que vivimos cada día se crea a partir de la intimidad de la mente, los sentimientos y las percepciones en una relación de estrecha interdependencia entre lo que es nuestro ambiente interno y lo que representa el ambiente externo. Vivir y experimentar en la vida cotidiana valores como la gentileza, el perdón, la paz, el silencio, la responsabilidad y la empatía modifica radicalmente la calidad de la vida, las relaciones y el bienestar individual y colectivo: traducido en términos biológicos, representa una estrategia evolutiva para sobrevivir al odio, la violencia y la venganza, y afecta profundamente a todos los niveles de nuestra vida. Cuando experimentamos un aumento real del nivel de consciencia, nuestra relación con el valor de la existencia vuelve a florecer y se despierta una luz profunda en nuestros ojos que ilumina todo en nuestra vida y le confiere un nuevo significado. Hoy, más que en ningún otro momento de la historia, es necesario crear un puente entre la ciencia y los valores de las tradiciones más antiguas, entre el bienestar, la salud y la felicidad del ser humano, el desarrollo de su consciencia y el profundo sentido de interconexión que une a todos los seres. A veces basta con un batir de alas en el mundo interior para que todo brille con nueva vida. Este es el camino de la gentileza.

Declaration of interdependence
A Pledge to Planet Earth, David Suzuki

United Nations' Earth Summit in Rio de Janeiro, 1992

Declaración de interdependencia
Un compromiso con la Tierra, David Suzuki

Cumbre de la Tierra de las Naciones Unidas en Río de Janeiro, 1992

This we know

We are the earth, through the plants and animals that nourish us.

We are the rains and the oceans that flow through our veins.

We are the breath of the forests of the land, and the plants of the sea.

We are human animals, related to all other life as descendants of the first-born cell.

We share with these kin a common history, written in our genes.

We share a common present, filled with uncertainty.

And we share a common future, as yet untold.

We humans are but one of 30 million species weaving the thin layer of life enveloping the world.

The stability of communities of living things depends upon this diversity.

Linked in that web, we are all interconnected [...].

Lo que sabemos

Somos la tierra, mediante las plantas y los animales que nos nutren.

Somos las lluvias y los océanos que corren por nuestras venas.

Somos el aliento de los bosques de la tierra y las plantas del mar.

Somos animales humanos, conectados a las demás vidas como descendientes de la célula primigenia.

Compartimos con estos parientes una historia común, escrita en los genes.

Compartimos un presente común cargado de incertidumbre.

Y compartimos un futuro común, aún por llegar.

Los seres humanos solo somos una de las 30 millones de especies que tejen la sutil red de la vida que envuelve el mundo.

La estabilidad de las comunidades de seres vivos depende de esta diversidad.

En esta red, estAmos todos interconectados [...].

RESPONSABILIDAD UNIVERSAL

Para hacer realidad estas aspiraciones, tenemos que tomar la decisión de vivir según un sentido de responsabilidad universal e identificarnos con toda la comunidad terrestre, además de hacerlo con nuestras comunidades locales. Somos, al mismo tiempo, ciudadanos de diferentes naciones y de un solo mundo, en el que lo local y lo global están conectados. Cada uno tiene su parte de responsabilidad en el bienestar presente y futuro de la familia humana y el más amplio mundo de los seres vivos. El espíritu de solidaridad humana y de parentesco con todas las formas de vida se fortalece cuando vivimos con un profundo respeto por las fuentes de nuestro ser, con gratitud por el don de la vida y con humildad por el lugar del ser humano en el esquema general de las cosas.

Debemos reconocer la urgente necesidad de una visión compartida de los valores fundamentales que proporcionen una base ética para la comunidad mundial emergente. Por eso, unidos en la esperanza, afirmamos los siguientes principios interdependientes para un modo de vida sostenible por los que guiar y evaluar la conducta de individuos, organizaciones, empresas, gobiernos e instituciones transnacionales.

LA REVOLUCIÓN COPERNICANA INTERIOR

En 1543, Nicolás Copérnico propuso la teoría heliocéntrica que sustituiría a la teoría geocéntrica ptolemaica, lo que dio pie a una larga disputa filosófica sobre la posible herejía de la obra del científico y una gran controversia en la iglesia protestante. Galileo Galilei revisó la teoría heliocéntrica de Copérnico y, como sabemos, fue inquirido por el Santo Oficio por afirmar la validez científica del heliocentrismo cuando aún no se habían resuelto todas las dudas. El enfrentamiento pasó del plano científico al doctrinal y político, y terminó con la condena de Galileo a cadena perpetua, que más tarde se conmutó por arresto domiciliario. Galileo fue condenado a recitar oraciones diarias durante tres años y también tuvo que pronunciar un acto de abjuración que consistía en una declaración escrita en la que renegaba de la «falsa opinión» de su teoría. En Europa, los delitos de opinión no se anularon hasta después de la segunda guerra mundial. La demostración definitiva de la teoría heliocéntrica de Galileo llegó en 1851, gracias al físico Jean Bernard Léon Foucault (el famoso «péndulo de Foucault»). En realidad, después de Kepler y Newton, la astronomía moderna demostró que el Sol y la Vía Láctea también están en movimiento, puesto que todo el universo está en expansión.

Sin embargo, la revolución copernicana no se ha producido aún en el interior del ser humano, que todavía sigue un modelo antropocéntrico. Creer que la creación gira en torno al ser humano y que nuestra especie es la forma de vida más evolucionada del planeta es algo así como seguir creyendo que el sistema solar y todo el universo giran en torno a la Tierra. Tendríamos que traducir y completar la revolución copernicana en términos internos, cambiar los sistemas de creencias y percepciones, pero sobre todo superar las ilusiones del «ego *sapiens*», cuya tendencia es sentirse superior y separado de su entorno y de la vida.

EFECTO PANORÁMICO

Hagamos un experimento. Vamos a ir ampliando poco a poco nuestro sentido de identidad y veamos qué cambia en nuestras elecciones, decisiones y la perspectiva desde la que vemos el mundo y nos vemos a nosotros. Existen múltiples niveles de identidad. Imaginemos la aplicación del efecto panorámico mediante un simple ejercicio de desenfoque interior. Vamos a pensar en un problema y a observarlo mediante diferentes niveles de identidad, cada vez más amplios e impersonales.

Observa el problema desde la perspectiva de tu identidad personal más estrecha: tu personalidad y tu ego histórico. Antes de ser una personalidad, tu sentido de identidad pertenece a la categoría superior de hombre/mujer. Te darás cuenta, al mirar el mismo problema desde este orden de magnitud más amplio, de que algunas prioridades, consideraciones y necesidades podrían cambiar.

1. YO SOY... (TU NOMBRE)

   ¿Cómo consideras el problema desde este nivel de identidad?

2. SOY UN HOMBRE/UNA MUJER

   ¿Cómo consideras el problema desde este nivel de identidad?

3. SOY UN SER HUMANO

   ¿Cómo consideras el problema desde este nivel de identidad?

4. SOY UN SER

   ¿Cómo consideras el problema desde este nivel de identidad?

5. SOY VIDA

   ¿Cómo consideras el problema desde este nivel de identidad?

NATURALEZA Y BIENESTAR

Immaculata De Vivo

> La naturaleza viste siempre los colores del espíritu.
>
> RALPH WALDO EMERSON

Si se observa en su conjunto, el entorno natural de la ciudad de Belmont (Massachusetts), donde vivo, no es muy variado. Es un paisaje típico de Nueva Inglaterra, con muchos prados verdes y un puñado de árboles característicos, como pinos, robles y arces. Pero en mis paseos por los bosques que están cerca de mi casa, incluso después de tantos años, siempre me siento como una exploradora. Cada vez noto algo distinto, me fijo en un detalle, capto una variación en la luz o un nuevo olor. Al mirar a mi alrededor me doy cuenta de la maravillosa capacidad que tiene el paisaje que me rodea para ofrecerme siempre nuevos estímulos, sin dejar de ser el mismo. Me acompaña con sus curvas por caminos que me sé de memoria, pero que cambian constantemente con el paso de las estaciones, como si estuvieran animados por un pulso de vida y colores cambiantes. Suelo caminar sin rumbo, sin una meta, sin un objetivo que alcanzar. El placer está en caminar; la belleza, en el propio viaje. Intercambio gestos de saludo con otros caminantes con los que me cruzo. Cualquier ansiedad o sentimiento de tristeza se desvanece mientras recorro los senderos del bosque. Y si camino lo suficiente como para dejarlo todo atrás, entro en un estado de verdadera alegría, una quietud interior que se convierte en felicidad. Me siento aliviada de toda carga, satisfecha de haber escapado de nuevo de la opresión de las cuatro paredes, libre de la esclavitud de estar sentada. Ahora puedo moverme, refrescar la mente respirando aire limpio. Un largo paseo es como un renacimiento. Regreso distinta, me siento mejorada, aunque solo sea durante un tiempo.

La sensación de bienestar que produce el contacto con la naturaleza es algo que siento muy personalmente, pero es una sensación que todo el mundo ha experimentado. Los científicos también han empezado a interesarse por ella como objeto de estudio, para comprobar desde un punto de vista científico el efecto que tiene en la salud física y mental. Hasta ahora, los resultados han sido sorprendentes. En 2016 se publicó un estudio de la Facultad de Salud Pública de Harvard, dirigido por Francine Laden, en el que se analizaron los datos de 108.630 mujeres del Estudio de la Salud de las Enfermeras que vivían en zonas muy distintas de Estados Unidos. El resultado más llamativo fue que las mujeres que vivían en zonas con más vegetación en un radio de 250 metros de sus casas tendían a una tasa de mortalidad un 12 % menor que las que vivían en zonas más urbanizadas. En concreto, se registró una reducción de la mortalidad de un 13 % por cáncer, un 35 % por enfermedades respiratorias y un 41 % por enfermedades renales. Son cifras impresionantes.

Pero ¿cómo se produce esta interacción? Evidentemente, se trata de un proceso multifactorial, en el que entran en juego diferentes elementos. La presencia de espacios verdes de fácil acceso anima a pasar más tiempo al aire libre, tal vez realizando alguna actividad física, desde dar un simple paseo hasta correr o montar en bicicleta. Respiramos aire limpio y nos alejamos de los contaminantes y del ruido, lo que ayuda a reducir los niveles de estrés. La incidencia de la depresión también es menor entre las personas que tienen más contacto con la vegetación. Al exponernos al Sol, producimos vitamina D, cuya carencia se asocia, entre otras cosas, a estados de depresión. Los espacios naturales también mejoran la sociabilidad, nos ponen en contacto con los amigos o nos permiten establecer nuevas relaciones y vínculos, cuyo efecto en el bienestar también está demostrado científicamente. La vegetación limpia el aire y reduce los niveles de dióxido de nitrógeno y partículas que irritan las vías respiratorias: la tasa de mortalidad relacionada con enfermedades pulmonares entre las mujeres del estudio que estaban más en contacto con la naturaleza fue un tercio menor que entre las demás.

A partir de estos estudios, los científicos llevan tiempo aconsejando a las autoridades que incrementen las políticas de creación de espacios verdes de uso público y que aumenten la presencia de vegetación en zonas ya densamente urbanizadas, como contraste a los contaminantes, pero también como estrategia antiestrés.

LOS BENEFICIOS PARA LA SALUD DEL CONTACTO CON LA NATURALEZA

Aumenta los niveles de actividad física.
Disminuye la incidencia de la obesidad.
Favorece la salud mental.
Aumenta el peso al nacer.
Disminuye el riesgo de enfermedades cardiovasculares.
Reduce la mortalidad.

Los telómeros también parecen beneficiarse del contacto con la naturaleza, como demuestra un estudio realizado en 2008 por la Universidad de Hong Kong, que observó la salud de una cohorte de 976 hombres de sesenta y cinco años que vivían en diferentes zonas de la metrópolis china, cada una de ellas caracterizada por un nivel diferente de urbanización. En concreto, se compararon los datos de salud de los habitantes de cuatro distritos de Kowloon, la parte antigua de la ciudad, con los de Sha Tin, una zona de reciente construcción diseñada según normas de habitabilidad más modernas, con edificios a ambos lados de un río, rodeados de parques y zonas verdes, atendidos por comercios y una terminal de transporte público directamente conectada con la zona residencial. La observación demostró que los telómeros de las personas que vivían en el casco antiguo (al margen de factores de confusión) eran más cortos que los de los residentes de Sha Tin, que se beneficiaban del contacto con la vegetación y de la mejor calidad de vida que ofrecía su barrio, en una interacción eficaz entre factores físicos y psicológicos.

Una colaboración entre varias universidades europeas y estadounidenses pudo concluir en 2018 un amplio e interesante estudio sobre los beneficios de la exposición al contacto con la naturaleza. El objetivo era cuantificar la duración óptima de este contacto para que sea suficiente para estimular respuestas positivas en el organismo. En dicho estudio participó una población de 19.806 personas residentes en Inglaterra, a quienes se hizo un seguimiento de hábitos, estado de salud, proximidad a zonas verdes y tiempo de contacto con la naturaleza. Se comprobó que pasar al menos 120 minutos a la semana en zonas verdes aumenta varios indicadores de buena salud, no solo por lo saludable del propio entorno en comparación con zonas más urbanizadas, sino también porque es más probable que se realice algún tipo de actividad física, aunque sea ligera.

En 2019, un equipo portugués en colaboración con la Universidad de Nueva York profundizó en el análisis de los beneficios del contacto con la naturaleza para la salud física, más allá de los relacionados con el bienestar psicológico, con otro estudio que se centró en los efectos que tiene la naturaleza en la salud de los niños. Tras observar el perfil de salud de 3.108 niños de siete años del área metropolitana de Oporto, se analizaron las interacciones de la exposición a la naturaleza con diversos biomarcadores relacionados con el sistema inmunitario, las reacciones inflamatorias, el sistema metabólico y el sistema cardiovascular. Se comprobó que disponer de zonas verdes a menos de 800 metros del colegio se asociaba a una reducción de varios indicadores de estrés, efecto que disminuía a medida que aumentaba esta distancia. La salud general de los niños observados mejoró con el contacto con las zonas verdes, muestra de la capacidad de la naturaleza para «fortalecernos» desde la infancia. La neurociencia también ha investigado este fenómeno, con resultados muy interesantes. En una investigación de 2015 se observó especialmente el papel de la urbanización, que reduce el contacto con la naturaleza, en la manifestación de trastornos mentales. La psicología ha identificado la «rumiación» (es decir, las cavilaciones obsesivas sobre una cadena de pensamientos que no pueden romperse) como uno de los factores de riesgo para el desarrollo de la depresión y otras enfermedades mentales. Las investigaciones han demostrado que tan solo noventa minutos de paseo por la naturaleza pueden reducir los niveles de rumiación, un efecto que se confirma al escanear la actividad de la corteza prefrontal subgenual, la zona implicada en los mecanismos de la depresión. En cambio, un paseo de noventa minutos en un entorno urbano no dio el mismo resultado, lo que sugiere que la naturaleza puede contribuir a mejorar la salud mental colectiva.

Si el efecto beneficioso puede verse en unas pocas horas, ¿cuál podría ser el beneficio a largo plazo para quienes viven habitualmente en entornos naturales? Se lo preguntaron los científicos de varias universidades españolas, que en 2017 concluyeron un estudio sobre 253 niños en edad escolar en Barcelona. Al comparar las resonancias magnéticas tomadas al cabo de un año, cuyos datos se cruzaron con los de la distancia de cada sujeto a los espacios verdes de la ciudad, se vio que el contacto a largo plazo con la naturaleza se asocia con una mayor cantidad de materia gris en varias zonas del cerebro relacionadas con la memoria, la atención y otras funciones cognitivas diversas. La naturaleza es el entorno del que procedemos, donde se formó nuestra inteligencia y se perfeccionaron nuestras habilidades. Durante millones de años hemos vivido entre árboles y flores y hoy descubrimos, con datos científicos, que alejarnos de ellos puede perjudicarnos, minar nuestra salud y hacernos más frágiles.

DIRECTRICES Y CONSEJOS PARA LAS DOS EDADES

Immaculata De Vivo en colaboración con el doctor Vincenzo Sorrenti*

> Al final lo que cuenta no son los años en tu vida, sino la vida en tus años.
>
> ABRAHAM LINCOLN

Podemos señalar a grandes rasgos el comienzo de la edad adulta en torno a los veinte años, cuando el individuo debe afrontar las primeras decisiones vinculantes sobre su futuro, y el final en torno a los sesenta y cinco años, cuando la entrada en la llamada tercera edad puede llevar a la persona a pararse a pensar en los logros y las relaciones construidas a lo largo de la vida.

. Lo que caracteriza a la edad adulta en su plenitud (si podemos llamarla así) es el equilibrio ideal entre las dimensiones del cuerpo, la mente y las relaciones sociales. Tras haberse forjado un papel bien definido en el tejido social, se tiene una idea clara de lo que se quiere y de lo que todavía se puede conseguir; ahora, el anhelo de superación es fuerte, en beneficio de una madura y sólida autoestima que se puede mostrar y hasta exhibir con gusto ante los más allegados, ya sean familiares, amigos o compañeros.

En cualquier caso, la profesión sigue siendo el horizonte en el que se inscriben la mayor parte de los esfuerzos y esperanzas del adulto, entre otras cosas por ser consciente de lo que una decisión poco meditada podría significar para su futuro. A veces, ante una aparente derro-

---

* Doctor en neurofarmacología.

ta o expectativa defraudada, la frustración puede hacer tambalear la confianza y la autoestima e inducir en el adulto una sensación de «estigma» y profunda insatisfacción.

Así pues, es importante tener una mente constantemente activa y positiva y un cuerpo vital y que rinda.

Junto con las decisiones nutricionales correctas, hoy en día es cada vez más importante complementar a diario la dieta con moléculas nutracéuticas que ayuden a contribuir al funcionamiento normal del cerebro y el intestino, y garanticen al individuo adulto la vitalidad física y mental necesaria para mejorar las relaciones consigo mismo y con los demás. La fase existencial del individuo adulto es el momento de la plena realización de sí mismo, pero también es la fase de la vida en la que se experimentan el conflicto y el estrés, una condición que no solo es fisiológicamente aguda, sino que a menudo adopta un papel crónico, lo que altera la expresión de los principales marcadores psicobiológicos, como el metabolismo del cortisol, y conduce a la activación perpetua del sistema simpático en detrimento del parasimpático, hasta el punto de dejar huellas en la composición genética.

Para promover una vitalidad mental fisiológica incluso después de los cincuenta años y favorecer una mente alerta y operativa, uno de los nutracéuticos más recomendados es sin duda la curcumina. La curcumina y sus derivados curcuminoides son los constituyentes biológicamente activos más importantes del rizoma de la planta *Curcuma longa L.* Una amplia literatura científica atestigua sus valiosas propiedades. La curcumina es capaz de atravesar la barrera hematoencefálica, donde ejerce propiedades antioxidantes y neuroprotectoras. También es útil para la función articular y en los trastornos del ciclo menstrual.

De las diversas formulaciones existentes en el mercado, la cúrcuma micelar es la que el organismo asimila más fácilmente porque imita los procesos digestivos naturales de los lípidos.

Junto con la curcumina, los ácidos grasos omega-3 desempeñan un papel primario en el mantenimiento de la función cerebral fisiológica. Los omega-3 son un tipo de ácido graso poliinsaturado que se considera esencial porque el cuerpo humano no es capaz de sintetizarlo en cantidades suficientes para satisfacer sus necesidades, por lo que se requiere su ingesta a través de la dieta y de suplementos. Numerosos estudios clínicos han puesto de manifiesto sus propiedades beneficiosas, no solo para el cerebro, sino para todo el organismo.

El principal representante de la familia de los omega-3 es el ácido alfa-linolénico, que, una vez ingerido en la dieta, se transforma principalmente en ácido eicosapentaenoico (EPA) y ácido docosahexaenoico (DHA), las formas biológicamente activas responsables de los numerosos efectos beneficiosos de la ingesta de omega-3. Sin embargo, este proceso bioquímico no basta para satisfacer las necesidades de EPA y DHA, por lo que es necesario introducirlos directamente a través de la dieta o mediante el uso de complementos alimenticios. Hasta la fecha, una de las fuentes más valiosas de omega-3 es sin duda el salmón rojo *(Oncorhynchus nerka)*, un salmón cuya dieta es especialmente rica en pequeños crustáceos, como el krill, y en microalgas, como *Haematococcus pluvialis*, que contienen pigmentos de la familia de los carotenoides, como la astaxantina, una xantofila que da al salmón su característica pigmentación roja, con conocidas propiedades antiinflamatorias y antioxidantes. La Autoridad Europea de Seguridad Alimentaria (EFSA) ha aprobado las declaraciones nutricionales que afirman que 250 mg/día de EPA y DHA ayudan a mantener una función cardiovascular normal y, en dosis superiores a 2 g/día, ayudan a normalizar la presión arterial y los niveles de triglicéridos en sangre.

Otro nutracéutico que desempeña un papel clave en la adaptación física y mental al estrés es la *Rhodiola rosea L.* La rodiola es una planta tónico-adaptógena alpina originaria de Rusia y Asia, indicada tanto para hombres como para mujeres, sobre todo cuando, por motivos laborales, deportivos o de relación, se está sometido a una gran exigencia física y mental. Su rico fitocomplejo, compuesto principalmente por solidrósido y rosavina, también favorece el estado de ánimo al actuar mediante mecanismos relacionados con la modulación de neurotransmisores clave, como la serotonina, el GABA y la dopamina.

La función gastrointestinal está estrechamente relacionada con el bienestar mental. De hecho, el intestino está en estrecha relación con el sistema nervioso central y las alteraciones de la fisiología intestinal pueden afectar a la función mental y viceversa. En la edad adulta, el intestino está sometido a numerosas agresiones relacionadas con el estrés o con una dieta constantemente apresurada y poco variada. Es importante beneficiar la función fisiológica del intestino favoreciendo la función de la microbiota, es decir, el conjunto de microorganismos del intestino del ser humano. La microbiota desempeña un papel importante en nuestra salud, ya que interviene en numerosas funciones fisiológicas en el intestino y en todo el organismo. Para mantener una microbiota saludable, el individuo adulto puede hacer uso de microorganismos probióticos. Los probióticos son microorganismos vivos que, administrados en cantidades adecuadas, confieren beneficios a la salud del huésped. En los seres humanos, los probióticos más utilizados son las bacterias del género *Lactobacillus* o *Bifidobacterium*, que son útiles para favorecer el equilibrio de la flora intestinal.

Al contrarrestar el estrés excesivo, mantener una memoria fresca y vital a lo largo de la edad adulta y fomentar una función intestinal adecuada, que favorece una mayor absorción de nutrientes y un mejor rendimiento físico, es posible lograr una mayor autoestima y confianza en las propias capacidades y mejorar las relaciones interpersonales.

LA SEGUNDA Y LA TERCERA EDAD

La síntesis y coronación de un largo y fructífero viaje existencial debería ser idealmente la tercera edad, la estación de la vida en la que se empiezan a hacer los primeros balances reales de la experiencia personal.

La edad adulta tardía del ser humano se caracteriza, por antonomasia, por la plena maduración de las capacidades ligadas al discernimiento entre lo que está bien y lo que está mal, entre lo que es sensato y lo que no.

Es también la estación en la que se experimentan, ineludiblemente, las consecuencias de las decisiones tomadas en la juventud y la edad adulta: así, la persona acaba siendo, casi literalmente, la suma de todas las decisiones tomadas a lo largo de la vida.

Por consiguiente, la dimensión social será más relevante en la medida en que se haya cultivado la inclinación por las relaciones y amistades, del mismo modo que la presteza intelectual será más aguda en la medida en que haya ocasiones que todavía permitan ser brillantes y elocuentes en las interacciones con los demás.

Incluso los posibles achaques pasarán a un segundo plano si prevalece la plenitud y el disfrute del tiempo que se pasa con los seres queridos, familiares y amigos.

Las decisiones alimentarias que se hayan tomado a lo largo de la vida también tendrán un impacto inevitable en el bienestar del anciano, que podrá seguir disfrutando legítimamente de los valiosos nutrientes y micronutrientes que la naturaleza le proporciona para su bienestar.

Un aspecto que sigue vivo en las personas mayores, si bien a menudo convencionalmente tácito o poco manifestado a nivel social, es el deseo de sentirse apreciadas y queridas incluso a nivel físico: un anhelo de belleza que aparece como un instinto sano y benévolo a cualquier edad. En consecuencia, se prestará una gran la atención a una piel bien cuidada, con una rutina de tratamiento dirigida a combatir las imperfecciones más clásicas, como las arrugas o las manchas de la edad; se tendrá el deseo de que el cabello siga siendo lo más espeso posible y sin canas, y habrá una cierta preocupación por las acumulaciones de grasa en las caderas y la cintura.

En lo que respecta al cabello, si bien existen pocas soluciones cosméticas para resolver este problema, el individuo puede actuar sobre su dieta tomando proteínas de alto valor biológico como el hígado, los huevos, las legumbres, el queso y el yogur. En cuanto a los micronutrientes, un papel destacado lo desempeña la biotina o vitamina B8, una vitamina hidrosoluble útil por su contribución tanto al metabolismo energético celular como al de los macronutrientes. La biotina contribuye a la salud del cabello, las mucosas y la piel.

La piel se vuelve inevitablemente más sensible en la tercera edad. Al aumentar su sequedad y disminuir su grosor, es más propensa a la fragilidad y al desgarro en los antebrazos, las piernas y el dorso de las manos. Esto se debe en gran parte al envejecimiento de las glándulas sebáceas y a una alteración fisiológica de su actividad que se traduce en una menor producción de sebo, con molestos episodios de picor relacionados con la edad, a menudo embarazosos si se producen socialmente y en público, posiblemente desencadenados por la presión emocional, la fatiga y los cambios de temperatura.

La rutina diaria de tratamiento tópico debe incluir una limpieza suave con agua tibia y jabones que respeten el pH fisiológico. Esta rutina puede favorecerse con la aportación de micronutrientes específicos, como el colágeno, el ácido hialurónico y la vitamina C. El colágeno es la principal proteína estructural del tejido conectivo del cuerpo. Se encuentra en la piel, los cartílagos, los huesos, los dientes, las membranas y las córneas, y es responsable de las propiedades mecánicas de la piel. El ácido hialurónico es una sustancia hidrófila capaz de unir un gran número de moléculas de agua. A nivel dérmico, contribuye a mantener el contenido de agua de la piel, mientras que a nivel articular, un contenido adecuado de ácido hialurónico en el líquido sinovial tiene una acción lubricante y permite al organismo absorber los impactos mecánicos. En el cartílago, el ácido hialurónico se une a los proteoglicanos y forma agregados que favorecen su estabilidad. La vitamina C, por su parte, contribuye a la protección de las células contra el estrés oxidativo y a la formación normal de colágeno en la piel y los cartílagos.

También hay que prestar especial atención a la actividad física, que, sin ser agonística ni exagerada, puede convertirse en una agradable y tranquilizadora rutina de movimiento y desafío con uno mismo, un gesto que confirma la vitalidad y autonomía del propio cuerpo. Entre los nutrientes de los que pueden beneficiarse las personas mayores para el bienestar de los huesos y los dientes, además del ácido hialurónico y el colágeno, cabe mencionar el metilsulfonilmetano (MSM), un compuesto orgánico que contiene azufre y que, en combinación con la glucosamina y la condroitina, ayuda al mantenimiento de los cartílagos.

El protagonista, biológico y metafórico, de una vida larga, plena y saludable es sin duda el corazón. Hay un deseo y una necesidad generalizados en las personas mayores de poder contar con una función cardíaca y cardiovascular adecuada y acorde con sus aspiraciones. Ni que decir tiene, en cualquier caso, que una mayor tendencia a cansarse de un modo más profundo y rápido que en los años «más verdes» de la juventud no debe vivirse como una limitación o una fuente de aprensión, sino como una simple invitación a la moderación consciente, un umbral cuyos parámetros también podrían mejorarse mediante el apoyo de nutrientes para la función cardiovascular, como los ya mencionados omega-3 (EPA y DHA), la carnitina, la coenzima Q10, la astaxantina y el resveratrol. La coenzima Q10 es una sustancia que se halla en todas las células del cuerpo y un elemento fisiológico importante para el buen funcionamiento de las mitocondrias, nuestras «centrales energéticas». Las mitocondrias, que están en todos los tejidos, se encuentran en mayor número en los caracterizados por un metabolismo oxidativo especialmente activo, como el corazón, el músculo esquelético, el tejido adiposo marrón, el hígado y el cerebro. La coenzima Q10 desempeña un papel fundamental en el transporte de electrones a través de las membranas de las mitocondrias y participa en los procesos que producen energía a partir de los alimentos. En la tercera edad se produce una reducción progresiva del número de mitocondrias y de su funcionalidad, lo que conduce al cansancio y a la fatiga cardíaca. Por eso resulta particularmente adecuado el suplemento de coenzima Q10 para mantener una función cardiovascular normal. La astaxantina, en su forma natural procedente del *Haematococcus pluvialis*, posee propiedades antioxidantes útiles para favorecer la función cardiovascular. El resveratrol, contenido en las raíces de *Polygonum cuspidatum*, favorece el funcionamiento regular del sistema cardiovascular y tiene un efecto tónico útil para combatir las situaciones de fatiga física y mental tanto en hombres como en mujeres.

Lo ideal es que no se separe la atención al vigor físico y el deseo de mantener la frescura mnémica y la agudeza mental, factores que contribuyen a que la persona mayor sea un miembro activo y proactivo del tejido familiar y social al que pertenece. Sin embargo, lejos de ser reprendida o incluso estigmatizada por cualquier episodio de olvido o por todas esas veces en las que la memoria, por así decirlo, «falla», la persona mayor debe ser asistida adecuadamente y alentada a ayudar a recordar, aunque solo sea el nombre de un nieto o un número de teléfono. Ciertas pruebas científicas van confirmando de modo creciente el vínculo entre los factores nutricionales y el funcionamiento cerebral y psicológico, en particular a través de la ingesta de nutrientes como omega-3, vitamina D y fitoderivados como la cúrcuma.

El placer de la comida es una constante universal en la vida humana que ha atravesado siglos y culturas, y no debe reducirse necesariamente a una serie de renuncias irritantes en la tercera edad; si bien es cierto que la función digestiva puede verse alterada, al menos en cierta medida, en comparación con la de un veinteañero, un aspecto que también puede repercutir de forma desagradable en el estado de ánimo de la persona que ve cómo poco a poco el placer de la convivencia positiva y abundante se convierte en la frugalidad de un plato soso, carente de ricos condimentos o demasiado hecho.

Para la función digestiva puede ser de gran ayuda el uso sinérgico de extractos de hierbas y enzimas digestivas derivadas naturalmente de las maltodextrinas vegetales fermentadas (amilasa, proteasa, pectinasa, lipasa, lactasa, celulasa, envertasa, maltasa y alfa-galactosidasa), también en combinación con bromelina y papaína. Entre los extractos de hierbas, la alcaravea, el hinojo, las flores de manzanilla, el jengibre y los frutos de anís favorecen la función digestiva y ayudan a la motilidad gastrointestinal regular y a la eliminación de gases. La manzanilla también tiene un efecto emoliente y calmante sobre el sistema digestivo y favorece la relajación y el bienestar mental. Por último, el jengibre también presenta una acción antiemética (antináuseas).

Al mismo tiempo, es presumible que las personas mayores sientan el deseo de sentirse ligeros, no estreñidos, y que aspiren a la regularidad del tránsito intestinal, un aspecto en el que también tiene un papel preponderante la vertiente emocional y psicológica, como nos recuerdan las evidencias científicas, que subrayan con creciente certeza el vínculo inseparable entre el cerebro y el intestino. Una estrategia de intervención, por tanto, puede consistir en repoblar la flora bacteriana mediante el uso de microorganismos probióticos.

Por último, otra dimensión biológica que hay que proteger, y que puede alterarse o deteriorarse con la edad, es la del sueño.

Dormir debe ser reparador, y ha de replantearse, no como una mera actividad fisiológica, sino como un verdadero taller y laboratorio para el desarrollo de otras dos constantes ancestrales de la naturaleza humana: la memoria y los sueños.

Para las personas mayores, tradicionalmente consideradas como depositarias de la sabiduría, la moral y la experiencia, no hay nada más importante que transmitir el recuerdo de las propias vivencias, una valiosa herencia que tal vez constituya uno de los legados más importantes que todo «patriarca» y toda «matriarca» transmite a sus seres queridos, tanto en la sociedad del pasado como en la actual. En las personas mayores, la falta de sueño se percibe como un malestar, y la serotonina, o sus precursores, como el 5-HTP presente en la *Griffonia simplicifolia L.*, junto con la valeriana, la teanina, el bisglicinato de magnesio y ciertas vitaminas del grupo B (B5, B6, B9, B12) pueden ayudar a mantener el estado de ánimo normal, la relajación y el bienestar mental. El extracto de valeriana favorece la relajación en caso de estrés y mejora el sueño. La vitamina B6 reduce el cansancio y la fatiga, favorece el funcionamiento del sistema nervioso y la función psicológica. Por tanto, alimentar la energía física y mental con nutrientes y nutracéuticos que proporcionen cantidades óptimas de vitaminas del grupo B puede ayudar a mantener el impulso vital necesario para el equilibrio somático, mental y relacional, para afrontar el estrés y los retos, y para adquirir una mayor consciencia a la hora de perseguir objetivos de estilo de vida saludables y duraderos.

PITA DE HIERBAS SILVESTRES

Esta receta tradicional griega, muy popular en la isla de Creta (por lo que también se conoce como «pita Creta»), es un plato especialmente rico en nutrientes, sobre todo en flavonoides, una importante familia de antioxidantes. Antonia Trichopoulou, considerada la «madre de la dieta mediterránea», ha estudiado sus propiedades y nos ha facilitado personalmente la receta que presentamos a continuación.

También existe una variante de este plato con queso, pero la que presentamos aquí es la versión estrictamente vegetal, que en las pruebas de laboratorio ha demostrado tener el mejor perfil nutricional. El único componente lipídico, es decir, de grasas, es el aceite de oliva, que representa el 55 % del total energético. Por tanto, este plato proporciona un aporte muy elevado de ácidos grasos monoinsaturados (considerados «grasas buenas») con un componente de colesterol muy bajo.

Ingredientes	Cantidades
MASA	
Harina (de uso general)	500 g
Aceite de oliva virgen extra	90 g
Agua (tibia)	200 g (1 vaso)
Tsikoudia (licor griego)	50 g
Zumo de limón fresco	35 g (1 limón aproximadamente)
RELLENO	
Stafilinakas - *Daucus carota* (hojas y flores de la planta de la zanahoria)	350 g
Stroufouli - *Silene vulgaris*	40 g
Lagoudopaximado - Hiedra terrestre	20 g
Gorgogiannis - Verbena	20 g
Ahatzikas - Peine de Venus	40 g
Kafkalithra - Paraguas de Apulia	580 g
Skoulos - Salsifí blanco	160 g
Pentanevro - Llantén mayor	30 g
Agriopraso - Puerro	160 g
Koutsounada - Amapola silvestre	500 g

Lapatho - *Rumex crispus*	220 g
Maratho - Hinojo silvestre	120 g
Zochos - *Sonchus oleraceus* (un tipo de cardo)	220 g
Sal	30 g (1 cucharada)
Pimienta	5 g (1 cucharadita)
Aceite de oliva virgen extra	440 ml
Agua	220 ml
PREPARACIÓN	
Aceite de oliva virgen extra	500 ml
Harina para todo uso	400 g

Las cantidades indicadas darán como resultado unas 80 porciones pequeñas de pita Creta.

Preparación de las hierbas

Para seleccionar cuidadosamente las trece hierbas silvestres utilizadas, consultamos sus nombres científicos en latín:

1. *Daucus carota L. subsp. Carota*
2. *Silene vulgaris (Moench) Garcke*
3. *Glechoma hederacea L.*
4. *Verbena officinalis L.*
5. *Scandix pecten-veneris L.*
6. *Tordylium apulum L.*
7. *Tragopogon porrifolius L.*
8. *Plantago major L.*
9. *Allium ampeloprasum L. var. Ampeloprasum*
10. *Papaver rhoeas L.*
11. *Rumex crispus L.*
12. *Foeniculum vulgare Mill.*
13. *Sonchus oleraceus L.*

Lavamos bien las hierbas silvestres con abundante agua para eliminar cualquier residuo. Las picamos finas, las juntamos y las mezclamos.

Calentamos una buena cantidad de aceite de oliva virgen extra en una sartén, añadimos las hierbas picadas y un poco de agua. Las cocemos a fuego medio durante unos 45-60 minutos. Solo añadimos una cucharada de sal y otra de pimienta a mitad de la cocción, para no deshidratarlas demasiado.

Después de la cocción, apartamos las hierbas para que se enfríen y dejamos que escurran el exceso de líquido. Es importante que no estén demasiado húmedas, ya que pueden ablandar la masa y dificultar la cocción.

Preparación de la masa

Mezclamos todos los ingredientes de la masa en un bol. Añadimos el agua tibia y amasamos a mano hasta que quede suave. Cortamos un trozo y lo extendemos con un rodillo hasta obtener una lámina fina. Con la ayuda de un vaso o plato pequeño, recortamos formas circulares del diámetro deseado. Continuamos hasta acabar la masa.

Relleno de la pita

Ponemos una cantidad proporcional de la mezcla de hierbas cocidas en el centro de las formas circulares de la masa, las doblamos sobre sí mismas en forma de media luna y sellamos el cierre presionando ligeramente sobre ellas con un tenedor, con lo que obtendremos el borde característico de la pita.

Siguiendo la receta tradicional, freímos el pan de pita en abundante aceite de oliva, que ya se habrá calentado durante un minuto o dos, hasta que se dore. Por último, escurrimos el exceso de aceite en un plato con papel absorbente y las servimos calientes.

BIBLIOGRAFÍA

AA. VV., *1 in 3 adults don't get enough sleep*, CDC Newsroom Releases, 18 de febrero de 2016.

AA. VV., *2008 Physical Activity Guidelines for Americans: Be Active, Healthy, and Happy!*, US Department of Health and Human, Washington DC, 2008.

AA. VV., 2019 Global Wellness Trends Report, Global Wellness Summit.

AA. VV., *5 of the best exercises you'll ever do*, Harvard Health Publishing, Harvard Medical School, octubre de 2012.

Adorini, L., Penna, G., «Control of autoimmune diseases by the vitamin D endocrine system», en *Nat Clin Pract Rheumatol*, 4 (8), agosto de 2008, pp. 404-412, doi: 10.1038/ncprheum0855.

Aftanas, L. I., Golocheikine, S. A., «Non-linear dynamic complexity of the human EEG during meditation», en *Neuroscience Letters*, 330, julio de 2002, pp. 143-146.

Aherne, C., Moran, A. P., Lonsdale, C., «The effects of mindfulness training on athletes' flow: An initial investigation», en *Sport Psychologist*, 25, 2011, pp. 177-189.

Alimujiang, A., Wiensch, A., Boss, J., *et al.*, «Association Between Life Purpose and Mortality Among US Adults Older Than 50 Years», en *JAMA Network Open*, 2 (5), 2019, doi: 10.1001/jamanetworko pen.2019.4270.

Aubert, G., Baerlocher, G. M., Vulto, I., *et al.*, «Collapse of telomere homeostasis in hematopoietic cells caused by heterozygous mutations in telomerase genes», en *PLoS Genet*, 8 (5), 2012, e1002696, doi: 10.1371/journal.pgen.1002696.

Aviv, A., «Telomeres and human aging: facts and fibs», en *Sci Aging Knowledge Environ*, 51 (2004), pe43.

Ayesha, S. A., «Post-traumatic stress disorder, resilience and vulnerability», en *Advances in Psychiatric Treatment*, 13 (5), 2007, pp. 369-375, doi: 10.1192/apt.bp.106.003236.

Benetos, A., Okuda, K., Lajemi, M., *et al.*, «Telomere length as an indicator of biological aging: the gender effect and relation with pulse pressure and pulse wave velocity», en *Hypertension*, 37 (2, parte 2), febrero de 2001, pp. 381-385.

Benson, H., Wallace, R. K., «Fisiologia della meditazione», en *Le Scienze*, 45, 1972, pp.70-76.

Berry, L. L., Danaher, T. S., Chapman, R. A., *et al.*, «Role of Kindness in Cancer Care», en *J Oncol Pract*, 13 (11), noviembre de 2017, pp. 744-750, doi: 10.1200/JOP.2017.026195.

Bhasin, M. K., Dusek, J. A., Chang, B. H., *et al.*, «Correction: Relaxation Response Induces Temporal Transcriptome Changes in Energy Metabolism, ensulin Secretion and Inflammatory Pathways», en *PLOS ONE* 12 (2), 2017, e0172873, doi: 10.1371/journal.pone.0172873.

Bishop, S. R., Lau, M., Shapiro, S., *et al.*, «Mindfulness: A proposed operational definition», en *Clinical Psychology: Science and Practice*, 11, 2004, pp. 230-241.

Blackburn, E. H., Epel, E. S., «Telomeres and adversity. Too toxic to ignore», en *Nature*, 490, 2012, pp. 169-171, doi: 10.1038/490169a.

Blasco, M. A., «Telomeres and human disease: ageing, cancer and beyond», en *Nat Rev Genet*, 6 (8), agosto de 2005, pp. 611-622.

Brain Basics: Understanding Sleep, National Institute of Neurological Disorders and Stroke, NIH Publication n.° 17-3440c, agosto de 2019.

Briegel-Jones, R. M., Knowles, Z., Eubank, M. R., *et al.*, «A preliminary investigation into the effect of yoga practice on mindfulness and flow in elite youth swimmers», en *Sport Psychologist*, 27, 2013, pp. 349-359.

Brodwin, E., «What psychology actually says about the tragically social-media obsessed society in "Black Mirror"», en *Business Insider*, 26 de octubre de 2016, consultado el 7 de febrero de 2017.

Brody, J. E., «Looking on the Bright Side May Be Good for Your Health», en *The New York Times*, 27 de enero de 2020.

Brown, K. W., Ryan, R. M., Creswell, J. D., «Mindfulness: Theoretical foundations and evidence for its salutary effects», en *Psychological Inquiry*, 18, 2007, pp. 211-237.

Brown, S. L., Smith, D. M., Schulz, R., *et al.*, «Caregiving Behavior Is Associated With Decreased Mortality Risk», en *Psychol Sci*, 20 (4), abril de 2009, pp. 488-494, doi: 10.1111/j.1467-9280.2009.02323.x.

Browning, R., «Balaustion's Adventur», en *The Poetical Works of Robert Browning*, vol. 6., Macmillan and co., Nueva York, 1894, p. 18.

Cadenas, E., «Mitochondrial free radical production and cell signaling», en *Mol Aspects Med*, 25 (1-2), febrero-abril de 2004, pp. 17-26.

Calado, R. T., Young, N. S., «Telomere diseases», en *N Engl J Med*, 361 (24), 10 de diciembre de 2009, pp. 2353-2365, doi: 10.1056/NEJM ra0903373.

Can relationships boost longevity and well-being?, Harvard Health Publishing, Harvard Medical School, junio de 2017.

Carlson, L. E., Ursuliak, Z., Goodey, E., *et al.*, «The effects of a mindfulness meditation-based stress reduction program on mood and symptoms of stress in cancer outpatients: 6-month follow-up», en *Support Care Cancer*, 9 (2), marzo de 2001, pp. 112-123. PubMed Abstract PMID 11305069.

Carlson, M. C., Erickson, K. I., Kramer, A. F., *et al.*, «Evidence for Neurocognitive Plasticity in At-Risk Older Adults: The Experience Corps Program», en *J Gerontol A Biol Sci Med Sc*", 64 (12), 2009, pp. 1275-1282, doi: 10.1093/gerona/glp117.

Carver, C. S., Scheier, M. F., «Dispositional optimism», en *Trends in*

Cognitive Sciences, 18 (6), junio de 2014, pp. 293-299, doi: 10.1016/j. tics.2014.02.003.

Cassidy, A., De Vivo, I., Liu, Y., *et al.*, «Associations between diet, lifestyle factors, and telomere length in women», en *Am J Clin Nut*, 91 (5), 2010, pp. 1273-1280, doi: 10.3945/ajcn.2009.28947.

Chen, L. H., Wu, C., «Gratitude Enhances Change in Athletes' Self-Esteem: The Moderating Role of Trust in Coach», en *Journal of Applied Sport Psychology*, 26, 2014, pp. 349-362, doi: 10.1080/104 13200.2014.889255.

Chen, X., Velez, J. C., Barbosa, C., *et al.*, «Smoking and perceived stress in relation to short salivary telomere length among caregivers of children with disabilities», en *Stress*, 18 (1), enero de 2015, doi: 10.3109/10253890.2014.969704.

Cherkas, L. F., Hunkin, J. L., Kato, B. S., *et al.*, «The Association Between Physical Activity in Leisure Time and Leukocyte Telomere Length», en *Arch Intern Med*, 168 (2), enero de 2008, pp. 154-158, doi: 10.1001/archinternmed.2007.39.

Chetty, S., Friedman, A. R., Taravosh-Lahn, K., *et al.*, «Stress and glucocorticoids promote oligodendrogenesis in the adult hippocampus», en *Molecular Psychiatry*, 19, 2014, pp. 1275-1283, doi: 10.1038/ mp.2013.190.

Choi, K., Kim, J., Kim, G. W., *et al.*, «Oxidative stress-induced necrotic cell death via mitochondira-dependent burst of reactive oxygen species», en *Curr Neurovasc Res*, 6 (4), noviembre de 2009, pp. 213-222.

Clark, A. E., Frijters, P., Shields, M. A., «Relative income, happiness, and utility: An explanation for the Easterlin paradox and other puzzles», en *Journal of Economic Literature*, 46 (1), marzo de 2008, pp. 95-144.

Clarke, T. C., Barnes, P. M., Black, L. I., *et al.*, «Use of yoga, meditation, and chiropractors among U.S. adults aged 18 and over», en *NCHS Data Brief*, 325, National Center for Health Statistics, Hyattsville (MD), 2018.

Colzato, L. S., Kibele, A., «How Different Types of Meditation Can

Enhance Athletic Performance Depending on the Specific Sport Skills», en *J Cogn Enhanc*, 1, 2017, pp. 122-126.

Conklin, Q. A., Crosswell, A. D., Saron, C. D., *et al.*, «Meditation, stress processes, and telomere biology», en *Current Opinion in Psychology*, 28, agosto de 2019, pp. 92-101, doi: 10.1016/j.copsyc.2018.11.009.

Connolly, S. L., Stoop, T. B., Logue, M. W., *et al.*, «Posttraumatic Stress Disorder Symptoms, Temperament, and the Pathway to Cellular Senescence», en *J Trauma Stress*, 31 (5), octubre de 2018, pp. 676-686, doi: 10.1002/jts.22325.

Corliss, J., *The many ways volunteering is good for your heart*, Harvard Health Publishing, Harvard Medical School, 3 de junio de 2016.

Crous-Bou, M., Fung, T. T., Prescott, J., *et al.*, «Mediterranean diet and telomere length in Nurses' Health Study: population based cohort study», en *BMJ*, 349, 2014, doi: 10.1136/bmj.g6674.

Csikszentmihalyi, M., «Attention and the holistic approach to behaviour», en Pope, K. S., Singer, J. L. (eds.), *The stream of consciousness*, Plenum, Nueva York, 1978, pp. 335-385.

Csikszentmihalyi, M., *Flow: The psychology of optimal experience*, Harper & Row, Nueva York, 1990. Versión castellana de Nuria López, *Fluir. Una psicología de la Felicidad*, Barcelona, DeBolsillo, 2011.

Csikszentmihalyi, M., *Beyond Boredom and Anxiety*, Jossey-Bass, San Francisco, 2005.

Czaplinski, J., *The economics of happiness and psychology of wealth*, junio de 2012.

Dadvand, P., Pujol, J., Macià, D., *et al.*, «The Association between Lifelong Greenspace Exposure and 3-Dimensional Brain Magnetic Resonance Imaging in Barcelona Schoolchildren», en *Environmental Health Perspectives*, febrero de 2018, doi: 10.1289/EHP1876.

De Gargino, J. P., *Children's health and the environment: a global perspective*, World Health Organization, Ginebra, 2004.

De Niet, G., Tiemens, B., Lendemeijer, B., *et al.*, «Music-assisted relaxation to improve sleep quality: meta-analysis», en *J Adv Nurs*, 65

(7), julio de 2009, pp. 1356-1364, doi: 10.1111/j.1365-2648.2009.04982.x.

Della Casa, C. (ed.), *Upanisad*, UTET, Turín, 1976.

Dennett, C., «Key Ingredients of the Mediterranean Diet – The Nutritious Sum of Delicious Parts», en *Today's Dietitian*, 18 (5), mayo de 2006, p. 28.

Desbordes, G., Negi, L. T., Pace, T. W., *et al.*, «Effects of mindful-attention and compassion meditation training on amygdala response to emotional stimuli in an ordinary, non-meditative state», en *Front Hum Neurosci*, noviembre de 2012, doi: 10.3389/fnhum.2012.00292.

Diener, E., Lucas, R. E., Scollon, C. N., «Beyond the hedonic treadmill: revising the adaptation theory of well-being», en *Am Psychol*, 61 (4), mayo-junio de 2006, pp. 305-314.

Diener, E., Oishi, S., «Money and happiness: Income and subjective wellbeing across nations», en Diener, E., Suh, E. M. (eds.), *Subjective Well-being Across Cultures*, MIT Press, Cambridge (MA), 2000, pp. 185-218.

Digdon, N., Koble, A., «Effects of Constructive Worry, Imagery Distraction, and Gratitude Interventions on Sleep Quality: A Pilot Trial», en *Applied Psychology: Health and Well-Being*, 3, 2011, pp. 193-206, doi: 10.1111/j.1758-0854.2011.01049.x.

Dowlati, Y., Herrmann, N., Swardfager, W., *et al.*, «A Meta-Analysis of Cytokines in Major Depression», en *Biological Psychiatry*, 67 (5), pp. 446-457, doi: 10.1016/j.biopsych.2009.09.033.

Drury, S. S., Theall, K., Gleason, M. M., *et al.*, «Telomere length and early severe social deprivation: linking early adversity and cellular aging», en *Mol Psychiatry*, 17 (7), julio de 2012, pp. 719-727, doi: 10.1038/mp.2011.53.

Du, M., Prescott, J., Kraft, P., *et al.*, «Physical Activity, Sedentary Behavior, and Leukocyte Telomere Length in Women», en *Am J Epidemiol*, 175 (5), 2012, pp. 414-422.

Easterlin, R. A., «Does economic growth improve the human lot? Some empirical evidence», en David, P. y A., Reder, M. (eds.),

Nations and Households in Economic Growth, Academic Press, Nueva York, 1974, pp. 89-125, doi: 10.1016/B978-0-12-205050-3.50008-7.

Easterlin, R. A., «Will raising the incomes of all increase the happiness of all?», en *Journal of Economic Behavior and Organization*, 27, 1995, pp. 35-47.

Easwaran, E., *To Love Is to Know Me*, Nilgiri Pr, 1993.

Edward S., *Love and the Brain*, Harvard Medical School, <https://neuro.hms.harvard.edu/harvard-mahoney-neuroscience-institute/brain-newsletter/and-brain/love-and-brain>.

Ekman, P., Davidson, R. J., «Voluntary smiling changes regional brain activity», en *Psychological Science*, 4 (5), 1993, pp. 342-345.

Elger, C. E., Friederici, A. D., Koch, C., «Das Manifest. Elf führende Neurowissenschaftler über Gegenwart und Zukunft der Hirnforschung», en *Gehirn und Geist*, 2004, pp. 30 y ss.

Emmons, R. A., McCullough, M. E., «Counting Blessings Versus Burdens: An Experimental Investigation of Gratitude and Subjective Well-Being in Daily Life», en *Journal of Personality and Social Psychology*, 84 (2), 2003, pp. 377-389.

Emmons, R. A., McCullough, M. E., *The Psychology of Gratitude (Series in Affective Science)*, Oxford University Press, Nueva York, 2004.

Enciclopedia Britannica, «Dhyana», <https://www.britannica.com/topic/dhyana>.

Epel, E. S., Blackburn, E. H., Lin, J., *et al.*, «Accelerated telomere shortening in response to life stress», en *Proc Natl Acad Sci USA*, 101 (49), 7 de diciembre de 2004, doi: 10.1073/pnas.0407162101.

Epel, E. S., Lithgow, G.J., «Stress Biology and Aging Mechanisms: Toward Understanding the Deep Connection Between Adaptation to Stress and Longevity», en *J Gerontol A Biol Sci Med Sci*, 69 (S1), junio de 2014, pp. S10-S16, doi: 10.1093/gerona/glu055.

Factor-Litvak, P., Susser, E., Kezios, K., *et al.*, «Leukocyte Telomere Length in Newborns: Implications for the Role of Telomeres in

Human Disease», en *Pediatrics*, 137 (4), 2016, doi: 10.1542/peds.2015-3927.

Field, A. E., Byers, T., Hunter, D. J., *et al.*, «Weight cycling, weight gain, and risk of hypertension in women», en *Am J Epidemiol*, 150 (6), septiembre de 1999, pp. 573-579.

Firebaugh, G., Tach, L., *Relative income and happiness: Are Americans on a hedonic treadmill?*, estudio presentado al 100th Annual Meeting of the American Sociological Association.

Fitzpatrick, A. L., Kronmal, R. A., Gardner, J. P., *et al.*, «Leukocyte telomere length and cardiovascular disease in the cardiovascular health study», en *Am J Epidemiol*, 165 (1), 1 de enero de 2007, pp. 14-21.

Fondazione Sandro Veronesi, «Alzheimer», <https://www.fondazioneveronesi.it/magazine/tools-della-salute/glossario-delle-malattie>.

Fowler, J. H., Christakis, N. A., «Dynamic spread of happiness in a large social network: longitudinal analysis over 20 years in the Framingham Heart Study», en *BMJ*, 337, 2008, doi: 10.1136/bmj.a2338.

Frank, R. H., *Luxury Fever: Why Money Fails to Satisfy in an Era of Excess*, Free Press, Nueva York, 1999.

Frederick, S., «Hedonic Treadmill», en Baumeister, R., Vohs, K. (eds.), *Encyclopedia of Social Psychology*, Londres, SAGE 2007, pp. 419-420, consultado el 7 de febrero de 2017.

Fredrickson, B. L., Cohn, M. A., Coffey, K. A., *et al.*, «Open hearts build lives: positive emotions, enduced through loving-kindness meditation, build consequential personal resources», en *J Pers Soc Psychol*, 95 (5), 2008, pp. 1045-1062, doi: 10.1037/a0013262.

Fredrickson, B. L., Grewen, K. M., Coffey, K. A., *et al.*, «A functional genomic perspective on human well-being», en *Proc Natl Acad Sci USA*, 110 (33), 2013, doi: 10.1073/pnas.1305419110.

Freedman, J., «Choosing Optimism: An Interview with Martin EP Seligman», en *EQ Life, Six Seconds*, 10 de noviembre de 1999.

Fulton, H., Huisman, R., Murphet, J., *et al.*, *Narrative and Media*, Cambridge University Press, Nueva York, 2005, doi: 10.1017/CBO9780511811760.

Gallai, N., Salles, J. M., Settele, J., *et al.*, «Economic valuation of the vulnerability of world agriculture confronted with pollinator decline», en *Economia ecologica*, 68 (3), 2009, pp. 810-821.

Gaser, Ch., Schlaug, G., «Brain Structures Differ between Musicians and Non-Musicians», en *The Journal of Neuroscience*, 23 (27), octubre de 2003, pp. 9240-9245.

Gielen, M., Hageman, G. J., Antoniou, E. E., *et al.*, «Body mass index is negatively associated with telomere length: a collaborative cross-sectional meta-analysis of 87 observational studies», en *Am J Clin Nutr*, 108 (3), 1 de septiembre de 2018, pp. 453-475, doi: 10.1093/ajcn/nqy107.

Gordon, A. M., Impett, E. A., Kogan, A., *et al.*, «To have and to hold: Gratitude promotes relationship maintenance in intimate bonds», en *Journal of personality and social psychology*, 103 (2), 2012, p. 257.

Goyal, M., Singh, S., Sibinga, E. M. S., *et al.*, «Meditation Programs for Psychological Stress and Well-being: A Systematic Review and Meta-analysis», en *JAMA Intern Med*, 174 (3), 2014, pp. 357-368, doi: 10.1001/jamainternmed.2013.13018.

Griep, Y., Magnusson Hanson, L., Vantilborgh, T., *et al.*, «Can volunteering in later life reduce the risk of dementia? A 5-year longitudinal study among volunteering and non-volunteering retired seniors», en *PLOS ONE*, marzo de 2017, doi: 10.1371/journal.pone.0173885.

«Growing up in a Romanian orphanage», BBC, 6 de abril de 2016.

Hagerty, M. R., «Social comparisons of income in one's community: Evidence from national surveys of income and happiness», en *Journal of Personality and Social Psychology*, 78 (4), 2000, pp. 764-771, doi: 10.1037/0022-3514.78.4.764.

Hagner, M., *Homo cerebralis. Der Wandel vom Seelenorgan zum Gehirn*, Insel, Fráncfort, 2000.

Harari, Y. N., *Da animali a dèi: breve storia dell'umanità*, versión italiana de Giuseppe Bernardi, Bompiani, Milán, 2014. Versión castellana de Ros Joandomènec, *Sapiens: De animales a dioses. Breve historia de la humanidad*, Debate, Barcelona, 2014.

Harper, Q., Worthington, E. L., Griffin, B. G., *et al.*, «Efficacy of a Workbook to Promote Forgiveness: A Randomized Controlled Trial With University Students», en *Journal of Clinical Psychology*, 70 (12), 2014, pp. 1158-1169, doi: 10.1002/jclp.22079.

Hartig, T., «Green space, psychological restoration, and health inequality», en *Lancet*, 372 (9650), 2008, pp. 1614-1615, doi: 10.1016/S0140-6736(08)61669-4.

Harvard Men's Health Watch, *Optimism and your health*, mayo de 2008.

Hasenkamp, W., Barsalou, L. W., «Effects of meditation experience on functional connectivity of distributed brain networks», en *Frontiers in Human Neuroscience*, 1 de marzo de 2012, doi: 10.3389/fnhum.2012.00038.

Haybron, D., «Happiness», en *The Stanford Encyclopedia of Philosophy*, edición invierno 2019.

Haycock, P. C., Heydon, E. E., Kaptoge, S., *et al.*, «Leucocyte telomere length and risk of cardiovascular disease: systematic review and meta-analysis», en *BMJ*, 349, 8 de julio de 2014, g4227, doi: 10.1136/bmj.g4227.

Heidegger, M., Hisamatsu, H. S., «L'arte e il pensiero», en C. Saviani, *L'Oriente di Heidegger*, Il Melangolo, Génova, 1998. Versión castellana de Raquel Bouso García, *El Oriente de Heidegger*, Herder Editorial, Barcelona, 2004.

Hendrikx, P., Chauzat, M. P., Debin, M., *et al.*, *Bee Mortality and Bee Surveillance in Europe*, EFSA, diciembre de 2009.

Hernandez, R., Daviglus, M. L., Martinez, L., *et al.*, «"¡Alégrate!" – A culturally adapted positive psychological intervention for Hispanics/Latinos with hypertension: Rationale, design, and methods», en *Contemporary Clinical Trials Communications*, 14, 2019, doi: 10.1016/j.conctc.2019.100348.

Hilbrand, S., Coall, D. A., Meyer, A. H., *et al.*, «A prospective study of associations among helping, health, and longevity», en *Social Science & Medicine*, 187, agosto de 2017, pp. 109-117.

Hill, P. L., Allemand M., Roberts B. W., «Examining the pathways between gratitude and self-rated physical health across adult-hood», en *Personality and Individual Differences*, 54 (1), 2013, pp. 92-96.

Hoge, E. A., Chen, M. M., Orr, E., *et al.*, «Loving-Kindness Meditation practice associated with longer telomeres in women», en *Brain, Behavior, and Immunity*, 32, agosto de 2013, pp. 159-163.

Holt-Lunstad, J., Smith, T. B., Layton, J. B., «Social Relationships and Mortality Risk: A Meta-analytic Review», en *PLOS Med*, 7 (7), julio de 2020, doi: 10.1371/journal.pmed.1000316.

Hölzel, B. K., Carmody, J., Evans, K. C., *et al.*, «Stress reduction correlates with structural changes in the amygdala», en *Social Cognitive and Affective Neuroscience*, 5 (1), marzo de 2010, pp. 11-17, doi: 10.1093/scan/nsp034.

Hölzel, B. K., Carmody, J., Vangel, M., *et al.*, «Mindfulness practice leads to increases in regional brain gray matter density», en *Psychiatry Res*, 191 (1), enero de 2011, pp. 36-43, doi: 10.1016/j.pscy chresns. 2010.08.006.

Houben, J. M., Moonen, H. J., Van Schooten, F. J., *et al.*, «Telomere length assessment: biomarker of chronic oxidative stress?», en *Free Radic Biol Med*, 44 (3), pp. 235-246, doi: 10.1016/j.freerad biomed. 2007.10.001.

Houston, D. K., Cesari, M., Ferrucci, L., *et al.*, «Association between vitamin D status and physical performance: the InCHIANTI study», en *J Gerontol A Biol Sci*, 62 (4), abril de 2007, pp. 440-446, doi: 10.1093/gerona/62.4.440.

Hu, F. B., Sigal, R. J., Rich-Edwards, J. W., *et al.*, «Walking compared with vigorous physical activity and risk of type 2 diabetes in women: a prospective study», en *JAMA*, 282 (15), agosto de 1999, pp. 1433-1439.

Huffman, J. C., Mastromauro, C. A., Boehm, J. K., *et al.*, «Development of a positive psychology intervention for patients with acute cardiovascular disease», en *Heart International*, 6 (2), 2011, doi: 10.4081/hi.2011.e14.

Hutcherson, C. A., Seppala, E. M., Gross, J. J., «Loving-kindness meditation increases social connectedness», en *Emotion*, 8 (5), 2008, pp. 720-724, doi: 10.1037/a0013237.

Importance of Sleep: Six reasons not to scrimp on sleep, Harvard Health Publishing, Harvard Medical School, enero de 2006.

INRAN, *Linee guida per una sana alimentazione italiana*, a cargo del Ministerio italiano de Políticas Agrícolas, Alimentarias y Forestales, febrero de 2013.

Ivarsson, A., Johnson, U., Andersen, M. B., *et al.*, «It pays to pay attention: a mindfulness-based program for injury prevention with soccer players», en *J Appl Sport Psychol*, 27 (3), 2015, pp. 319-334.

Jacobs, T. L., Epel, E. S., Lin, J., *et al.*, «Intensive meditation training, immune cell telomerase activity, and psychological mediators», en *Psychoneuroendocrinology*, 36 (5), junio de 2011, pp. 664-681, doi: 10.1016/j.psyneuen.2010.09.010.

James, P., Hart, J. E., Banay, R. F., *et al.*, «Exposure to Greenness and Mortality in a Nationwide Prospective Cohort Study of Women», en *Environmental Health Perspectives*, 124 (9), septiembre de 2016, doi: 10.1289/ehp.1510363.

Janssen, H. C., Samson, M. M., Verhaar, H. J., «Vitamin D deficiency, muscle function, and falls in elderly people», en *The American journal of clinical nutrition*, 75 (4), abril de 2002, pp. 611-615, doi: 10.1093/ajcn/75.4.611.

Jeanclos, E., Schork, N. J., Kyvik, K. O., *et al.*, «Telomere length inversely correlates with pulse pressure and is highly familial», en *Hypertension*, 36 (2), agosto de 2000, pp. 195-200.

Ji, L. L., Gomez-Cabrera, M. C., Vina, J., «Exercise and hormesis: activation of cellular antioxidant signaling pathway», en *Ann N Y Acad Sci*, 1067, mayo de 2006, pp. 425-435, doi: 10.1196/annals.1354.061.

Jones, M. R., Fay, R. F., Poppers, A. N. (ed.), «Music Perception», en *Springer Handbook of Auditory Research*, 36, 2010, p. 129.

Jorde, R., Sneve, M., Figenschau, Y., *et al.*, «Effects of vitamin D supplementation on symptoms of depression in overweight and obese subjects: randomized double-blind trial», en *Journal of internal medicine*, 264 (6), octubre de 2008, pp. 599-609, doi: 10.1111/j.1365-2796.2008.02008.x.

Judd, S., Tangpricha, V., «Vitamin D deficiency and risk for cardiovascular disease», en *Circulation*, 117 (4), enero de 2008, pp. 503511, doi: 10.1161/CIRCULATIONAHA.107.706127.

Kabat-Zinn, J., «Mindfulness-based interventions in context: Past, present, and future», en *Clinical Psychology: Science and Practice*, 10, 2003, pp. 144-156.

Kabat-Zinn, J., *Full catastrophe living: Using the wisdom of your body and mind to face stress, pain, and illness*, Delta, Nueva York, 2009.

Kahneman, D., Diener, E., Schwarz, N. (eds.), «Well-Being: the Foundations of Hedonic Psychology», The Russell Sage Foundation, Nueva York, 1999.

Kanduri, C., Raijas, P., Ahvenainen, M., *et al.*, «The Effect of Listening to Music on Human Transcriptome», en *PeerJ*, 3, 2015, e830, doi: 10.7717/peerj.830.

Kashdan, T. B., Uswatte, G., Julian, T., «Gratitude and hedonic and eudaimonic well-being in Vietnam war veterans», en *Behav Res Ther*, 44 (2), febrero de 2006, pp. 177-199, doi: 10.1016/j.brat.2005.01.005.

Kaufman, K. A., Glass, C. R., Arnkoff, D. B., «Evaluation of mindful sport performance enhancement (MSPE): A new approach to promote flow in athletes», en *Journal of Clinical Sports Psychology*, 4, 2009, pp. 334-356.

Kaufman, M., «Meditation Gives Brain a Charge, Study Finds», en *The Washington Post Company*, 3 de enero de 2005, p. A05.

Kawachi, I., Colditz, G. A., Ascherio, A., *et al.*, «A prospective study of social networks in relation to total mortality and cardiovascular disease in men in the USA», en *Journal of Epidemiology and Community Health*, 50 (3), junio de 1996, pp. 245-251, doi: 10.1136/jech.50.3.245.

Kennel, K. A., Drake, M. T., Hurley, D. L., «Vitamin D deficiency in adults: when to test and how to treat», en *Mayo Clinic Proceedings*, 85 (8), agosto de 2010, pp. 752-757, doi: 10.4065/mcp.2010.0138.

Khalfa, S., Bella, S. D., Roy, M., *et al.*, «Effects of relaxing music on salivary cortisol level after psychological stress», en *Ann N Y Acad Sci*, 999, noviembre de 2003, pp. 374-376, doi: 10.1196/annals. 1284.045.

Khalsa, D. S., «Stress, Meditation, and Alzheimer's Disease Prevention: Where The Evidence Stands», en *Journal of Alzheimer 's Disease*, 48 (1), 2015, pp. 1-12, doi: 10.3233/JAD-142766.

Kim, E. S., Delaney, S. W., Kubzansky, L. D., «Sense of Purpose in Life and Cardiovascular Disease: Underlying Mechanisms and Future Directions», en *Current Cardiology Reports*, 21 (135), octubre de 2019, doi: 10.1007/s11886-019-1222-9.

Kim, E. S., Kawachi, I., Chen, Y., *et al.*, «Association Between Purpose in Life and Objective Measures of Physical Function in Older Adults», en *JAMA Network Open*, 74 (10), octubre de 2017, pp. 1039-1045, doi: 10.1001/jamapsychiatry.2017.2145.

Kim, E. S., Sun, J. K., Park, N., *et al.*, «Purpose in life and reduced incidence of stroke in older adults: 'The Health and Retirement Study'», en *Journal of Psychosomatic Research*, 74 (5), 2013, pp. 427-432, doi: 10.1016/j.jpsychores.2013.01.013.

Kimura, M., Gazitt, Y., Cao, X., *et al.*, «Synchrony of telomere length among hematopoietic cells», en *Exp Hematol*, 38 (10), octubre de 2010, pp. 854-859, doi: 10.1016/j.exphem.2010.06.010.

Knight, J., Gunatilaka, R., «Income, Aspirations and the Hedonic Treadmill in a Poor Society», en *Journal of Economic Behavior & Organization*, 82, 2012, doi: 10.1016/j.jebo.2011.12.005.

Koelsch, S., Stegemann, T., «The Brain and Positive Biological Effects in Healthy and Clinical Populations», en MacDonald, R. A. R., Kreutz, G., Mitchell, L. (eds.), *Music, Health, and Wellbeing*, Oxford University Press, Oxford, 2012, pp. 436-456.

Koenen, K. C., De Vivo, I., Rich-Edwards, J., *et al.*, «Protocol for investigating genetic determinants of posttraumatic stress disorder in women from the Nurses' Health Study II», en *BMC Psychiatry*, 9 (29), 2009, doi: 10.1186/1471-244X-9-29.

Konrath, S., Fuhrel-Forbis, A., Lou, A., *et al.*, «Motives for volunteering are associated with mortality risk in older adults», en *Health Psychology*, 31 (1), 2012, pp. 87-96, doi: 10.1037/a0025226.

Korb, A., *The Grateful Brain*, 2012, consultado en <https://www.psychologytoday.com/au/blog/prefrontal-nudity/201211/the-grateful-brain>.

Kroenke, C. H., Kubzansky, L. D., Schernhammer, E. S., *et al.*, «Social Networks, Social Support, and Survival After Breast Cancer Diagnosis», en *J Clin Oncol*, 24 (7), marzo de 2006, pp. 1105-1111, doi: 10.1200/JCO.2005.04.2846.

Kubzansky, L. D., Sparrow, D., Vokonas, P., *et al.*, «Is the Glass Half Empty or Half Full? A Prospective Study of Optimism and Coronary Heart Disease in the Normative Aging Study», en *Psychosomatic Medicine*, 63 (6), 2001, pp. 910-916, doi: 10.1097/00006842-200111000-00009.

Kyeong, S., Kim, J., Kim, D. J., *et al.*, «Effects of gratitude meditation on neural network functional connectivity and brain-heart coupling», en *Scientific Reports*, 7, doi: 10.1038/s41598-017-05520-9.

Laden, F., National Institute of Environmental Health Sciences (NIEHS), Webinar, 26 de septiembre de 2016.

Landau, E., *Singing therapy helps stroke patients regain language*, CNN, 22 de febrero de 2010.

Lau, R. W., Cheng, S.T., «Gratitude lessens death anxiety», en *European Journal of Ageing*, 8 (3), 2011, p. 169.

Lautenbach, S., Seppelt, R., Liebscher, J., *et al.*, «Spatial and Temporal Trends of Global Pollination Benefit», en *PLOS ONE*, 26 de abril de 2012, doi: 10.1371/journal.pone.0035954.

Lawrence, E. M., Rogers, R. G., Wadsworth, T., «Happiness and Longevity in the United States», en *Soc Sci Med*, 145, noviembre de 2015, pp. 115-119, doi: 10.1016/j.socscimed.2015.09.020.

Lazar, S. W., Bush, G., Gollub, R. L., *et al.*, «Functional brain mapping of the relaxation response and meditation», en *Neuroreport*, 11 (7), 15 de mayo de 2000, pp. 1581-1585, PubMed Abstract PM PMID ID 10841380.

Le Nguyen, K. D., Lin, J., Algoe, S. B., *et al.*, «Loving-kindness meditation slows biological aging in novices: Evidence from a 12-week randomized controlled trial», en *Psychoneuroendocrinology*, 108, 2019, pp. 20-27.

Lee, J. H., «The Effects of Music on Pain: A Meta-Analysis», en *Journal of Music Therapy*, 53 (4), 2016, pp. 430-477, doi: 10.1093/jmt/thw012.

Lewina, O. L., James, P., Zevon, E. S., *et al.*, «Optimism is associated with exceptional longevity in 2 epidemiologic cohorts of men and women», Proceedings of the National Academy of Sciences (PNAS), 30 de julio de 2019, doi: 10.1073/pnas.1900712116.

Liang, G., Schernhammer, E., Qi, L., *et al.*, «Associations between rotating night shifts, sleep duration, and telomere length in women», en *PLOS ONE*, 6 (8), 2011, doi: 10.1371/journal.pone.0023462.

Lin, W. Y., Chan, C. C., Liu, Y. L., *et al.*, «Performing different kinds of physical exercise differentially attenuates the genetic effects on obesity measures: Evidence from 18,424 Taiwan Biobank participants», en *PLOS Genet*, 15 (8), agosto 2019, doi: 10.1371/journal.pgen.1008277.

Linnemann, A., Ditzen, B., Strahler, J., *et al.*, «Music listening as a means of stress reduction in daily life», en *Psychoneuroendocrinology*, 60, octubre de 2015, pp. 82-90, doi: 10.1016/j.psyneuen.2015.06.008.

Liu, S., Stampfer, M. J., Hut, F. B., *et al.*, «Whole-grain consumption and risk of coronary heart disease: results from the Nurses' Health Study», en *Am J Clin Nutr*, 70 (3), septiembre de 1999, pp. 412-419.

Loomba, R. S., Shah, P. H., Chandrasekar, S., *et al.*, «Effects of music on systolic blood pressure, diastolic blood pressure, and heart rate: a meta-analysis», en *Indian Heart Journal*, 6403, 2012, pp. 309-313, doi: 10.1016/S0019-4832(12)60094-7.

Lutz, A., Slagter, H. A., Dunne, J. D., *et al.*, «Attention regulation and monitoring in meditation», en *Trends in Cognitive Sciences*, 12 (4), 2008, pp. 163-169.

Lykken, D. T., «"Beyond the hedonic treadmill: Revising the adaptation theory of well-being": Comment on Diener, Lucas, and Scollon (2006)», en *American Psychologist*, 62 (6), 2007, pp. 611-612, doi: 10.1037/0003-066X62.6.611.

Lyubomirsky, S., Della Porta, M., «Boosting happiness, buttressing resilience: Results from cognitive and behavioral interventions», en Reich, J. W., Zautra, A. J., Hall, J. (eds.), *Handbook of adult resilience: Concepts, methods, and applications*, Guilford Press, Nueva York, publicación en curso.

Mahony, J., Hanrahan, S. J., «A brief educational intervention using acceptance and commitment therapy: four injured athletes experiences», en *J Clin Sport Psychol*, 5, 2011, pp. 252-273.

Manson, J. E., Hu, F. B., Rich-Edwards, J. W., *et al.*, «A prospective study of walking as compared with vigorous exercise in the prevention of coronary heart disease in women», en *N Engl J Med*, 341 (9), agosto de 1999, pp. 650-658.

Marchi, I., *Fiori, mine e alcune domande*, Sillabe di Sale, Condove (Turín), 2015.

Marrone, C., «Che cosa succede al tuo corpo quando dormi», en *Corriere della Sera*, 14 de septiembre de 2018.

Marsh, L., «Hayek: Cognitive scientist Avant la Lettre», en *Advances in Austrian Economics* 13, 2010, pp. 115-155.

Mathieu, C., Gysemans, C., Giulietti, A., *et al.*, «Vitamin D and diabetes», en *Diabetologia*, 48 (7), pp. 1247-1257, doi: 10.1007/ s00125-005-1802-7.

Matthieu, M. M., Lawrence, K. A., Robertson-Blackmore, E., «The impact of a civic service program on biopsychosocial outcomes of post 9/11 U.S. military veterans», en *Psychiatry Res*, 248, febrero de 2017, pp. 111-116, doi: 10.1016/j.psychres.2016.12.028.

McGrath, M., Wong, J. Y., Michaud, D., *et al.*, «Telomere length, cigarette smoking, and bladder cancer risk in men and women», en *Cancer Epidemiol Biomarkers Prev*, 16 (4), abril de 2007, pp. 815-819.

McMahon, D. M., «The pursuit of happiness in history», en Eid, M.,

Larsen, R. J. (eds.), *The science of subjective well-being*, Guilford Press, Nueva York, 2008, pp. 80-93.

McPhee, J. S., French, D. P., Jackson, D., *et al.*, «Physical activity in older age: perspectives for healthy ageing and frailty», en *Biogerontology*, 17, 2016, pp. 567-580, doi: 10.1007/s10522-016-9641-0.

Mejia, M., *Harvard's longest study of adult life reveals how you can be happier and more successful*, CNBC, 20 de marzo de 2018.

Menotti, A., Puddu, P. E., «How the Seven Countries Study contributed to the definition and development of the Mediterranean diet concept: a 50-year journey», en *Nutr Metab Cardiovasc Dis*, 25 (3), marzo de 2015, pp. 245-252, doi: 10.1016/j.numecd.2014.12.001.

Merriam Webster's Dictionary, «Gratitude», 2019, consultado en <https://www.merriam-webster.com/dictionary/gratitude>.

Mineo, L., «With mindfulness, life's in the moment. Those who learn its techniques often say they feel less stress, think clearer», en *The Harvard Gazette*, 1 de abril de 2018.

Ministerio italiano de Sanidad, *L'obesità, uno dei principali problemi di salute pubblica, è causata nella maggior parte dei casi da stili di vita scorretti; è quindi una condizione ampiamente prevenibile*, <http://www.salute.gov.it/portale/salute/p1_5.jsp?area=Malattie_endocrine_e_metaboliche&id=175>.

Morvillo, C., «La scienza dell'amore, così il cervello reagisce ai sentimenti», en *Corriere della Sera*, 7 de febrero de 2020, <https://www.corriere.it/moda/san-valentino/notizie/scienza-dell-amore-cosi-cervello-reagisce-sentimenti-2ca887e0-49e2-11ea-8e62-fcd8bfe20a1c.shtml>.

Mozes Kor, E., *Ad Auschwitz ho imparato il perdono*, Sperling & Kupfer, Milán, 2017.

Muehsam, D., Ventura, C., «Life Rhythm as a Symphony of Oscillatory Patterns: Electromagnetic Energy and Sound Vibration Modulates Gene Expression for Biological Signaling and Healing», en *Glob Adv Health Med*, 3 (2), 2014, pp. 40-55, doi: 10.7453/gahmj.2014.008.

Music and health, Harvard Health Publishing, Harvard Medical School, julio de 2011.

Nakamura, J., Csikszentmihalyi, M., «The concept of flow», en Snyder, C. R., Lopez, S. J. (eds.), *Handbook of positive psychology*, Oxford University Press, Nueva York, 2005, pp. 89-105.

Nawrot, T. S., Staessen, J. A., Gardner, J. P., *et al.*, «Telomere length and possible link to X chromosome», en Lancet, 363 (9408), 14 de febrero de 2004, pp. 507-510.

Nelson, C. A., Zeanah, C. H., Fox, N. A., *et al.*, «Cognitive recovery in socially deprived young children: the Bucharest Early Intervention Project», en *Science*, 318 (5858), 2007, pp. 1937-1940, doi: 10.1126/science.1143921.

Nieto, A., Roberts, S. P. M., Kemp, J., *et al.*, *European Red List of Bees*, IUCN, 2015, doi: 10.2779/77003.

Nussbaum, M. C., Sen, A. (eds.), *The Quality of Life*, Clarendon Press, Oxford 1993.

Oikawa, S., Kawanishi, S., «Site-specific DNA damage at GGG sequence by oxidative stress may accelerate telomere shortening», en *FEBS Lett*, 453 (3), 25 de junio de 1999, pp. 365-368.

Okereke, O., Prescott, J., Wong, J., *et al.*, «High Phobic Anxiety Is Related to Lower Leukocyte Telomere Length in Women», en *PLOS ONE*, 7, 2012, doi: 10.1371/journal.pone.0040516.

Okuda, K., Bardeguez, A., Gardner, J. P., *et al.*, «Telomere length in the newborn», en *Pediatr Res*, 52 (3), septiembre de 2002, pp. 377-381.

Oman, D., Thoresen, C. E., McMahon, K., «Volunteerism and Mortality among the Community-dwelling Elderly», en *J Health Psychol*, 4 (3), mayo de 1999, pp. 301-316, doi: 10.1177/135910539900400301.

Opresko, P. L., Fan, J., Danzy, S., *et al.*, «Oxidative damage in telomeric DNA disrupts recognition by TRF1 and TRF2», en *Nucleic Acids Res*, 33 (4), 24 de febrero de 2005, pp. 1230-1239.

Organización Mundial de la Salud, *WHO technical meeting on sleep and health*, Bonn, Alemania, 22-24 de enero de 2004.

Pace, T. W., Negi, L. T., Adame, D. D., *et al.*, «Effect of Compassion Meditation on Neuroendocrine, Innate Immune and Behavioral

Responses to Psychosocial Stress», en *Psychoneuroendocrinology*, 34 (1), enero de 2009, pp. 87-98, doi:10.1016/j.psyneuen.2008. 08.011.

Parker, G. B., Brotchie, H., Graham, R. K., «Vitamin D and depression», en *Journal of affective disorders*, 208, 2017, pp. 56-61.

Pegg Frates, E., *Time spent in "green" places linked with longer life in women*, Harvard Health Publishing, Harvard Medical School, 9 de marzo 2017.

Peng, C. K., Mietus, J. E., Liu, Y., *et al.*, «Exaggerated heart rate oscillations during two meditation techniques», en *Int J Cardiol*, 70 (2), 31 de julio de 1990, pp. 101-107, PubMed Abstract PMID 10454297.

Perez-De-Albeniz, A., Holmes, J., «Meditation: Concepts, effects and uses in therapy», en *International Journal of Psychotherapy*, 5 (1), marzo de 2000, pp. 49-59, doi: 10.1080/13569080050020263, consultado el 23 de agosto de 2007.

Phillips, N. K., Hammen, C. L., Brennan, P. A., *et al.*, «Early adversity and the prospective prediction of depressive and anxiety disorders in adolescents», en *J Abnorm Child Psychol*, 33 (1), 2005, pp. 13-24, doi: 10.1007/s10802-005-0930-3.

Powell, A., «Can happiness lead toward health? At conference, new Harvard center explores ties between those major life factors», en *The Harvard Gazette*, 5 de diciembre de 2016.

Powell, A., «When science meets mindfulness. Researchers study how it seems to change the brain in depressed patients», en *The Harvard Gazette*, 9 de abril de 2018.

Prescott, J., Du, M., Wong, J. Y. Y., *et al.*, «Paternal age at birth is associated with offspring leukocyte telomere length in the nurses' health study», en *Hum Reprod*, 27 (12), diciembre de 2012, pp. 3622-3631, doi: 10.1093/humrep/des314.

Preziosi, E., *Corso di Meditazione di Mindfulness. Conosco, conduco, calmo il mio pensare (con 8 brani per la pratica da scaricare online)*, FrancoAngeli, Milán, 2014, 2.ª ed., 2016.

Proto, E., Rustichini, A., «A Reassessment of the Relationship between

GDP and Life Satisfaction», en *PLOS ONE*, 8 (11), 2013, e79358, doi: 10.1371/journal.pone.0079358.

Purcell, N., Griffin, B. J., Burkman, K., *et al.*, «"Opening a Door to a New Life": The Role of Forgiveness in Healing From Moral Injury», en *Frontiers in Psychiatry*, octubre de 2018, doi: 10.3389/fpsyt. 2018.00498.

Puterman, E., Lin, J., Blackburn, E., *et al.*, *The Power of Exercise: Buffering the Effect of Chronic Stress on Telomere Length*, en *PLOS ONE*, 5 (5), 2012, doi: 10.1371/journal.pone.0010837.

Radak, Z., Chung, H. Y., Goto, S., «Systemic adaptation to oxidative challenge induced by regular exercise», en *Free Radic Biol Med*, 44 (2), 2008, pp. 153-159, doi: 10.1016/j.freeradbiomed. 2007.01.029.

Rauscher, F. H., Shaw, G. L., Ky, C. N., «Music and Spatial Task Performance», en *Nature*, 365 (6447), 1993, p. 611, doi: 10.1038/ 365611a0.

Renzaho, A. M. N., Houng, B., Oldroyd, J., *et al.*, «Stressful life events and the onset of chronic diseases among Australian adults: findings from a longitudinal survey», en *European Journal of Public Health*, 24 (1), 2014, pp. 57-62, doi: 10.1093/eurpub/ckt007.

Ribeiro, A. I., Tavares, C., Guttentag, A., *et al.*, «Association between neighbourhood green space and biological markers in school-aged children. Findings from the Generation XXI birth cohort», en *Environment International*, 132, noviembre de 2019, doi: 10.1016/j. envint.2019.105070.

Roberts, A. L., Koenen, K. C., Chen, Q., *et al.*, «Postraumatic stress disorder and accelerated aging: PTSD and leukocyte telomere length in a sample of civilian women», en *Depress Anxiety*, 34 (5), 2017, pp. 391-400, doi: 10.1002/da.22620.

Rockhill, B., Willett, W. C., Hunter, D. J., *et al.*, «A Prospective Study of Recreational Physical Activity and Breast Cancer Risk», en *Arch Intern Med*, 159 (19), octubre de 1999, pp. 2290-2296, doi: 10.1001/ archinte.159.19.2290.

Rode, L., Nordestgaard, B. G., Bojesen, S. E., «Peripheral blood leukocyte telomere length and mortality among 64,637 individuals from the general population», en *J Natl Cancer Inst*, 107 (6), 10 de abril de 2015, djv074, doi: 10.1093/jnci/djv074.

Rosenkranz, M. A., Jackson, D. C., Dalton, K. M., *et al.*, «Affective Style and in Vivo Immune Response: Neurobehavioral Mechanisms», en *Proc. Natl. Acad. Sci. U.S.A.*, 100, 2003, pp. 11148-11152.

Rowland, L., Curry, O. S., «A range of kindness activities boost happiness», en *J Soc Psychol*, 159 (3), 2019, pp. 340-343, doi: 10.1080/00224545.2018.1469461.

Rozanski, A., Bavishi, C., Kubzansky, L. D., *et al.*, «Association of Optimism With Cardiovascular Events and All-Cause Mortality. A Systematic Review and Meta-analysis», en *JAMA Network Open*, 2 (9), 2019, doi: 10.1001/jamanetworkopen.2019.12200.

Ryan, R. M., Deci, E. L., «On Happiness and Human Potentials: A Review of Research on Hedonic and Eudaimonic Well-Being», en *Annual Review of Psychology*, 52, 2001, pp. 141-166, doi: 10.1146/annurev.psych.52.1.141.

Ryff, C. D., «Psychological Well-Being in Adult Life», en *Current Directions in Psychological Science*, 4 (4), 1995, pp. 99-104, https://doi.org/10.1111/1467-8721.ep10772395.

Ryff, C. D., Singer, B., «The contours of positive human health», en *Psychol. Inq.*, 9, 1998, pp. 1-28.

Ryff, C. D., Singer, B., «Interpersonal flourishing: A positive health agenda for the new millennium», en *Pers. Soc. Psychol. Rev.,* 4, 2000, pp. 30-44.

Sacks, F. M., «Dietary Fat, the Mediterranean Diet, and Health», en *Am J Med*, 113, 9B, diciembre de 2002, pp. 1S-4S, doi: 10.1016/s0002-9343(01)00985-8.

Scheier, M. F., Carver, C. S., Bridges, M. W., «Distinguishing optimism from neuroticism (and trait anxiety, self-mastery, and self-esteem): A re-evaluation of the Life Orientation Test», en *Journal of Personality and Social Psychology*, 67 (6), 1994, pp. 1063-1078.

Schmeller, D. S., Niemelä, J., Bridgewater, P., *The Intergovernmental Science-Policy Platform on Biodiversity and Ecosystem Services*, IPBES, 26 (10), septiembre de 2017, pp. 2271-2275.

Schulte, B., «Harvard neuroscientist: Meditation not only reduces stress, here's how it changes your brain», en *The Washington Post*, 26 de mayo de 2015.

Scoglio, A. A. J., Rudat, D. A., Garvert, D., *et al.*, «Self-Compassion and Responses to Trauma: The Role of Emotion Regulation», en *Journal of Interpersonal Violence*, diciembre de 2015, pp. 1-21, doi: 10.1177/0886260515622296.

Segerstrom, S. C., Miller, G. E., «Psychological Stress and the Human Immune System: A Meta-Analytic Study of 30 Years of Inquiry», en *Psychol Bull*, 130 (4), julio de 2004, pp. 601-630.

Seligman, M., *Learned Optimism Test*, <https://web.stanford.edu/class/msande271/onlinetools/LearnedOpt.html>.

Shaji, J., Verma, S. K., Khanna, G. L., «The Effect of Mindfulness Meditation on HPA-Axis in Pre-Competition Stress in Sports Performance of Elite Shooters», en *National Journal of Integrated Research in Medicine*, 2 (3), 2011, pp. 15-21.

Shakespeare, W., *La dodicesima notte*, traducción y edición de Agostino Lombardo, Feltrinelli, Milán, 1993.

Shapero, B. G., Greenberg, J., Pedrelli, P., *et al.*, «Mindfulness-Based Interventions in Psychiatry», en *Focus (Am Psychiatr Publ)*, 16 (1), 2018, pp. 32-39, doi: 10.1176/appi.focus.20170039.

Sharot, T., Korn, C. W., Dolan, R. J., «How unrealistic optimism is maintained in the face of reality», en *Nature Neuroscience*, 14 (11), octubre de 2011, pp. 1475-1479, doi: 10.1038/nn. 2949.

Sherwood, Ch., Kneale, D., Bloomfield, B., «The Way We Are Now: The State of the UK's Relationships», en *Relate*, agosto de 2014.

Shwartz, M., «We've evolved to be smart enough to make ourselves sick. Robert Sapolsky discusses physiological effects of stress», en *Stanford News*, 7 de marzo de 2007.

Silk, J. B., Beehner, J. C., Bergman, T. J., *et al.*, «Strong and Consistent Social Bonds Enhance the Longevity of Female Baboons», en *Current Biology*, 20 (15), agosto de 2010, pp. 1359-1361, doi: 10.1016/j. cub.2010.05.067.

Simon, N. M., Smoller, J. W., McNamara, K. L., *et al*., «Telomere short-ening and mood disorders: preliminary support for a chronic stress model of accelerated aging», en *Biol Psychiatry*, 60 (5), 2006, pp. 432-435, doi: 10.1016/j.biopsych.2006.02.004.

Sneed, R. S., Cohen, S., «A prospective study of volunteerism and hypertension risk in older adults», en *Psychology and Aging*, 28 (2), 2013, pp. 578-586, doi: 10.1037/a0032718.

Sofi, F., Abbate, R., Gensini, G. F., *et al*., «Accruing evidence on benefits of adherence to the Mediterranean diet on health: an up-dated systematic review and meta-analysis», en *Am J Clin Nutr*, 92 (5), noviembre de 2010, pp. 1189-1196.

Sofi, F., Cesari, F., Abbate, R., *et al*., «Adherence to Mediterranean diet and health status: meta-analysis», en *BMJ*, 337, septiembre de 2008, doi: 10.1136/bmj.a1344.

Solberg, E. E., engjer, F., Holen, A., *et al*., «Stress reactivity to and re-covery from a standardized exercise bout: a study of 31 runners practicing relaxation techniques», en *Br J Sports Med*, 34, 2000, pp. 268-272.

Steenstrup, T., Hjelmborg, J. V., Mortensen, L. H., *et al*., «Leuko-cyte telomere dynamics in the elderly», en *Eur J Epidemiol*, 28 (2), febrero de 2013, pp. 181-187, doi: 10.1007/s10654-013-9780-4.

Steptoe, A., «Happiness and Health», en *Annu Rev Public Health*, 40, pp. 339-359, doi: 10.1146/annurev-publhealth-040218-0441 50.

Sun, Q., Shi, L., Prescott, J., *et al*., «Healthy Lifestyle and Leukocyte Telomere Length in U.S. Women», en *PLOS ONE*, 7 (5), 1 de mayo de 2012, e38374.

Swann, C., Keegan, R. J., Piggott, D., *et al*., «A systematic review of the experience, occurrence, and controllability of flow states in elite sport», en *Psychology of Sport and Exercise*, 13, 2012, pp. 807-819.

Tang, Y. Y., Ma, Y., Wang, Y., *et al*., «Short-term meditation training improves attention and self-regulation», en *Proceedings of the Na-*

tional Academy of Sciences, 104 (43), agosto de 2007, doi: 10.1073/pnas.0707678104.

Teng, X. F., Wong, M. Y. M., Zhang, Y. T., *The Effect of Music on Hypertensive Patients*, Proceedings of the 29th Annual International Conference of the IEEE EMBS Cité Internationale, Lyon, Francia, 23-26 de agosto de 2007.

Tetzner, J., Becker, M., «Think Positive? Examining the Impact of Optimism on Academic Achievement in Early Adolescents», en *Journal of Personality*, marzo de 2017, doi: org/10.1111/jopy.12312.

The health benefits of strong relationships, Harvard Health Publishing, Harvard Medical School, 6 de agosto de 2019.

The health benefits of volunteering: A review of recent research, Corporation for National and Community Service, abril de 2007.

Tips to help you reach your exercise and weight loss goals, Harvard Health Publishing, Harvard Medical School.

Trappe, H. J., Voit, G., «The cardiovascular effect of musical genres», en *Dtsch Arztebl Int*, 113 (20), mayo de 2016, pp. 347-352, doi: 10.3238/arztebl.2016.0347.

Trew, J. L., Alden, L. E., «Kindness reduces avoidance goals in socially anxious individuals», en *Motiv Emot*, 2015, doi: 10.1007/s11031-015-9499-5.

Trichopoulou, A., «Diversity v. globalization: traditional foods at the epicentre», en *Public Health Nutrition*, 15 (6), febrero de 2012, pp. 951-954, doi: 10.1017/S1368980012000304.

Trichopoulou, A., Costacou, T., Bamia, C., *et al.*, «Adherence to a Mediterranean diet and survival in a Greek population», en *NEJM*, 348, 2003, pp. 2599-2608, doi: 10.1056/NEJMoa025039.

Trichopoulou, A., Vasilopoulou, E., Hollman, P., *et al.*, «Nutritional composition and flavonoid content of edible wild greens and green pies: a potential rich source of antioxidant nutrients in the Mediterranean diet», en *Food Chemistry*, 70, 2000, pp. 319-323.

Trombetti, A., Hars, M., Herrmann, F. R., *et al.*, «Effect of music-based multitask training on gait, balance, and fall risk in elderly people: a randomized controlled trial», en *Arch Intern Med*, 171 (6), marzo de 2011, pp. 525-533, doi: 10.1001/archintern med. 2010.446.

Unesco, Carta dei Valori della Dieta Mediterranea Unesco, <https://www.obesityday.org/usr_files/biblioteca/Carta_valori_dieta_mediterranea.pdf. Versión castellana: La dieta mediterránea, https://ich.unesco.org/es/RL/la-dieta-mediterrnea-00884?RL=00884>.

Vance, M. C., Bui, E., Hoeppner, S. S., *et al.*, «Prospective Association between Major Depressive Disorder and Leukocyte Telomere Length over Two Years», en *Psychoneuroendocrinology*, 90, abril de 2018, pp. 157-164, doi: 10.1016/j.psyneuen.2018.02.015.

VanderWeele, T. J., «Is Forgiveness a Public Health Issue?», en *American Journal of Public Health*, 108 (2), febrero de 2018, doi: 10.2105/AJPH.2017.304210.

Vasan, R. S., Demissie, S., Kimura, M., *et al.*, «Association of leukocyte telomere length with circulating biomarkers of the renin-angiotensin-aldosterone system: the Framingham Heart Study», en *Circulation*, 117 (9), 4 de marzo de 2008, pp. 1138-1144, doi: 10.1161/CIRCULATIONAHA.107.731794.

Vasilopoulou, E., Trichopoulou, A., «Green pies: The flavonoid rich Greek snack», en *Food Chemistry*, 126, 2011, pp. 855-858.

Venkatesh, S., Raju, T. R., Shivani, Y., *et al.*, «A study of structure of phenomenology of consciousness in meditative and non-meditative states», en *Indian J Physiol Pharmacol*, 41 (2), abril de 1997, pp. 149-153, PubMed Abstract PMID 9142560.

Von Zglinicki, T., «Oxidative stress shortens telomeres», en *Trends Biochem Sci*, 27 (7), julio de 2002, pp. 339-344.

Wada, K., Howard, J. T., McConnell, P., *et al.*, «A Molecular Neuroethological Approach for Identifying and Characterizing a Cascade of Behaviorally Regulated Genes», en *Proceedings of the National Academy of Sciences of the United States of America*, 103, 2006, pp. 15212-15217, doi: 10.1073/pnas.0607098103.

Wade, N. G., Hoyt, W. T., Kidwell, J. E., *et al.*, «Efficacy of Psychotherapeutic Interventions to Promote Forgiveness: A Meta-Analysis», en *Journal of Consulting and Clinical Psychology*, 82 (1), febrero de 2014, pp. 154-170, doi: 10.1037/a0035268.

Waldinger, R. J., Cohen, S., Schulz, M. S., *et al.*, «Security of attachment to spouses in late life: Concurrent and prospective links with cognitive and emotional wellbeing», en *Clin Psychol Sci*, 3 (4), junio de 2015, pp. 516-529, doi: 10.1177/2167702614541261.

Waldinger, R. J., Schulz, M. S., «What's Love Got To Do With It?: Social Functioning, Perceived Health, and Daily Happiness in Married Octogenarians», en *Psychol Aging*, 25 (2), junio de 2010, pp. 422- 431, doi: 10.1037/a0019087.

Wallace, R. K., «Physiological effects of Transcendental Meditation», en *Science*, 167, 1970, pp. 1751-1754, doi: 10.1126/science. 167.3926.1751.

Wallace, R. K., Benson, H., Wilson, A. F., «A wakeful hypometabolic physiologic state», en *American Journal of Physiology*, 221, 1 de septiembre de 1971, pp. 795-799, doi: 10.1152/ajplegacy.1971. 221. 3.795.

Waterman, A. S., «On the importance of distinguishing hedonia and eudaimonia when contemplating the hedonic treadmill», en *American Psychologist*, 62 (6), 2007, pp. 612-613, doi: 10.1037/0003-066X62.6.612.

Watson, D., *The Wordsworth Dictionary of Musical Quotations*, Wordsworth Reference, Edimburgo, 1991, p. 45.

Watson, S., «Volunteering may be good for body and mind», Harvard Health Publishing, Harvard Medical School, 26 de junio de 2013.

White, F., *The Overview Effect: Space Exploration and Human Evolution*, Houghton and Mifflin, Nueva York, 1987.

White, J. M., «Effects of relaxing music on cardiac autonomic balance and anxiety after acute myocardial infarction», en *Am J Crit Care*, 8 (4), julio de 1999, pp. 220-230.

White, M. P., Alcock, I., Grellier, J., *et al.*, «Spending at least 120 minutes a week in nature is associated with good health and wellbeing», en *Nature*, 9, 2019, doi: 10.1038/s41598-019-44097-3.

Williams, L., Bartlett, M., «Warm Thanks: Gratitude Expression Facilitates Social Affiliation in New Relationships via Perceived Warmth», en *Emotion*, 15, 10.1037/emo0000017.

Wolkowitz, O. M., Epel, E. S., Reus, V. I., *et al.*, «Depression gets old fast: do stress and depression accelerate cell aging?», en *Depress Anxiety*, 27 (4), 2010, pp. 327-338, doi: 10.1002/da.20686.

Wolkowitz, O. M., Mellon, S. H., Epel, E. S., *et al.*, «Leukocyte telomere length in major depression: correlations with chronicity, inflammation and oxidative stress - Preliminary findings», en *PLOS ONE*, 6 (3), marzo de 2011, doi: 10.1371/journal.pone.0017837.

Wong, J. Y. Y., De Vivo, I., Lin, X., *et al.*, «Cumulative PM2.5 Exposure and Telomere Length in Workers Exposed To Welding Fumes», en *J Toxicol Environ Health, Part A*, 77 (8), 2014, pp. 441-455, doi: 10.1080/15287394.2013.875497.

Wong, Y. J., Owen, J., Gabana, N. T., *et al.*, «Does gratitude writing improve the mental health of psychotherapy clients? Evidence from a randomized controlled trial», en *Psychotherapy Research*, 28 (2), 2018, pp. 192-202.

Woo, J., Tang, N. L., Suen, E., *et al.*, *Telomeres and frailty*, «Mechanism of Ageing and Development», 129 (11), noviembre de 2008, pp. 642-648, doi: 10.1016/j.mad.2008.08.003.

Yang, B., Zeng, X. W., Markevych, I., *et al.*, «Association Between Greenness Surrounding Schools and Kindergartens and Attention-Deficit/Hyperactivity Disorder in Children in China», en *JAMA Netw Open*, 18 de diciembre de 2019, doi: 10.1001/jamanetworkopen. 2019.17862.

Yang, J., Bakshi, A., Zhu, Z., *et al.*, «Genetic variance estimation with imputed variants finds negligible missing heritability for human height and body mass index», en *Nat Genet*, 47 (10), octubre de 2015, doi: 10.1038/ng.3390.

Yeung, J. W. K., Zhang, Z., Kim, T. Y., «Volunteering and health benefits in general adults: cumulative effects and forms», en *BMC Public Health*, 18, julio de 2017, doi: 10.1186/s12889-017-4561-8.

Zee Ma, Y., Zhang, Y., «Resolution of the Happiness - Income Paradox», en *Social Indicators Research*, 119 (2), 2014, pp. 705-721, consultado el 8 de enero 2020 en <www.jstor.org/stable/24 721450>.

Zollars, I., Poirier, T. I., Pailden, J., «Effects of mindfulness meditation on mindfulness, mental well-being, and perceived stress», en *Currents in Pharmacy Teaching and Learning*, 11, 2019, pp. 1022-1028.

AGRADECIMIENTOS

Gracias de corazón a Gastón Peláez por su determinación y apoyo para que este libro llegue a España. Gracias a la familia Caudullo Giuliani. A Emiliano Toso y al doctor Vincenzo Sorrenti por su contribución a la obra. A Fabio De Vivo, a Cristina Franchini y a Diletta Marabini por su coordinación y apoyo.

DANIEL LUMERA E IMMACULATA DE VIVO

A mi familia y amigos.

A Andrea D'Ascenzi por su inestimable ayuda.

A Alyssa Goodman, a Felice Frankel y a Fran Berman por su amistad y por el continuo intercambio intelectual.

A todos mis colegas y colaboradores de la Universidad de Harvard, que me acogieron en su mundo y me permitieron ampliar los horizontes del mío. Juntos hemos podido comprender más a fondo los secretos de la naturaleza y el comportamiento del ser humano.

IMMACULATA DE VIVO

A Angela Cavazzuti y a Alberto Pinna.

A Felicia Cigorescu por su presencia, cuidados y amor.

A Sergi Torres y Sara por su apoyo incondicional y hermandad del alma.

Al maestro Anthony Elenjimittam.

A Anne Igartiburu, Ima Sanchís, Mamen Díaz y a toda la familia española: Gonzalo Rivas, Oriol López, Hanane Miftah Ben Haki, Sol, Nur, Nuria García, Assumpta Civit, Fanny Mas Giordana, Mariàngels Riu Serra.

A todos los investigadores del Hilo de Oro, a los alumnos del programa My Life Design Academy.

A Barbara Daniele, Annarosa Colonna, Tara Gandhi Bhattacharjee, Claudio Marabini, Nico Caiazza, Roberto Pagani, Roberto Marabini, Gabriella Greco, Laura Cariolato, Alessandra Celia, Rashmi V. Bhatt, Simona Gallo y don Ettore Cannavera.

Daniel Lumera

De este libro me quedo con...

Biología de la gentileza ha sido posible gracias al trabajo
de sus autores, Daniel Lumera e Immaculata De Vivo,
así como de la traductora Carmen Ternero Lorenzo,
la correctora Gema Moraleda, el diseñador José Ruiz-Zarco Ramos,
el equipo de Realización Planeta, la maquetista Toni Clapés,
la directora editorial Marcela Serras, la editora ejecutiva Rocío Carmona,
la editora Ana Marhuenda, y el equipo comercial,
de comunicación y marketing de Diana.

En Diana hacemos libros que fomentan
el autoconocimiento e inspiran a los lectores
en su propósito de vida. Si esta lectura te ha gustado,
te invitamos a que la recomiendes y que así, entre todos,
contribuyamos a seguir expandiendo la conciencia.